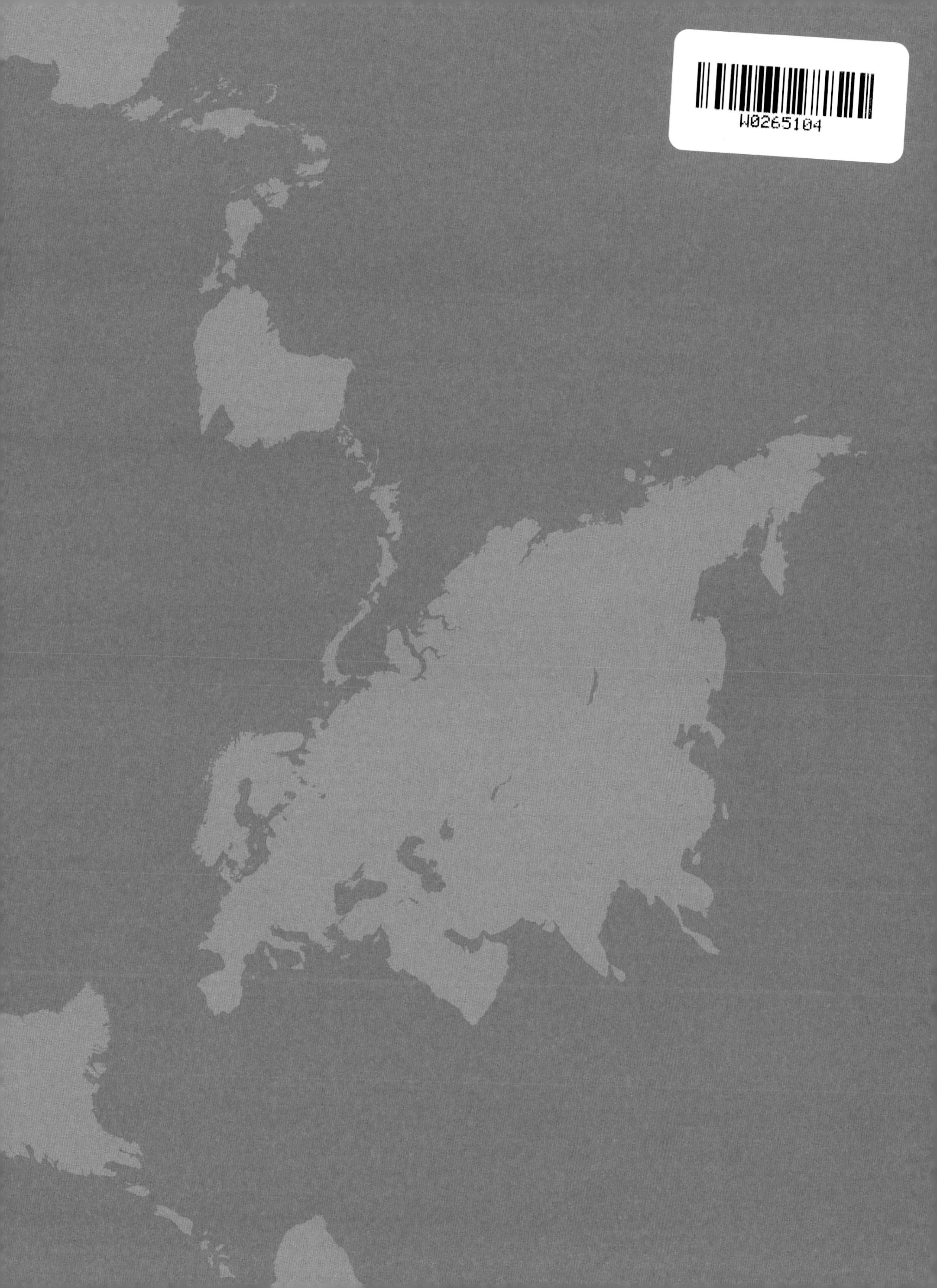

GROSSE LANDES-AUSSTELLUNG '11
Baden-Württemberg

BLICK ÜBER DEN TELLERRAND!

WELT SICHTEN

herausgegeben von
Inés de Castro und
Ulrich Menter

LINDEN-MUSEUM STUTTGART

Impressum

Begleitbuch zur Großen Landesausstellung
anlässlich des 100-jährigen Jubiläums des Linden-Museums
„Weltsichten – Blick über den Tellerrand!"
17. 09. 2011 – 08. 01. 2012
herausgegeben von Inés de Castro und Ulrich Menter
Linden-Museum Stuttgart
www.lindenmuseum.de

Schirmherrschaft:
Bundespräsident Christian Wulff

Für Unterstützung danken wir:

360 Seiten mit 535 Farb- und 10 Schwarzweißabbildungen
Umschlag: *neo.studio | neumann schneider architekten, Berlin*
Gestaltungskonzept: *Katja Holst, Frankfurt / Main*
Gestaltung: *Gerald Habel, Scancomp, Wiesbaden*
Herstellungsbetreuung: *Ilka Schmidt, Verlag Philipp von Zabern, Darmstadt / Mainz*
Redaktion: *Karsten Jahnke, Inés de Castro, Ulrich Menter, Nina Tillhon*
Druck: *Firmengruppe Appl, aprinta druck GmbH & Co. KG, Wemding*

Bibliographische Information der Deutschen Nationalbibliothek
Die Deutsche Nationalbibliothek verzeichnet diese Publikation in der Deutschen Nationalbibliographie; detaillierte bibliographische Daten sind im Internet über <http:/dnb.d-nb.de> abrufbar.

ISBN 978-3-8053-4366-4

Ausstellungsorganisation

Wissenschaftliche Direktion
Inés de Castro

Kaufmännische Direktion
Ulrike Messerschmidt

Wissenschaftliche Projektleitung
Inés de Castro, Ulrich Menter

Kuratoren der Ausstellung
Hermann Forkl (Afrika), Doris Kurella (Lateinamerika), Sonja Schierle (Nordamerika), Annette Krämer (Islamischer Orient), Uta Werlich (Ostasien), Ingrid Heermann (Ozeanien), Susanne Faller (Wiss. Volontärin Südasien)

Projektkoordination
Karsten Jahnke

Katalogredaktion
Karsten Jahnke, Inés de Castro, Ulrich Menter

Ausstellungsgestaltung/Generalplanung, Corporate Design
neo.studio | neumann schneider architekten, Berlin

Öffentlichkeitsarbeit
Martin Otto-Hörbrand, Sophia Porcaro, Elke Bauernfeind

Restaurierung
Andrea Steffen (Projektleitung), Gabriele Braun, Ute Doberschütz, Eva Fastenau, Irmela Hartung, Anne Seeboth, Barbara Cüppers, Leonie Samland
Depotverwaltung: *Uwe Hofmann, Shahrtash Saeidi*

Museumspädagogik
Sonja Schierle, Doris Kurella, Nathalie Scholz, Nina Schmidt, Beate Dohmen, Andreas Volkwein

Verwaltung
Andreas Gnädig, Melek Bayhan, Heike Bonies, Gabriele Hackel-Kuhl, Rosine Kitzinger-Ihm, Sabine Retter
Stefan Dürr (Wachdienstleiter), Horst Feldmann (Kasse)
Vorstandssekretariat: *Elfie Höfling, Rosemarie Thomaschewski*

Bibliothek/Dokumentation
Günter Darcis/Iris Müller

Technische Dienste
Anatol Dreyer (Fotografie), Albert Heide (Schreinerei)
Haustechnik: *Ioan Wagner, Branko Nikić, Frank Seifried, Jürgen Sill*

Inhalt

Grußwort

Winfried Kretschmann
Ministerpräsident des Landes Baden-Württemberg

Die Welt verändert sich. Und mit dem Zeitenwandel verändern sich auch die Erwartungen an den Bildungsauftrag unserer Museen. Die Mitarbeiterinnen und Mitarbeiter des Linden-Museums Stuttgart sind sich dessen bewusst und sehen ihre Aufgabe heute nicht mehr ausschließlich darin, kulturelles Erbe zu bewahren. Besonders in einer Zeit der Globalisierung ist es wichtig, den Menschen nicht nur Herkunft, sondern auch Zukunft zu vermitteln: Es geht um Erkenntnisse und Einblicke weit über nationale Grenzen hinaus. Es geht um interkulturelle Bildung, um interkulturelle Kompetenz. Das Staatliche Museum für Völkerkunde in Baden-Württemberg wird diesem Anspruch gerecht: Im 100. Jahr seines Bestehens gilt es den Besucherinnen und Besuchern als ein Ort der Begegnung zwischen Menschen verschiedener Kulturen.

Die Große Landesausstellung „Weltsichten. Blick über den Tellerrand", zu der ich alle Gäste aus nah und fern sehr herzlich begrüße, belegt dies eindrucksvoll. Diese Ausstellung lädt ein zu „einer Weltreise unter einem Dach". Thematisch und übersichtlich gegliedert führt sie alle sieben Regionalabteilungen des Museums zum ersten Mal in einer Schau zusammen und öffnet in kulturvergleichenden Inszenierungen den Blick auf die Vielfalt unserer Welt.

Mehrere hundert Objekte und Kunstwerke gestatten Einblicke in unterschiedliche Arten von Weltdeutungen. Sie erklären menschliches Denken und Handeln, verweisen auf kulturelle Unterschiede und Gemeinsamkeiten. Es geht um Themen wie Herrschaft und Macht, die Nutzung natürlicher Ressourcen, aber auch um Vorstellungen über das Jenseits und die Ewigkeit – Fragen, die Menschen in aller Welt beschäftigen.

In unserer multiethnischen und multikulturellen Welt sind Toleranz und wechselseitiger Respekt unabdingbar. Bei uns in Baden-Württemberg, einem Land, in dem jeder vierte Einwohner einen Migrationshintergrund hat, gilt dies in hohem Maße. Die Voraussetzung dafür ist aber, fremde, außereuropäische Kulturen und unterschiedliche Lebensformen erst einmal kennen und schätzen zu lernen.

Dem Linden-Museum – einem der bedeutendsten völkerkundlichen Museen Europas – kommt dabei eine besondere Rolle zu: Es bewahrt zum einen das Weltkulturerbe in Baden-Württemberg und trägt Verantwortung für eine historisch gewachsene, herausragende Sammlung von internationalem Renommee. Zum anderen kommt es seinem Bildungsauftrag nach, die Entwicklung und Ausbildung interkultureller Kompetenz zu fördern.

Es ist für das ethnologische Landesmuseum charakteristisch, dass der aus der Vergangenheit übernommene Reichtum mit derselben Intensität gepflegt wird, mit der sich das Museum Neuem zuwendet: dem lebendigen Dialog zwischen Menschen, deren kultureller, religiöser, ethischer und sozialer Hintergrund unterschiedlich ist und die jenseits aller Differenzen doch vieles gemeinsam haben.

Konzeptionell kann das Linden-Museum selbstbewusst in die Zukunft gehen. Als drängende Frage bleibt allerdings die trotz der Umbaumaßnahmen und einem gelungenen neuen Eingangsbereich problematische räumliche Situation. Ich hoffe jedoch, dass sich in enger Abstimmung aller Partner eine angemessene und langfristig tragfähige Lösung finden wird.

Mein ausdrücklicher Dank gilt der Direktorin, Professorin Inés de Castro, sowie allen Mitarbeiterinnen und Mitarbeitern des Linden-Museums, die mit Kompetenz und großem Einsatz die Durchführung der Großen Landesausstellung im Kunstgebäude am Stuttgarter Schlossplatz erst möglich gemacht haben. Ich wünsche ihnen allen, dass die Ausstellung „Weltsichten“ die verdiente Resonanz findet und viele Besucherinnen und Besucher in die Landeshauptstadt locken wird.

Vorwort

Prof. Dr. Inés de Castro
Direktorin des Linden-Museums Stuttgart

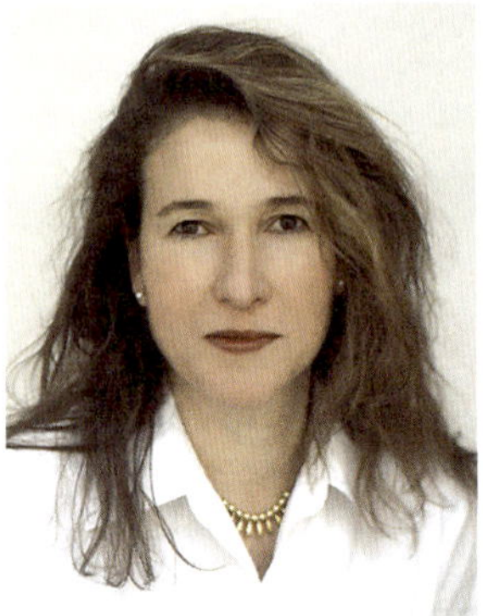

Das Linden-Museum Stuttgart ist das einzige ethnologische Landesmuseum in Baden-Württemberg und gehört mit seiner kostbaren Sammlung von 160.000 Objekten zu den bedeutenden europäischen Völkerkundemuseen.

Anlässlich seines 100-jährigen Bestehens zeigt das Linden-Museum vom 17. September 2011 bis zum 8. Januar 2012 die Große Landesausstellung **Weltsichten – Blick über den Tellerrand!** im Kunstgebäude am Schlossplatz. Die Ausstellung vereint auf über 2000 m² mit mehr als 400 Objekten erstmals alle sieben Regionalabteilungen des Museums in einer Schau. Sonderausstellung und Katalog geben einen guten Einblick in die hochkarätigen Sammlungen aus den Regionen Afrika, Orient, Nord- und Südamerika, Südasien und Ostasien sowie der Südsee.

Weltsichten – Blick über den Tellerrand! verzichtet auf die sonst übliche Darstellung geografischer Großräume und folgt stattdessen einer thematischen Orientierung. Im Mittelpunkt der Ausstellung steht der Mensch in seinen Welten. Exemplarisch und einem Kultur vergleichenden Ansatz folgend, eröffnet die Ausstellung den Blick für die faszinierende Vielfalt unserer Welt und stellt die Grundfragen menschlicher Existenz und Zusammenlebens anhand der Themen *Ästhetik*, *Raum* und *Zeit*.

Den Auftakt bildet der Bereich *Kunst und Ausdruck*. Spitzenstücke aus der Sammlung des Museums leiten den Blick auf die unterschiedlichen Ausdrucksformen und künstlerischen Sichtweisen. Es folgt der Bereich *Auszeichnung und Ansehen*, der sich mit Status, Legitimation und Insignien der Macht befasst. Im Themenblock *Raum* stehen die Bereiche *Kultivieren und Achten*, *Weite und Wege*, *Abgrenzen und Einladen* sowie *Geschlech-*

ter und Beziehungen im Mittelpunkt. In zahlreichen Beispielen aus der Welt werden wirtschaftliche und mythologische Möglichkeiten zur Aneinigung des Landes, Formen der Mobilität, Wohnstrukturen sowie die Beziehungen zwischen den Geschlechtern gezeigt.

Der Bereich *Zeit* umfasst die Themen *Kreislauf und Unendlichkeit, Erneuerung und Wiederkehr* sowie *Vergessen und Erinnern.* In diesem Themenblock geht es um die Erfassung und Interpretation von Zeit, um Vorstellungen des Werdens und Vergehens sowie der Beziehung zwischen den Lebenden und den Toten.

Diese zentralen Themen menschlicher Wahrnehmung und Organisation werden als Kernthemen der ethnologischen Forschung anhand ausgesuchter Beispiele erklärt.

Die Ausstellung arbeitet mit Inszenierungen und bettet die Objekte in eine erklärende Szenografie, die den Zugang zum Verständnis erleichtern soll. Informationsebenen in Text und Bild, Medienstationen, Hör- oder Tastbereiche ermöglichen eine Vertiefung der Inhalte und sprechen den Besucher sinnlich an. Zeitgenössische Objekte verdeutlichen die Veränderbarkeit von Kultur und verweisen gleichzeitig auf die Fortdauer gelebter Traditionen.

Weltsichten – Blick über den Tellerrand! zeigt eine neue Präsentationsform unserer kostbaren Sammlung, die den Reichtum an kultureller Vielfalt in den Vordergrund stellt und nach kulturellen Unterschieden und Gemeinsamkeiten fragt. Aspekte verschiedener Kulturen werden vergleichend und ebenbürtig nebeneinander oder gegeneinander gestellt und laden zum Nachdenken über die eigene, vertraute Welt ein.

Unser Dank gilt in erster Linie dem Land Baden-Württemberg für die großzügige Unterstützung dieser Großen Landesausstellung, sowie allen Sponsoren, Förderern und Partnern, die uns zum 100-jährigen Jubiläum unterstützt haben. Dieses große Projekt konnte nur durch den engagierten Einsatz aller Mitarbeiterinnen und Mitarbeiter des Linden-Museums erfolgreich abgeschlossen werden. In der etwa 3-jährigen Vorbereitungszeit waren alle Kräfte des Hauses eingebunden.

Ihnen allen gebührt mein Dank!

Weltsichten – Lebensweisen, Sehweisen, Deutungen

Ulrich Menter

Jederzeit verfügbare und immer effizientere Verkehrs- und Kommunikationsmittel lassen Distanzen schrumpfen oder heben sie gar auf: Wege, für die Reisende vor nicht einmal 100 Jahren noch Tage wenn nicht Wochen brauchten, können heute in wenigen Stunden bewältigt werden. In den virtuellen Welten elektronischer Medien wird die Überwindung des physischen Raumes überhaupt überflüssig. Eine ehemals ferne Fremde und das kulturell Ungewöhnliche lassen sich inzwischen auf verschiedenste Weisen mehr oder weniger problemlos erreichen und für eine gewisse Weile wohl dosiert erleben.

Weltumspannende Handelsbeziehungen und die internationale Migration von Menschen, die ihre jeweilige Heimat aus den unterschiedlichsten Gründen verlassen, sorgen für eine zunehmend engere kulturelle und ökonomische Verflechtung menschlicher Gesellschaften über nationale und kontinentale Grenzen hinweg. Das Neben- und Miteinander verschiedener Kulturen und Lebensweisen ist längst zum nicht immer problemlosen Alltag in Staaten und Gemeinwesen überall auf der Welt geworden. Und schließlich finden überall auf der Welt die gleichen technologischen und wissenschaftlichen Entwicklungen ihren Weg in Haushalte, Werkstätten sowie landwirtschaftliche Betriebe, während die Produzenten von Gebrauchsgütern und eine global tätige Unterhaltungsindustrie ihre aktuellen Erzeugnisse weltweit fast zeitgleich in Umlauf bringen. Zahlreiche Aspekte des gesellschaftlichen Lebens wie der persönlichen Lebensführung sind in der zunehmend globalisierten Welt einem immer schnelleren Wandel unterworfen. Kulturelle Grenzen, von vielen lange als mehr oder weniger eindeutig und feststehend angesehen, verwischen und überlagern sich zusehends.

Überkommenes Wissen und Traditionen rücken vielerorts in den Hintergrund, werden transformiert oder ganz beiseite gelegt, während Neues übernommen und in bestehende soziale Strukturen integriert wird. Gesellschaften und Kulturen sind nicht statisch und waren es nie: Prozesse kultureller Transformation, der Übernahme und Umdeutung materieller wie immaterieller Aspekte finden und fanden ständig und zu allen Zeiten statt. Und auch wenn sich Veränderungen heute schneller verbreiten und in manchmal atemberaubender Geschwindigkeit durchzusetzen scheinen, begegnen uns die Kulturen der Welt nach wie vor in einer faszinierenden und oftmals überraschenden Vielfalt. Gerade in der heutigen globalisierten und von Angleichungen geprägten Welt gewinnen kulturelle Differenzierungen wieder an Bedeutung – können sie doch Grundlage kollektiver und damit auch politisch nutzbarer Identitäten sein. So besinnen und berufen sich indigene Minderheiten in zahlreichen Staaten und Regionen der Erde auf ihre überlieferten Traditionen und besonderen kulturellen Gemeinsamkeiten, um Anerkennung und Rechte von der jeweiligen Mehrheitsgesellschaft einzufordern.

Menschen überall auf der Welt haben gleiche Bedürfnisse: Sie benötigen Schutz vor den Unbilden des Klimas, sie müssen schlafen und essen, sie sorgen für Nachkommenschaft und ein auskömmliches Miteinander in ihrer jeweiligen Gemeinschaft. Die mannigfachen Arten und Weisen, wie diesen Grundbedürfnissen Rechnung getragen wurde und wird, könnten unterschiedlicher kaum sein. So dient eine große Vielfalt an Architektur- und Kleidungsformen zunächst dem einfachen Zweck, durch Einsatz verschiedener Technologien und Materialien vor Klima und Wetter zu schützen. Doch manifestieren sich in ihnen darüber hinaus unterschiedliche gesellschaftliche Vorstellungen von Öffentlichkeit und Privatheit, von Rang und Status, der Organisation sozialer Beziehungen und schließlich auch von künstlerisch-ästhetischen Parametern. Schier unübersehbar sind ebenso die in Vergangenheit und Gegenwart existierenden Formen des Zusammenlebens: Wer ist mit wem auf welche Weise verwandt? Wer sollte oder darf wen heiraten? Welche Personen können über gemeinschaftliche Belange entscheiden und wie lassen sich Entscheidungsprozesse beeinflussen? Oft genug ist bei dem hier Skizzierten der Übergang von der Notwendigkeit elementarer Bedürfnisbefriedigung und kulturell geregeltem Handeln nur schwer auszumachen, so dass Ersteres das Ansehen des kulturell Gewollten und Letzteres das Ansehen des selbstverständlich Notwendigen hat (cf. Miller [Hg.] 2005:11; Latour 2008:9ff.).

Die Untersuchung der Besonderheiten und Unterschiede menschlicher Gesellschaften ist der Forschungsgegenstand der Ethnologie oder Völkerkunde. An der Schnittstelle von Sozial-, Kultur- und Geisteswissenschaft angesiedelt, entwickelt sie zum einen vielfältige eigene Erklärungsangebote und Herangehensweisen, macht sich zugleich aber auch theoretische Ansätze und Instrumentarien der verschiedenen Forschungsrichtungen nutzbar. Hinter jeder ethnologischen Forschung steht mithin das Bemühen einer weitgehenden Annäherung an die betrachteten Kulturen und kulturellen Aspekte, d.h. der Versuch, sie aus sich selbst und auf der Grundlage ihrer jeweiligen Strukturen und Regeln zu erklären und zu verstehen. Die Völkerkunde tritt hier gewissermaßen als Übersetzerin kultureller „Fremdsprachen" auf, indem sie das Unterschiedliche und Gemeinsame aller menschlichen Kulturen vermittelt. Bis weit in das 20. Jahrhundert hinein suchte die Ethnologie ihren Forschungsgegenstand jedoch fast ausschließlich in den so genannten traditionellen Kulturen außerhalb Europas. Heute zählt sie ebenso selbstverständlich sowohl die jeweils eigene Kultur als auch die Kulturen von Industrie- bzw. nachindustriellen Gesellschaften zu ihren möglichen Forschungsgegenständen.

Wenn sich also ethnologische Forschung vornehmlich mit kulturellen Unterschieden befasst, so sind darunter jedenfalls nicht ausschließlich Unterschiede zwischen Kulturen zu verstehen. Zwar hat sich die Völkerkunde gerade in ihrer Frühzeit auf solche interkulturellen Differenzen konzentriert und dabei nicht nur den fließenden, sich überlappenden und selten fest gefügten Charakter von Grenzziehungen und Übergängen zwischen Gesellschaften und Kulturen nur unzureichend berücksichtigt. Von großer Bedeutung sind eben auch die Unterschiede innerhalb einer Gemeinschaft (cf. Dickhardt, Klenke und Hermann 2009:12f.): Hierher gehören diverse religiös, sozial oder demografisch geprägte Subkulturen, die weit über die gesetzten Grenzen eines Gemeinwesens hinausgreifen können. Ebenso sind die durch Alter, biologisches bzw. soziales Geschlecht oder sozialen Stand beeinflussten Erfahrungswelten einzubeziehen, die zur inneren Differenzierung von Gemeinschaften beitragen und ihnen in ihrer Gesamtheit Charakter und Färbung verleihen. So stellen sich denn Kulturen niemals als fest gefügte Einheiten oder gar als objektivierbare Konstrukte dar, eindeutig definiert durch Sprache, materielles Inventar, spezifische Technologien oder soziale Regelwerke; Kulturen sind vielmehr von Menschen getragene flexible, sich in vielfacher Weise überschneidende Gebilde. Menschen befinden sich in ständigem Austausch, so dass die Übernahme des Neuen und Transformationen des Alten eher Regel als seltene Ausnahme waren und sind.

In Museen, gleich welcher Ausrichtungen, werden Objekte gesammelt, bewahrt, erforscht und ausgestellt – in einem ethnologischen Museum stammen diese Dinge in aller Regel aus Ländern jenseits der Grenzen Europas. Erste völkerkundliche Sammlungen, deren Objekte dem Studium der fernen Herkunftsländer und ihrer Gesellschaften dienten, entstanden bereits im ausgehenden 18. Jahrhundert – der Zeit der Aufklärung und der großen europäischen Weltumseglungen und Entdeckungsreisen. Dieser Epoche ging die Zeit des 16. und 17. Jahrhunderts mit ihrem erweiterten Interesse an „Raritäten“ und „Curiositäten“ voraus. Dinge aus allen Teilen der damals den Europäern bekannten Welt fanden ihren Weg in Kunst- und Wunderkammern, wo sie von anderen, fremden Lebensweisen erzählten. Die Gründung der großen Völkerkundemuseen fällt allerdings zumeist in die Zeit der Wende vom 19. zum 20. Jahrhundert und damit in die Zeit der kolonialen Expansion der Nationen Europas und Nordamerikas. Die von den frühen Entdeckungsreisenden mitgebrachten fremden Gegenstände wurden zunächst vor allem als Besonderheiten, als materielle Zeugnisse neuer, ferner Welten und einzigartiger Begegnungen wahrgenommen. Von weiterreichender Bedeutung waren sie alsdann für das allgemeine aufklärerische Erkenntnisinteresse und Bemühen um systematische Erweiterung des eigenen Horizonts. Kolonialzeitliche Sammlungen, die einen bedeutenden Teil der ethnologischen Museumssammlungen ausmachen, reflektieren hingegen mit ihren vielfältigen Entstehungszusammenhängen über das wissenschaftliche und nunmehr hinzugetretene kommerzielle Interesse hinaus immer auch die sehr ungleichen Kräfteverhältnisse zwischen den kolonialen Eindringlingen und den Erzeugern der nach Europa verbrachten Dinge. Diese oftmals auf recht verschlungenen Wegen in die Sammlungen gelangten Objekte sind sozusagen Berichterstatter, die von anderen Vorstellungs- und Lebenswelten künden. Zwar können sie eine Kultur nicht in ihrer Totalität abbilden oder repräsentieren; doch auf die richtige Weise befragt, vermögen sie Auskunft von sich und ihrem Woher zu geben.

Zugleich verändern die Gegenstände auf ihren Wegen in die Museumssammlungen ihren Charakter, werden den kulturellen Zusammenhängen ihrer Herkunftsgesellschaft entrissen und reihen sich ein in neue Bedeutungskontexte. Zu dem in ihnen „gespeicherten“ Wissen um Technologien, komplexe soziale Beziehungen und die Vorstellungswelt ihrer Ursprungsgesellschaft gesellt sich die Geschichte ihres Erwerbs und ihrer neuen Rolle und Aufgabe. Museumsobjekte sind ihrer ursprünglichen Kontexte gewissermaßen entkleidet: Insbesondere die immateriellen Zusammenhänge ihres Gebrauchs wie auch ihrer Herstellung lassen sich nur eingeschränkt in einer Museumspräsentation darstellen und vermitteln. Die Maske begegnet dem Betrachter ohne das zu ihrem Auftritt gehörende Gewand oder die Musik, die ihren Tanz begleitete. Die Skulptur, hier und heute bewundert wegen ihrer ungewöhnlichen Formensprache, war vielleicht Teil einer Hauskonstruktion und niemals als ein für sich allein stehendes Kunstwerk gedacht. Das in einer Vitrine ausgestellte Arbeitsgerät ist nicht nur in räumlicher und zeitlicher Hinsicht Welten von jenem Feld entfernt, auf dem es vor seiner „Musealisierung“ z.B. als Hacke eingesetzt wurde. Und die eigentliche Bestimmung mancher im Museum ausgestellter Dinge bestand darin, nach ihrem einmaligen zeremoniellen Gebrauch zu vergehen oder zerstört zu werden, so dass ihr musealer Erhalt den mit ihnen verbundenen kulturellen Vorstellungen entgegensteht. Und doch haben alle diese Dinge nicht ganz die Verbindung zu ihren ehemaligen Verwendungskontexten verloren und verweisen still auf ihre Herkunftskulturen zurück.

Die Autorinnen und Autoren dieses Bandes begeben sich auf eine Reise durch die unterschiedlichsten Weltsichten. Diese führt zu fünf Stationen, die jeweils eine zentrale Kategorie menschlicher Wahrnehmung oder einen Kernaspekt gesellschaftlicher Organisation in den Fokus rücken: Zunächst wird dabei der Blick auf ästhetisch motivierte Bildwerke gelenkt, in denen sich, einerlei welchem spezifischen kulturellen Kontext sie zuzuordnen sind, die Auseinandersetzung ihrer Schöpfer mit den religiösen und sozialen Realitäten ihres Lebensumfelds spiegelt. In den beiden folgenden Kapiteln stehen „Raum" und „Zeit" im Mittelpunkt der Betrachtung. Diese zunächst abstrakten Kategorien füllen sich alsbald mit einer Vielzahl oftmals überraschender Inhalte, wenn man danach schaut, wie sie im Zusammenleben der Menschen Gestalt gewinnen. Sowohl Raum als auch Zeit sind Resultat wie auch Bedingung menschlichen Zusammenlebens. Die beiden abschließenden Kapitel setzen sich denn auch mit Aspekten gesellschaftlicher Organisation auseinander, in denen diesen Kategorien Bedeutung zukommt: Stehen zunächst Darstellungen verschiedener Möglichkeiten zur Schaffung und Regelung diverser zwischenmenschlicher Beziehungen im Vordergrund, so wird danach die Frage nach dem Erhalt der sozialen Bindungen über den Tod hinaus gestellt. Und schließlich wird der Bedeutung von Rang, Status und Hierarchien sowie den ihnen beigeordneten Kennzeichen und Symbolen nachgegangen.

Bei all ihren Veränderungen und Verwandlungen gewähren die Dinge dem, der sich auf sie einlässt, Einblick und Zugang in die Gedanken- und Lebenswelten, denen sie angehörten und nach wie vor angehören. Durch sie sieht sich der Betrachter vielfältigsten politisch-gesellschaftlichen Organisationsformen, religiösen Vorstellungen oder ästhetischen Konzepten gegenüber, die auch das Eigene und Gewohnte in neuem Licht und ganz und gar nicht selbstverständlich erscheinen lassen.

1. Ethnologie, Ästhetik und Kunst

Ingrid Heermann

Jede Ausstellung über außereuropäische Kunst oder Kultur ist eine Ausstellung über Ästhetik, und zwar zunächst über die Ästhetik der Ausstellungsmacher und der Besucher. Schon die Art der Präsentation von Objekten – vereinzelt oder im ethnografischen Kontext – beeinflusst ihre Wahrnehmung und Bewertung (Vogel 1988:11-17). Bei der Planung für die Jubiläumsausstellung des Linden-Museums waren wir Kuratoren uns früh einig über ein Sowohl-als-auch: Neben der Einbindung in thematische Zusammenhänge sollten ausgewählte Werke an anderer Stelle als Einzelwerke mit einem „Wow-Effekt" präsentiert werden. Bei ihnen sollte es sich ausdrücklich nicht um die ‚wichtigsten' Objekte der einzelnen Abteilungen handeln, wodurch die Frage ausgeklammert wurde, ob kulturhistorische Zuschreibungen, die Präferenz der Kuratoren oder die Preise am Kunstmarkt Wert und Wichtigkeit bestimmen. Vielmehr sollten an ausgewählten Werken die unterschiedlichen „Handschriften" einzelner Künstler oder einzelner Kunst-Epochen und Regionen deutlich werden – und sie sollten den Besucher als Einzelobjekt faszinieren, vielleicht auch irritieren, auf jeden Fall jedoch als gestaltete Form im Gedächtnis bleiben. Diese Singularisierung mit ihrer Betonung von Gestalt und Ausdruck sollte dazu anregen, sich auch den unter thematischen Gesichtspunkten kontextualisierten Objekten mit gesteigerter Sensibilität für den künstlerischen Ausdruck anzunähern.

Abb. 1: *Hamatsa-Maske*
Tony Hunt, Jr. und Stanley Clifford Hunt, um 1980
Kat.-Nr. 20

Abb. 2: Männerhäuser bieten mit ihren beschnitzten Pfosten, symbolträchtigen Architekturteilen, den Schlitztrommeln und anderen Paraphernalia auch im Alltag ein ästhetisches Erlebnis, das eine Brücke zwischen den schöpferischen Ahnen und den heutigen Bewohnern schlägt. Es ist Ort der Initiation und anderer Zeremonien. Blick in das Innere des Männerhauses von Kanganaman, Mittelsepik, Papua Neuguinea.

Im „Kunst"-Bereich der Ausstellung sind die Besucher aufgefordert, im Sinne der Rezeptions-Ästhetik zunächst das eigene Empfinden und die eigene, vorwiegend westlich geprägte Sehweise auf fremde Objekte anzuwenden. Manche werden Verwandtschaften erkennen zu Bildelementen der europäischen Moderne – die eine Bestätigung eigener neuer Sicht- und Darstellungsweisen in der außereuropäischen Kunst suchte und fand – und sie mögen es beschwerlich finden, sich den Originalen mit ihrer ganz eigenen und unmittelbaren Präsenz (Kat.-Nr. 18) zu stellen. Dennoch sollten sie sich Zeit nehmen für die Bildwerke, die neben ihren unterschiedlichen Bezügen in der jeweiligen Kultur auch das sind: autonome Kunstwerke, mit denen sich uns – über die ästhetische Erfahrung – fremde Welten erschließen können (Volkenandt, in Böhm, Denner et al. 2008). Aspekte wie Symmetrie, Balance oder Brillanz sind universelle, wenn auch kulturspezifisch verschieden aufgefasste Prinzipien. Abstraktion oder Reduktion von bekannten Formen – beispielsweise des menschlichen Körpers – führen zu Fragen der Körperlichkeit und Verkörperung (Böhm in Böhm, Denner et al. 2008), und laden ein zu Vergleichen zwischen eigenen und fremden Traditionen und Auffassungen. Allerdings: Bleiben wir uns des Verhaftetseins im Eigenen bei der Betrachtung des Fremden bewusst sowie der Tatsache, dass *ein ästhetischer Effekt im Hochland von Neuguinea Furcht auslösen kann, während er … spirituelle Freude und Ekstase in einer katholischen Messe hervorbringt* (Morphy und Perkins 2006:237). Dennoch kann ein Diskurs über den ästhetischen Effekt, der als intendierte Bildwirkung überall Bestandteil künstlerischer Arbeit ist und in manchen Kulturen – wie z.B. in Japan – explizit gepflegt wird, auch über Kulturgrenzen hinweg zu einem fruchtbaren Dialog führen und zu neuem Sehen und Erkennen anregen.

Dazu allerdings muss man sich, wie Christian Kaufmann dargelegt hat, von manchen Gewissheiten und der europäischen Definitionshoheit in Sachen Kunst – und Ästhetik, wie man hinzufügen kann – trennen und dem Begriff des Bildes oder Bildwerkes in seinem Ursprung nachgehen. Von den zehn Bedeutungsebenen, die sich im Wörterbuch der Brüder Grimm für das althochdeutsche „piladi", „pilidi", mittelhochdeutsch

„bilde“ bzw. „bilden“, definiert als das *gestoßene, gehauene, gemeißelte, geknetete, gestaltete, geschaffene* finden, erscheinen ihm im Hinblick auf außereuropäische Kunst vier als besonders bedeutsam: Die Definition von Bild als ein *unter schaffender hand hervorgegangenes werk*, das zunächst plastische Kunstwerk *erst nachher auf die zeichnung und auf das gemählde erstreckt*, Bild als die *sache, die der anderen zum symbol, zum zeichen dient... ein denkbild, sinnbild und Bild als eine blosse Vorstellung, idéa, die wir uns in Gedanken machen, die wir uns einbilden... in ein Gewand oder Gleichnis kleiden* mit der entscheidenden Ergänzung *in den bildlichen Vorstellungen liegt – ,vergleichung',- ,erinnerung' - ,zukunft'*, was *deutlich macht, dass Bilder im weitesten Sinne ein menschliches Allgemeingut sind und dass der allgemeine Bildbegriff nicht ohne seine künstlerische Ausprägung gedacht werden kann* (Kaufmann 1991:12f.).

In diesem grundlegenden Sinne war die Abspaltung der so genannten Stammeskunst als „primitive“ – im Sinne von ursprüngliche – oder „erste“ Kunst *(art premier)* von der allgemeinen Kunst der europäisch-amerikanischen Tradition aus heutiger Sicht ein Irrweg. Der Kunstbegriff müsste für einen globalen Dialog vielmehr erweitert und alte, manchmal kaum noch reflektierte Prämissen abgelegt werden. Sie betreffen beispielsweise das die europäische Tradition prägende Ideal einer möglichst großen („naturalistischen“) Annäherung an die Natur bis hin zur künstlerischen Überhöhung *(mimesis)* im klassischen Griechenland, die Vorstellung von der notwendigen „Zweck- und Interessenfreiheit“ von Kunst oder Ästhetik und die Erwartung, dass die Begrifflichkeiten unserer eigenen Tradition in anderen Kulturen ihre direkten Entsprechungen finden.

Zu Beginn des 21. Jahrhunderts erscheint unstrittig, dass in allen Kulturen und Zeiten Menschen ästhetische Kriterien auf die Herstellung ihrer materiellen Objekte und auf die Gestaltung oder Interpretation ihres Lebensraumes angewendet haben. Die entsprechenden Kriterien können explizit formuliert sein, dürften jedoch häufiger dem Gestalteten „anhaften“, es aus einheimischer Sicht „richtig“, „kraftvoll“ oder „gut“ und in anderen Fällen „schön“ machen, und dabei auf Grundstrukturen oder Werte einer Gesellschaft verweisen, die in ganz anderen Bereichen – in der Politik, im sozialen Miteinander, in Rechtsvorstellungen oder in Kosmologien – in linearen Texten oder gelebten Strukturen greifbar werden. Es sind dies Kriterien oder „Grundmuster", die, einmal erkannt, augenfällig erscheinen, aber dennoch nur durch ein umfassendes Studium möglichst vieler Bereiche einer Kultur erfasst werden können.

Bei der Annäherung an fremde Bildwerke müssen wir uns vergegenwärtigen, dass praktisch alle Phänomene dieser Welt kulturell definiert und überformt sind. Das gilt auch für die natürliche Umwelt, für Sonne und Mond, weshalb es *keine naturgegebene Urform künstlerischer Umsetzung von Natur ins Bild* gibt und es für den Außenstehenden nicht notwendig unmittelbar ersichtlich ist, wo und auf welche Weise Phänomene von Natur und Landschaft aufgegriffen und dargestellt werden (Kaufmann 1991:13, vgl. Kat.-Nr. 81–84). Die besondere Qualität eines Bildwerkes kann schließlich nur im Vergleich mit anderen Bildwerken des gleichen Genres erfahren werden. Kaufmann spricht hier von der Selbstreferentialität der Bilder, was bedeutet, dass sie sich zunächst auf andere Bilder der gleichen Gruppe beziehen und es gilt, die Differenzen als Formvarianten, ggf. aber auch als verschiedene zur Anwendung kommende Stilelemente zu identifizieren (Kat.-Nr. 111–130). Variationen innerhalb eines akzeptierten Stilkanons, aber auch stilbildende Neuschöpfungen lassen Wichtiges hervortreten und enthüllen oft erst in ihrer Gesamtheit die dahinter verborgene Gedankenwelt.

Andere für das Verstehen wichtige Informationen sind nur durch die Erforschung des „Hintergrunds", also durch eine detaillierte Kulturanalyse, zu erreichen. In vielen Fällen bedeutet dies, einen möglichst großen Korpus der Werke einer Kultur oder eines Genres vergleichend zu sichten und Reise- und Forschungsberichte, Archive und Bildquellen auf Kontexte oder Hinweise zu durchforsten. Schließlich gilt es, sich „im Feld", also vor Ort mit der zeitgenössischen Kunst, den Künstlern, der ästhetischen Kritik ihrer Zeitgenossen und der Rezeption ihres Publikums auseinanderzusetzen oder der Erinnerung an frühere Werktraditionen nachzuspüren.

Dabei zeigt sich, dass Bildwerke immer auch „Denkwerke" sind, deren spezifische Form und Ausgestaltung zusammen mit dem Ort und Anlass des „Sichtbar-Werdens" – z.B. in einem Ritual – über lange Zeit im individuellen oder gesellschaftlichen Bildgedächtnis gespeichert werden. Bildwerke, die vor Ort in ihrer real gestalteten Form nicht mehr existieren oder nur für kurze Zeit sichtbar sind, fügen sich zu einer Art virtuellen Sammlung, auf die der lokale Künstler und/oder Betrachter – und im glücklichen Fall auch der Forscher – zurückgreifen kann (vgl. Kat.-Nr. 265–272).

Dies ist möglich, weil Bilder das gesamte Leben begleiten und das Sehen wie die Sichtweisen prägen. Bedeutungen erschließen sich nach und nach zunächst innerhalb der Familie, in der Initiation und im Erleben der Kunstwerke bei Ritualen oder Präsentation. Dabei vermitteln sie Kontext und Ordnung auch ohne Zwischenschaltung eines linearen Textes, beziehen sich auf Konzepte und Werte, auf neue Einsichten und alte Erkenntnisse. Bildwerke vermitteln Inhalte und verweisen gleichzeitig auf weitere Erkenntnis- oder Interpretationsebenen, die häufig nicht, wie bei den Transformationsmasken der Nuxál (Kat.-Nr. 19) im Werk selbst angelegt sind oder sich möglicherweise in abstrahiertem Dekor verbergen. Jedes Werk bezieht sich auf das Vorher und Nachher, auf Jenseits und Diesseits, ist gestaltetes Wissen weit über die technologischen Aspekte hinaus.

Aber: Bildwerke reflektieren nicht nur, sie bewirken auch. Dies gilt gleichermaßen für Meditationsbilder der asiatischen Kunst, für den Auftritt von Maskentänzern, das Arrangieren von Altären, die Nutzung von Herrschaftsinsignien oder die Anlage von „Gesamtkunstwerken" wie Bauten, Ritualplätzen oder Gärten. Sinnfällig wird dies, wenn ein Bildwerk von verschiedenen Betrachtern unterschiedlich aufgefasst wird, ein Schild also beispielsweise einen Gegner schreckt, seinem Träger jedoch Gesundheit, Wohlgefühl und Stärke vermittelt (O'Hanlon 1995).

Objekte wie Masken können durch Accessoires und die Bewegungen ihrer Träger zu einem neuen, bewegten Gesamtwerk verschmelzen, das alltäglich Unsichtbares sichtbar macht oder von der Gegenwärtigkeit jenseitiger Mächte zeugt. Ihr Anblick prägt sich dem emotionalen Gedächtnis ein und wird damit Teil der erlebten und erfahrenen Welt, eingefangen und präsent auch in der unbetanzten, von allen Paraphernalia befreiten Maskenform (vgl. Abb. 17, Kat.-Nr. 62).

Kunstwerke sind wie das Wissen um Inhalte und Technologien nicht für jeden und zu allen Zeiten zugänglich. In manchen Traditionen bleibt Frauen – in selteneren Fällen auch Männern – der Zugang zu bestimmten Bildwelten versperrt. Das Recht auf die Verwendung bestimmter Sujets oder Elemente wird limitiert – sei es durch ein Copyright in fast europäischem Verständnis, wegen fehlender Mitgliedschaft in einer Kultgemeinschaft oder weil Exklusivitätsansprüche einer herrschenden Klasse der Nutzung entgegen stehen.

Die Produkte künstlerischen Gestaltens unterliegen also einer lokalen Kunstkritik und bleiben mit der Person ihres Schöpfers verbunden, gleichgültig, ob die Werke signiert werden oder nicht. Wir finden weder eine anonyme „Volkskunst" noch unreflektierte Gestaltung oder Nachahmung.

Der künstlerische Schaffensprozess variiert von Kultur zu Kultur, reicht von Schulen hochverehrter Meister, in denen technologische und ästhetische Prinzipien weitergegeben werden, bis hin zu Kunstwerken, die als „Gemeinschaftsleistung" gestaltet werden und bei denen Autorisierung wichtiger ist als die Authentizität einer einzelnen Hand. Bildwerke, die im Rahmen des Rituals ästhetisch effektiv werden sollen, werden fast immer in Abgeschiedenheit unter Beachtung ritueller Gebote ausgeführt. Wird der künstlerische Prozess als eine Art Kommunikation mit Ahnen oder jenseitigen Wesenheiten verstanden, werden die Werke oft als zumindest zeitweilig belebt und wirkungsmächtig gedacht – und bleiben dies manchmal auch nach ihrem Übergang in eine Museumssammlung.

Ästhetik wurde gegen Ende des 20. Jahrhunderts als Teil der ethnologischen Kunstforschung und Kunstbetrachtung von Alfred Gell eingeführt (Gell 1998) und kontrovers diskutiert, obwohl die einheimische Rezeption von Kunst schon lange Teil vieler kunstethnologischer Untersuchungen war. Als „Wahrnehmung mit allen Sinnen" – der ursprünglichen Bedeutung von Ästhetik – beschäftigt sie sich mit den sensuellen Aspekten der Bildwerke oder Kompositionen, mit einheimischen Qualitätsurteilen, Bewertungen, Interpretationen und Reaktionen, aber nicht, wie in der europäischen Tradition, notwendigerweise mit Schönheit. Die

Wahrnehmung geht über die formale Gestaltung hin zu den mehr ephemerischen Qualitäten, schließt Textur, Geruch, Geräusch, Geschmack und Bewegung in die Betrachtung ein. Es sind dies teils flüchtige Aspekte, die aus einheimischer Sicht aber die Kraft und Ausstrahlung von Bildwerken mitbestimmen. Ein europäischer Betrachter kann nur in Ausnahmefällen solche Erfahrungs- und Interpretationsebenen bei der individuellen Bildbetrachtung ohne Weiteres mitdenken, sichtbare Statik in Bewegung oder atmosphärische Vibration übersetzen oder die Meisterschaft eines Kalligrafen im Spannungsfeld von Exaktheit und Poesie intuitiv erfassen. Dennoch wirken Bildwerke auf den Betrachter und weiten den Blick für die vielschichtige Welt der ästhetischen Wahrnehmung auch in dekontextualisierten Präsentationen.

Abb. 3: **Zeremonialwickelrock**
Solche Röcke tragen die Mutter, die Frauen und die Töchter des Königs zur *Itul*-Zeremonie, bei der sie den Mythos der Erschaffung der Welt tänzerisch darstellen. Die Verzierung in Appliqué-Technik stellt eine Verfeinerung des ursprünglichen Aufnähens von Flicken auf ein löchriges Gewand dar.

Typisch für den Lokalstil der Ngeende sind farbige Hintergründe bzw. Appliquen, letztere in Form halb gerader, halb kurvolinearer Bänder, rechteckiger, runder und ovaler Tupfen sowie von Winkeln.

Kuba, Stamm Ngeende, Kongo-Kinshasa (Süd-), Anfang 20. Jh.
Kat.-Nr. 4

Abb. 4: **Federkopfschmuck**
Dieser Federkopfschmuck stammt von den Chamacoco im paraguayischen Chaco, der zu den trockensten Regionen Südamerikas gehört. Die Federn für den Kopfschmuck kamen sehr wahrscheinlich über Handelsbeziehungen aus dem Amazonas-Gebiet.

Bei den Chamacoco trugen nur die Männer Federschmuck. Sie legten ihn ausschließlich zu den häufig stattfindenden Festen an, die den nomadisch lebenden Chaco-Gruppen ermöglichten, Kontakte zu pflegen und vor allem künftige Ehepartner kennenzulernen.

Chamacoco, Chaco, Paraguay, um 1920
Kat.-Nr. 10

Abb. 5: **Lippenpflock eines Ka'apor-Mannes**
Die Ka'apor leben im Nordosten Brasiliens. Die Gruppe umfasst noch ungefähr 600 Personen.

Das gesamte Federschmuck-Ensemble, zu dem Federkrone, Ohrschmuck, Halskette mit Brustschmuck und ein Lippenpflock gehören, wird nur bei der Namensgebungs-Zeremonie für kleine Kinder getragen. Bei diesem Fest, dem größten und wichtigsten der Ka'apor, erhalten Kinder im Alter von sechs Monaten bis einem Jahr zwei Namen: einen von ihrem Taufpaten, den anderen von den Eltern.

Ka'apor, Maranhão, Brasilien, um 1970
Kat.-Nr. 16

Abb. 6: **Adler-Transformationsmaske**
Wird an den Schnüren gezogen, öffnet sich die Adlermaske und zeigt ein Menschengesicht. Ein Zeremonialtänzer kann damit die Verwandlung eines übernatürlichen Adlers in einen mythischen Klanahnen darstellen. Maskentänze erinnern an dieses Ereignis, das den überlieferten Status der Klanmitglieder bestimmt.

Abstrahiert zeigt die Bemalung im Maskeninneren den Adler frontal und im Profil, umrahmt von Formlinien, die wesentliche Merkmale betonen. Trotz der prägenden Symmetrie wurde im Detail variiert.

Bella Coola, British Columbia, Kanada, 19. Jh.
Kat.-Nr. 19

Abb. 7b

Abb. 7a: **Hemis-*Katsina***

Die *Katsina* mit ihrem wolkenförmigen Kopfschmuck hat eine große ästhetische Ausstrahlung. Sie stammt aus der Sammlung des Surrealisten Max Ernst, den die Zeremonialtänze der Hopi faszinierten. Geschnitzte *Katsina*-Figuren zeigen Geistwesen, die als Regen bringende Ahnen den Menschen helfen und von Tänzern verkörpert werden.

Hemis-*Katsinam* verteilen die ersten reifen Früchte und sind ein Sinnbild für Fruchtbarkeit. Die Figur steht auf einer Druckplatte mit Motiven von Max Ernst.

Hopi, Arizona, USA, um 1900
Kat.-Nr. 18

Abb. 8: **Fliesenbogen mit Schaukämpfen bei Hof**

Antithetische Fliesenfelder waren Teil des Architekturdekors in safawidischen Palastanlagen. Die *haft-rangi*, d.h. „Sieben Farben"-Technik, wurde in der Zeit von Schah Abbas (reg. 1587 – 1629) entwickelt. Architekturdekor aus quadratischen, mehrfarbigen Fliesen trat an die Stelle von Fliesenmosaik. Der Fliesenbogen zeigt Schaukämpfe, die von einem Jüngling mit Blume in der Hand betrachtet werden. Bei ihm handelt es sich vermutlich um einen Prinzen, der mit seinem Begleiter am Bildrand sitzend dargestellt ist.

Isfahan, Iran, um 1670
Kat.-Nr. 23

Abb. 9: **„Goldenes Blatt" mit Anrufung eines Heiligen**
Die Kalligrafie stellt im Islam die höchste Form der Kunst dar. Dies steht in Verbindung mit einem Verständnis des Koran als dem Wort Gottes und des Arabischen als göttlicher Sprache. Die in der Fertigung aufwändigen „Goldenen Blätter" waren eine spezielle Kunstform unter Sufis (islamische Mystiker) im Osmanischen Reich. Bei dem ausgestellten Blatt entsteht der Eindruck von Gold durch die Blattfarbe und nicht durch Vergoldung. Die Verwendung der fragilen Blätter steht für die Vergänglichkeit des Irdischen.

Osmanisch, Türkei, 19. Jh.
Kat.-Nr. 24

Abb. 10: **Kimono**
Die helle Seide des eleganten Kleidungsstücks stammt wohl aus dem 18. Jahrhundert, vermutlich von einer Hochzeitsrobe. Ihr reicher Dekor verbindet verschiedene Symbole, die dem Wunsch nach einem langen, erfüllten Leben und einer glücklichen Ehe Ausdruck verleihen. Mitte/Ende des 19. Jahrhunderts fand der wertvolle Stoff dann für diesen Kimono Verwendung und wurde mit einer breiten blauen Einfassung versehen, die fliegende Wildgänse zeigt, ein Sinnbild für den herannahenden Winter.

Japan, Edo-Zeit (1603 – 1868), um 1780
Kat.-Nr. 25

Abb. 11: **Virudhaka**
Der Himmelskönig Virudhaka ist eine von vier Schutzgottheiten, die im Buddhismus den vier Himmelsrichtungen zugeordnet werden, und regiert über den Süden. Er ist in voller Rüstung, mit grimmiger Miene und in bewegter Pose dargestellt. In der erhobenen Hand hielt er ursprünglich eine Lanze, in der anderen ein Schwert. Die eindrucksvolle Skulptur lässt deutlich die für die Kamakura-Zeit typische Detailtreue und den großen Realismus der Darstellung erkennen.

Japan, Kamakura-Zeit (1185 – 1333), 14. Jh.
Kat.-Nr. 26

Abb. 12: **Giebelmaske**
Hausmasken schmücken am mittleren Sepik in Papua-Neuguinea die Giebel von Männerhäusern, die ihrerseits als „Jenseits" im „Diesseits" die Kräfte der schöpferischen Urzeit verkörpern.

Spannung erhält diese Maske durch ihre ganz leichte Asymmetrie. Die Wirkung der Augen ist durch Farbringe gesteigert, die sich ihrerseits fortzusetzen scheinen in den Linien von Stirn und Gesichtskontur. Die weit herabgezogene Nase legt Assoziationen an die Mensch-Vogel-Thematik der Sepik-Kunst nahe.

Iatmül, Dorf Radja, Sepik-Gebiet, Papua-Neuguinea, um 1900
Kat.-Nr. 32

Abb. 13: **Giebelbemalung**
Die expressive Bemalung der Giebel der Abelam Geisterhäuser zeigt die Wesen, die im Inneren verehrt werden. Sie wurden für den öffentlichen Raum auf ihre Gesichtsformen reduziert, die von den großen, runden „Geisteraugen" dominiert werden. Im spitz zulaufenden oberen Teil dagegen werden Ahnen mit „normalen" Augen abgebildet, die die Verbindung zwischen den Lebenden und den schöpferischen Kräften darstellen.

Abelam, Marprik-Hügel-Gebiet, Papua-Neuguinea, um 1960
Kat.-Nr. 29

Abb. 14: ***Uli*-Skulptur**

Uli-Figuren fallen durch ihre zweigeschlechtlichen Attribute auf, die vermutlich die Kräfte der matrilinearen Klane insgesamt verkörperten. In den gleichnamigen Zeremonien wurden sie in besonderen Hütten aufgestellt und symbolisch ernährt.

Ihre massiven Körper mit den angehockten Beinen und dem überdimensionierten Kopf „konfrontieren" den Betrachter, das mit Kalk geweißte Gesicht zeigt fast immer eine aggressiv wirkende Mund- und Kinnpartie.

Mandak-Sprachgruppe, nördl. Neuirland, Papua-Neuguinea, um 1900
Kat.-Nr. 31

Abb. 15: **Schattenspielfigur Kunti**
Kunti, die Mutter der Pandava-Brüder im Epos Mahabharata, entspricht dem indischen Schönheitsideal. Eine Frau, bzw. Göttin, soll schön und lieblich sein, über und über mit Schmuck behängt, versehen mit den Augen eines Rehs und Brauen, die zarten Wellen eines Flusses gleichen. Ihre Haare sollen einem Pfauenschweif ähneln, ihre Taille soll schlank sein, ihre Hüften ausladend wie Brücken und die Brüste voll wie Krüge. Auch die helle Haut und der fein gemusterte Sari unterstreichen ihr Erscheinungsbild.

Süd-Indien, 20. Jh.
Kat.-Nr. 37

2. Raum – Ordnung und Verortung der Welt

Ulrich Menter

Der Begriff „Raum“ kennt mehrere Bedeutungen. So kann der physikalische Raum durch in ihm befindliche Objekte und deren Abstandsverhältnisse erfahrbar werden oder er kann durch Objekte wie Mauern, Wände oder Zäune seine Begrenzung finden. Er kann allerdings auch die Weite, das Offene bezeichnen und sich wie das Weltall ins Unendliche ausdehnen. In der Welt abstrakter Vorstellungen und Ideen tun sich weite „Gedankenräume“ auf, ebenso wie die „Enge des Gedankens“ in diesem Sinne eine räumliche Kategorie bezeichnet. All diese Räume ermöglichen auf die eine oder andere Weise eine Orientierung.

Während die Untersuchung materieller, konkreter Räume Gegenstand der Naturwissenschaften wie auch der Geografie ist, richtet die Ethnologie ihr Augenmerk vornehmlich auf die soziale Kategorie „Raum“ und damit auf die Arten und Weisen, in denen Menschen sich Raum aneignen, ihn gestalten und mit Inhalten und Bedeutungen füllen. Nicht physisch begrenzte territoriale Einheiten stehen hier im Vordergrund, sondern kulturelle Grenzziehungen und Zuschreibungen, die Räume voneinander scheiden oder sie als eigen bzw. fremd, männlich oder weiblich, öffentlich oder privat ausweisen.

Solche kulturellen Grenzziehungen und Räume sind weder vorgegeben, noch sind sie statisch und dauerhaft. Sie resultieren vielmehr aus der gesellschaftlichen und sozialen Praxis und müssen immer wieder neu be-

Abb. 16: Eine Siedlung der Hamar im Süden Äthiopiens.

stimmt und ausgehandelt werden. Zu jeder Zeit und in jeder Gesellschaft finden sich unterschiedliche „Räumlichkeiten" nebeneinander: sie ergeben sich aus sozialen oder religiösen bzw. mythologischen Kontexten, aus der Geschlechtszugehörigkeit oder dem Status von Personen oder Gruppen. So wurden etwa gemäß den Mythologien vieler Gesellschaften Land- wie auch Wasserräume von Schöpfungs- und Ahnenwesen, aber auch Gottheiten bestimmten Gruppen oder auch der Menschheit insgesamt übereignet oder verheißen. Besondere Orte können an das Wirken dieser Wesenheiten erinnern und der materiellen Umwelt eine besondere Gestalt oder Qualität verleihen. In Verbindung mit Landmarken, religiösen Bezirken und Siedlungen entstehen weite kulturell definierte Landschaften. Hierbei „konstruieren" Menschen also nicht nur die von ihnen selbst erbauten Räumlichkeiten, Wohnungen, Häuser, Dörfer und Städte – auch die natürliche physische Umwelt wird durch kulturelle Zuschreibungen gegliedert, verständlich und verfügbar gemacht.

Einen anschaulichen Eindruck von der im steten Wandel befindlichen Natur kultureller Grenzziehungen und Raumbestimmungen bietet die aktuelle Gegenwartsentwicklung: Vorstellungen von der Auflösung oder Komprimierung des Raumes werden im Kontext der zunehmenden Globalisierung wichtiger. Die wachsende Bedeutung virtueller, kaum noch erfassbarer elektronischer Umgebungen, weltweite Migrationsbewegungen, globale wirtschaftliche und kulturelle Verflechtungen sowie immer schnellere Verkehrsverbindungen lassen die Bedeutung physischer Distanzen und vertrauter Zuschreibungen schwinden. Kulturelle Grenzen zwischen Staaten und Kontinenten verwischen sich: Asien, Ozeanien und Afrika existieren eben auch in verschiedenster Weise in Amerika, Europa und Australien – und umgekehrt. In vielen Gemeinden der Diaspora bilden sich im Kontext miteinander kombinierter unterschiedlicher kultureller Vorstellungen auch neue Ideen über das Wesen von Räumlichkeiten heraus. Zugleich bleiben aber Bezüge auf ein räumlich vorgestelltes Zentrum, auf die Kulturen der geografisch und nicht selten auch zeitlich ferner Herkunftsgesellschaften erhalten und gewinnen für die Eigendefinition dieser kulturellen Gemeinschaften an nachhaltiger Bedeutung.

Konstruktionen, Aneignung und Kontrolle von Land

Hermann Forkl

Schonung des Bodens und Ausgleich mit übernatürlichen Wesen prägen die zu 98 % agrarisch orientierte Urproduktion in traditionellen Gesellschaften des Subsaharischen Afrika. Aus vielen unter ihnen liegen uns Berichte vor, nach denen sowohl materiell als auch religiös streng unterschieden wird zwischen einer wilden, unkultivierten Erde des Busches bzw. Waldes, in die sich möglichst nur Jäger wagen sollten, und einer kultivierten Erde mit Siedlungsland und bebauten Feldern (Zwernemann 1968).

Abb. 17: Antilopenmaske des Dye-Bundes, Guro, Elfenbeinküste. Gewand aus Palmblättchen.

Zur Kultivierung von Land bzw. zu dessen weiterem agrarischen Betrieb mit Hilfe von Werkzeugen hat man sich den Raum dreidimensional erschlossen. So erfolgt in horizontaler Ausdehnung das Umbrechen des Bodens vor allem schonend mit der Hacke, die meist mit einem eisernen Blatt versehen ist. – Mit Eisenverarbeitung im Subsaharischen Afrika muss seit dem 7. Jahrhundert v. Chr. gerechnet werden (van Noten 1983:61). – Für die Beziehung der Form einer Feldhacke zu der mit ihr zu bearbeitenden Bodenstruktur gilt: Je tiefer in hartem, felsigem Boden gegraben werden muss, desto schmaler das Blatt und desto mehr nähert es sich in seiner Stellung zum Stiel einem rechten Winkel an. Und umgekehrt: Je flacher in lockerem und weichem Boden an der Ober-

Abb. 18: Feldhacke, Sukuma, Tansania. An dem verhältnismäßig schmalen Eisenblatt im rechten Winkel zum Stiel lässt sich erkennen, dass die Hacke zur Bearbeitung von hartem, felsigem Boden konstruiert war. Kat.-Nr. 39

Abb. 19: Feldhacke, Iraqw, Tansania.
Das verhältnismäßig breite Holzblatt in spitzem Winkel zum Stiel verweist auf die Bearbeitung von weichem Boden.
Kat.-Nr. 40

fläche gegraben werden muss, desto breiter das Blatt und desto spitzer dessen Winkel zum Stiel (Baumann 1944:199, 218; Boutrais 1984:497; Forkl 1984; Robertson 1992:236, 239). Der Einsatz von Feldhacken mit hölzernem Blatt, wie wir ihn z.B. von den Iraqw in Tansania kennen, hat nach Baumann (1944:204) keinen anderen Grund als Mangel an Schmiedeeisen.

Zur Beschämung von Technokraten kann der Feldbau mit der Hacke eine sehr dichte Bevölkerung ernähren; so bei den Mafa in Kamerun bis zu 232 Menschen pro Quadratkilometer (Hallaire 1991:70). Das gilt jedoch nur dann, wenn möglichst viele Menschen am Anbau auf kleinen Feldern beteiligt sind. Dagegen bedeutet Pflugbau, den größtmöglichen Ertrag mit möglichst wenigen Arbeitskräften auf großflächigen Äckern zu erwirtschaften (Delgado/McIntire 1982:189,191).

Zusätzlich zur Hacke gab es im vorkolonialen Subsaharischen Afrika nur auf den Gebieten der heutigen Staaten Äthiopien, Eritrea und Republik Sudan einen von Ochsen gezogenen, den Boden nur flach ritzenden Pflug. Die Einführung des Pfluges durch die westlichen Kolonialmächte bewirkte dagegen vielerorts zu tiefe Bodenbearbeitung und damit Erosion (Baumann 1944:309; Charrière 1984; Bleifuß/Hergenröder 1993:70). Ja, auf der 1907 - 1914 mit dem Dampfpflug bewirtschafteten württembergischen Baumwoll-Pflanzung Kilossa im damaligen Deutsch-Ostafrika (heute Tansania) war der Ertrag dieses politisch geförderten Unternehmens so gering, dass es für die benachbarten afrikanischen Betriebe keine ernsthafte Konkurrenz darstellte (Bleifuß/Hergenröder 1993:71).

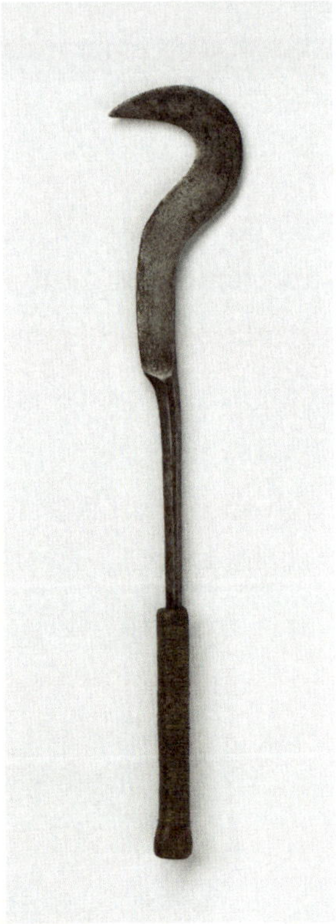

Abb. 20: Bananenmesser, Tansania, Burundi oder Ruanda.
Das Werkzeug hat mehrere Funktionen: Abschneiden der reifen Bananenstauden, aber auch von Gras und Buschwerk, dazu königliches Würdezeichen.
Kat.-Nr. 43

Abb. 21: Eine Frau mit Hacke und Hügelbeeten, Cross-River-Gebiet, Kamerun.

Horizontal orientiert ist auch das Ernten der Ähren der in Afrika vielfach angebauten Körnerfrüchte von Hirsen und Reis mit der eisernen Sichel (vgl. Baumann 1944:285, 287, 291), vertikal dagegen das Abschneiden der in größerer Höhe wachsenden Bananenstauden mit Hilfe des langstieligen und vogelkopfförmig auslaufenden Bananenmessers in Ostafrika und im Kongo-Kinshasa (ibid.:285, 290f.; Trowell/Wachsmann 1953:91). Doch die Vertikale setzt sich beim Feldbau auch unterirdisch fort, wie uns der hölzerne, mit dem arabischen „Thronvers“ (Koran 2:256) beschriebene und zum *Schutz der Felder* (Inventarbuch 1899:Inventarnummer 8953) in den Boden gesteckte magische Stab von den Chakossi in Togo lehrt.

Kehren wir nochmals zu den Hacken zurück, die diesmal der vertikalen Ausdehnung bearbeiteter Erdstrukturen dienen. Denn für den Yam, eine von den Senufo der Elfenbein-

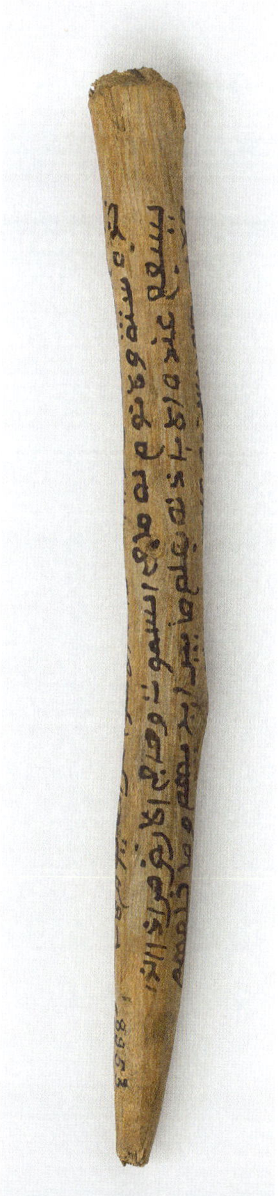

Abb. 22: Magischer Stab zum Schutz der Felder, Chakossi, Togo.
Islamische Schriftmagie, hier mit dem arabischen Text des Thronverses (Koran 2: 256), kann wie ein Gebet zu Gott wirken – so Gott will.
Kat.-Nr. 38

küste angebaute Knolle, fehlt es hier zu seinem Gedeihen zwar nicht an Regen, wohl aber an einer genügend mächtigen Humusschicht, weshalb die Bauern mittels spitzwinklig konstruierter Schaufelhacken mit Eisen- oder Holzblatt Erdhaufen aufwerfen, um darin die Saatknollen zu pflanzen (Krieg/Lohse 1981:12). Da somit ständig Bedarf an derartigen Arbeiten besteht, entwickelte sich hier die Institution entsprechender Hackwettbewerbe für junge Männer. Je nach Stamm traten dazu bei den Senufo entweder zwei Dörfer gegeneinander an, um das Yamfeld für einen lineage- oder Bezirkshäuptling vorzubereiten, wie bei den Tyebara (Lemaire 1999:36), oder aber die Kandidaten für die nächste Aufnahme in den Kultbund *Poro* bzw. dessen Novizen leisteten diese schwere Arbeit für die Alten unter den Bundesmitgliedern, wie bei den Gbato und Kafibele (Krieg/Lohse 1981:79; Förster 1993:32ff.). *Poro* vermittelt zu zwei weiblich gedachten göttlichen Wesen, bekämpft die Hexerei und bereinigt soziale Konflikte (Bochet 1965:645ff., 670; 1993:62ff.; Krieg/Lohse 1981:59).

Abb. 23: Hackwettbewerb, Senufo, Stamm Kafibele, Elfenbeinküste. Im Hintergrund in der Mitte die Mädchen-Trophäenstandarte.

Zur musikalischen Begleitung des Wetthackens gehörten zwei bis drei Xylophon-Gruppen mit Sängern, die speziell für diese Veranstaltung vorgesehene Musikstücke und Lieder intonierten, die die Teilnehmer nicht nur anfeuern und loben, sondern bei den Tyebara auch immer etwas provozieren sollten bzw. selbst einen Wettbewerb zwischen den Musikern darstellten (Förster in Förster/Homberger 1988:21, 25; Förster 1993:32; Lemaire 1999:36, 40, 43ff., 60).

Den beiden Schnellsten und Geschicktesten in diesem Hackwettbewerb winkten Preise in Form von zwei Wandertrophäen, die zunächst während des Wettkampfs in einen

Abb. 24: Trophäenstandarte mit Mädchenskulptur, Senufo, Elfenbeinküste. Beim Stamm Tyebara sollte die Figur den Teilnehmer am Hackwettbewerb an die Freundin bzw. zukünftige Ehefrau erinnern.
Kat.-Nr. 44

Abb. 25: Trophäenstandarte mit Vogelskulpturen, Senufo, Elfenbeinküste. Die Standarte mit der Mädchenfigur steckte beim Stamm Kafibele zum Hackwettbewerb in vorderster Linie, die mit Vögeln in der hintersten.
Kat.-Nr. 50

Abb. 26: Schaufelhacke, Senufo, Elfenbeinküste. Die schaufelartige Form verweist auf das Anhäufen von Hügelbeeten zum Yam-Anbau und damit auch auf den Einsatz bei Hackwettbewerben.
Kat.-Nr. 45

Abb. 27: Weibliche Statuette, Baule, Elfenbeinküste. Obwohl Bekleidung bisweilen als Merkmal für Statuetten der Sexualpartner im Jenseits gilt, spricht die matte Patina für die Darstellung einer Buschdämonin. Kat.-Nr. 52

der vordersten der gerade aufgeworfenen Erdhaufen bzw. ganz hinten in den Boden gesteckt wurden. Bei ersterer Trophäe, dem ersten Preis, handelte es sich um den von einer hölzernen Mädchenfigur bekrönten Stab *tefalapica (das Mädchen des mit der Hacke Arbeitenden)*, beim zweiten Preis in Form von letzterer Trophäe um ein bis drei einen Stab bekrönende Vogelfiguren *sejen (Vogel)*, die den jungen Männern folgten und sie bewachten (Krieg/Lohse 1981:79-80; Förster in Förster/Homberger 1988:19, 25; Förster 1993: 32, 34; Lemaire 1999:36, 42f.).

Die *tefalapica*-Figuren *stellen junge, unverheiratete Frauen in der Blüte ihrer Schönheit dar* (Anita Glaze nach Koloß 1990:44). Bei den Tyebara konnte eine solche Figur von einem weiblichen Geist *tugu* bewohnt sein, der u.U. dramatisch in das Leben ihres Besitzers eingriff (Lemaire 1999:62f.). Unser Stück der Inventarnummer F 55638 gehört im Unterschied zu dem abstrakteren Stil der Nord-Senufo in Mali dem mehr gegenständlichen Weststil in der Elfenbeinküste an (vgl. Homberger in Förster/Homberger 1988:21, 23f.; Harter 1995:46f., 49).

Die Trennung zwischen Wildnis und Kulturland und die Aneignung der Wildnis im materiellen Bereich wird ergänzt durch eine entsprechende weltanschaulich-religiöse Trennung und Aneignung. Ähnlich wie der Mensch aus der Kultivierung eines Feldes seinen materiellen Nutzen zieht, so bereichert auch die Domestizierung numinoser Busch- und Waldwesen sein sozio-religiöses Leben im Dorf. Bei den Baule in der Elfenbeinküste erinnert an den Gegensatz zwischen Dorf und Busch beständig der dazu auch als Naturkraft angesehene, aber durchaus angerufene Buschgott Asye-Busu, von dem der Mensch per Abkommen einen Teil der Natur zur Nutzung erhalten hat (Zwernemann 1968:53; Ravenhill 1994:18, 35f.).

Dazu sind Busch und Wald von hässlichen, z.T. in menschlicher Gestalt auftretenden Buschdämonen *asye-usu* bewohnt, die, dem Menschen feindlich gesinnt, diesem auch gefährlich werden können, wie durch Verweigerung von Jagdglück, Verbreitung tödlicher Krankheiten oder Missernten. In Dickichten, heiligen Hainen, an gewaltigen Bäumen und Flüssen sowie auf bestimmten Hügeln begegnen sie dem Menschen. Doch können sie auch Gefallen an ihm finden, indem sie ihn vorübergehend zu abweichendem Verhalten zwingen, ihn besessen machen. Auf den Rat eines Wahrsagers hin wird solch ein Buschdämon dann mit Opfern besänftigt, in einer neu anzufertigenden hölzernen Statuette verehrt und damit, gezähmt wie ein wildes Tier und *zu einem Menschen gemacht*, im Dorf als Schutzgeist angesiedelt (Vogel 1980:2f.; Szalay 1986:44; Garrard 1993:298f.; Boyer 1993:352ff.).

Der Wahrsager bestimmt das äußere Erscheinungsbild einer solchen Statuette, das von absichtlicher Hässlichkeit über sehr grobe, rudimentäre Züge ohne Details bis zu einer, um den gezähmten Dämon nicht zu kränken, besonders sorgfältigen wie schönen Ausarbeitung im Sinne der Baule-Ästhetik reicht (Ravenhill 1980:1; Vogel 1980:3; 1991:169ff.; Boyer 1993:354ff.). Deren Kriterien, wie Symmetrie, Geradheit, muskulöse Waden sowie detailliert ausgearbeitete Frisuren und Skarifikationen sind auch Anzeichen moralischer Vollkommenheit (Vogel 1980:16,11; Boyer 1993:355f., 364ff.). Die Unterscheidung schön gearbeiteter Dämonenfiguren von solchen der Partner aus dem Jenseits (s. S. 132) unterliegt keinen stilistischen Kriterien und kann demnach schwierig sein: Die Variationsbreite reicht dann, jedoch nicht notwendigerweise, von mit Opferkruste bedeckten Dämonenfiguren über solche mit matter Patina bis zu Partnerfiguren mit ihrer glänzenden Patina, eine Folge von permanentem rituellen Waschen, Abwischen mit einem weichen Tuch und Einölen (Ravenhill 1980:20 Anm. 10; Vogel 1980:3; 1991:172f.; Boyer 1993:356, 358; Boyer in Boyer/Girard/Rivière 1997:21; Schaedler 2001).

Abb. 28: Männliche Statuette, Baule, Elfenbeinküste. Die matte Patina spricht dafür, dass es sich hier um die Skulptur eines Buschdämons handelt. Kat.-Nr. 53

Meistens schnitzt der Künstler die Naturdämonen-Statuetten aus dem harten Holz von *Disthemonantus benthamanus*. Das traditionelle Schwärzen geschieht mit einer Paste aus den Blättern der Kriechpflanze einer Cissus-Art (Boyer 1993:363).

Westliche Nachbarn der Baule sind, ebenfalls in der Elfenbeinküste, die Guro, die in ihrer traditionellen Glaubensvorstellung mindestens fünf Kategorien von Lebewesen unterscheiden: zwei Gottheiten, Menschen, Tiere, Naturdämonen und von diesen nochmals unterschieden Maskenwesen. Diese lebten ursprünglich bei den Tieren im Wald, bis sie, oft durch Jäger, ins Dorf geholt und ähnlich wie die Haustiere zu anderen Wesen gemacht worden sind. Dargestellt werden sie hier durch Masken, die regelmäßig Opfer erhalten. Alte und brüchige Masken haben übrigens ihre Kraft verloren, und man lässt sie im heiligen Hain verrotten (Zwernemann 1968:50; Fischer/Homberger 1985:75ff., 101).

Uns interessieren hier die Gesichtsmasken des Dye-Männerbundes, dessen Maskenwesen einst von Wasser schöpfenden Frauen ein Trunk verweigert wurde. Wenig später jedoch wurden sie von Männern im Wald zu einem Palmwein-Gelage eingeladen und zum Dank dafür zeigten sie diesen, wie man Masken schnitzen und zu deren Auftritten singen, tanzen und trommeln muss. Wenn Frauen seitdem Dye-Masken ansichtig werden, müssen sie sterben, da diese Masken mit bestimmten magischen Substanzen bestrichen sind (Fischer/Homberger 1985:99, 101; Deluz 1993:240). Da Dye-Maskenwesen Geschöpfe des Waldes sind, dürfen ihre Maskengewänder nur aus Palmblatt-Streifen und nicht aus von Menschenhand gefertigter Kleidung bestehen, und ihre Kultgegenstände nicht aus gewebter Baumwolle (Fischer/Homberger 1985:99,100; Fischer 2008:118).

Die Dye-Masken gelten als eine Art Armee mit den Aufsätze tragenden Masken als Anführer. Ihre wichtigsten Aufgaben sind Abhaltung von Gerichtstagen, Schlichtung von Streitigkeiten, Bekämpfung der Hexerei, Überwachung von Gemeinschaftsarbeiten und Auftritte bei Totenfesten zu Ehren von Bundmitgliedern (Fischer/Homberger 1985:76, 108f.; Deluz 1993:240). Im Einzelnen handelt es sich bei den Maskengestalten, die beim Tanz u.a. Tierpantomimen aufführen (Holas 1976:84; Fischer 2008:135f.), um:

– Zäwi, der Richter (Inventarbuch 1963: Inv.-Nr. F 50101), die *Mutter der Masken*, mit einem Aufsatz aus vier verschieden farbigen Stangen als Verkörperung von rotem Hund, weißer Zwergantilope, schwarzem Büffel und blauem Kyäsä (Fischer/Homberger 1985:104)

– Kyäsä, der Ankläger (Inventarbuch 1963: Inv.-Nr. F 50107 a+b), mit blauem Gesicht, konischem Aufsatz, roter Wunde an der Wange und Holzschwert, mit dem er sich durch wildes Um-sich-Schlagen selbst verwundet hat (Fischer/Homberger 1985: 102). Von ihm an der Leine geführt, geht ihm der rote Hund Blin voran, der Melder oder Bote (ibid.:109)

- Zan, der Gendarm (Inventarbuch 1963: Inv.-Nr. F 50109), trägt ein einziges langes Horn als Aufsatz mit der Bedeutung, dass er nur ein Herz dafür habe, sich zu erzürnen, *aber kein zweites, um zu verzeihen, was Ausdruck seiner Härte im Verurteilen und Strafen sei* (Fischer/Homberger 1985:104)

- Tiermasken-Gestalten, wie Ziege, Bongo-Antilope, Zwergantilope, Büffel, Elefant und Pavian bilden die Vorhut (Inventarbuch 1963: Inv.-Nr. F 50105; Fischer/Homberger 1985:108f.; Fischer 2008:135f.)

Dye-Masken sind aus leichtem Holz geschnitzt. Der Träger schaut durch das Maul oder die Augenschlitze der Maske und hält diese mit den Zähnen an einem Stäbchen fest, das waagrecht durch den Flansch gesteckt ist. Dieser ist meist sehr breit und bedeckt fast die Hälfte des Kopfes. Das Maskenkostüm besteht aus Wülsten von Palmblatt-Streifen (Fischer/Homberger 1985:99f.). Farbstoffe zur Bemalung waren früher Rot aus Kernen des Orleanbaumes *(Bixa Orellana)* mit Zitronensaft und Ei, Blau von Blättern jeweils eines bestimmten Baumes und Busches mit verbrannten Kernen von Chilischoten oder europäisches Waschblau, Weiß aus Eidechsenkot mit Zitronensaft und Schwarz aus Rinde einer bestimmten Wurzel im Schlammbad (ibid.:65).

Abb. 29: Gesichtsmaske des Dye-Bundes: Zäwi, der Richter, Guro, Elfenbeinküste. Ein ursprünglich im Wald beheimatetes Maskenwesen mit tierischen (Maul) und menschlichen (Augen vorn, profilierte Nase) Zügen.
Kat.-Nr. 60

Sommer in der Arktis

Abb. 30: Die leichte Konstruktion des Kajaks bildet ein mit Robbenhaut bespannter Holzrahmen.
Kat.-Nr. 69

Abb. 31: Zwei Jungen pflücken Beeren in Kugluktuk, Nunavut-Territorium, Nordkanada.

Von Alaska bis Grönland leben die Bewohner der nordamerikanischen Arktis mit extremen Klimabedingungen. Mit reicher Erfahrung und detailliertem Wissen über die Tier- und Pflanzenwelt nutzen sie den Reichtum der Natur.

Der arktische Sommer mit seinen langen Tagen war früher die Zeit vielfältiger Aktivitäten. In ihren schnellen, wendigen Kajaks fuhren die Männer zur Seesäuger-Jagd. Fischfang und Sammeln von Wildfrüchten ermöglichten es, Vorräte für den Winter anzulegen. Wal, Robbe, Walross, Eisbär und Fisch lieferten neben Fleisch und Fett auch weitere wichtige Materialien: Robbenhaut für das Kajak, Knochen für Harpunen- und Speerspitzen sowie Darmhaut für den wasserdichten Parka (Kat.-Nr. 71).

Mit der Verarbeitung der erlegten Tiere hatten die Frauen alle Hände voll zu tun. Das vielseitig einsetzbare *ulu* (Frauenmesser) wird bis heute verwendet. Seine scharfe Klinge schneidet mühelos durch Haut und Fleisch oder dient als Fellschaber.

Nathalie Scholz

Abb. 32: Die Klinge dieses *ulus* besteht aus kalt gehämmertem Kupfer, einer vor der Einführung des Eisens bekannten Metallverarbeitungstechnik.
Kat.-Nr. 77

Das Korn des Lebens – Reisanbau in Japan

Reis ist seit jeher eines der wichtigsten Nahrungsmittel und Agrarprodukte Japans. Das Getreide wurde im 3. Jahrhundert v. Chr. von China nach Japan eingeführt. Seitdem hat der Reisanbau einen erheblichen Einfluss auf die gesellschaftliche Struktur und Kultur des Landes ausgeübt.

Fast die Hälfte der landwirtschaftlichen Fläche Japans wird für den Nassreisanbau genutzt. Die Jungpflanzen werden im Mai/Juni mit Beginn der Regenzeit in die überschwemmten Felder gepflanzt und im Spätsommer geerntet. Zahlreiche Volkslieder berichten, wie mühevoll diese Zeit für die ländliche Bevölkerung ist.

Über die Reisfelder wacht die Feldgottheit *(ta no kami)*. Verschiedene Rituale begleiten den Reisanbau und sollen das Gedeihen der Reispflanzen und eine reiche Ernte gewährleisten. Reiskuchen und Sake (Reiswein) sind Bestandteil vieler religiöser Zeremonien und Feierlichkeiten. Bis heute bringt der japanische Kaiser frisch geernteten Reis den Göttern dar, um das Wohlergehen seines Volkes zu sichern. *Uta Werlich*

Abb. 33: Die Hängerolle zeigt in detaillierter Ausführung die verschiedenen Arbeitsschritte im Anbau und der Verarbeitung von Reis: vom Pflügen der Felder bis zum Packen der Reisstrohballen. Kat.-Nr. 79

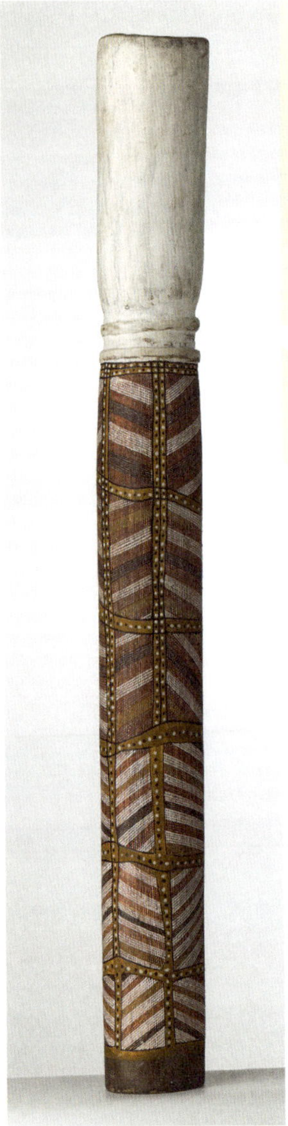

Abb. 34: John Mawurndjul:
[ohne Titel]
Baumsarg
Experimente mit der Schraffur *rarrk*, die dem Betrachter einen Schimmer des Heiligen vermittelt, sind wichtiger Teil der künstlerischen Arbeit von John Mawurndjul. Hier angewendet auf einem Knochensarg, in dem die Knochen Verstorbener früher dem Land zurückgegeben wurden.
Kat.-Nr. 83

Die Erschaffung des Landes

Land ist für die australischen Aborigines von grundlegender Bedeutung: Seine Gestalt – Berge, Felsen, Wasserläufe, Wüsten und Bäume – wurde von den Schöpferwesen der Traumzeit geschaffen. Sie hinterließen eine reale Landschaft, die gleichzeitig mythisch definiert ist. Die Schöpferwesen sind vergangen, haben aber ihre Kräfte an besonderen heiligen Orten – oft Wasserlöcher – zurückgelassen. Im Ritual werden sie für die Gegenwart durch Gesänge und Tänze aktiviert.

Die Wesen der Traumzeit traten in Tier- oder Pflanzengestalt auf, aber auch als Geschwisterpaar. Den nachfolgenden Generationen übertrugen sie die Verantwortung für das Land. In Bildern auf Rinde – heute auch auf Leinwand oder Papier – stellen die Maler ihren Teil der Überlieferung in verschlüsselter Form dar. Mit der dabei verwendete Schraffur *rarrk* wird auch die Körperbemalung der Jungen gestaltet, die in das heilige Wissen eingeführt werden, das ebenso wie das Land auf die Traumzeit zurückgeht.

Ingrid Heermann

Abb. 35: John Mawurndjul:
Wasserlilien
Rindenmalerei
Die heilige Regenbogenschlange wird durch die Wasserlilien symbolisiert, die auf ihrem Rücken wachsen sollen und hier ihre Anwesenheit in einem heiligen Wasserloch andeuten.
Kat.-Nr. 81

Die sakralen Landschaften der Inka

Abb. 36: Ein Teilnehmer der Ausangate-Prozession bringt ein Stück Gletschereis ins Tal, Peru.

Das südamerikanische Andengebiet ist in seinem zentralen Bereich, der die Gebirgsregionen der modernen Staaten Peru und Bolivien umfasst, von großer Trockenheit gekennzeichnet. Die einzigen Wasserspender, die Leben und kulturelle Entwicklung in den Küstenoasen und im Andengebiet ermöglichen, sind die gletscherbedeckten Berge der Anden, über denen, für drei Monate im Jahr, Regenwolken aus dem Amazonasgebiet abregnen. In der präkolumbischen Zeit verehrte man die Berge daher als Fruchtbarkeit spendende Gottheiten, als *apu.* Man führte ihnen zu Ehren Rituale durch, zu denen auch Menschenopfer gehörten.

Bis heute findet die größte Prozession des Andengebietes zum Ausangate-Berg statt, um den Gletscher zu ehren. Die Inka betrachteten ihre gesamte natürliche Umgebung als sakral. Vom Haupttheiligtum, dem Sonnentempel aus, führten Pilgerpfade, an deren Verlauf sich in kurzen Abständen Opferaltäre befanden.

Doris Kurella

Abb. 37: Die heiligen Inka-Quellen von Tambomachay, Peru.

Mobilität auf Flüssen und im tiefen Schnee

Nathalie Scholz

Um zu jeder Jahreszeit, im langen, kalten Winter wie im Sommer, mobil zu sein, wurden Reise- und Transportmittel entwickelt, die es erlaubten, sich durch tief verschneite Wälder und auf weit verzweigten Flussläufen fortzubewegen. So verwendeten Indianer in großen Teilen Kanadas und im Norden der USA während der Wintermonate Schneeschuhe. Wenn im Sommer die Flüsse vom Eis befreit waren, gewährleistete das Birkenrindenkanu die Mobilität. Schneeschuhe und Kanu erleichterten als effiziente Fortbewegungsmittel das Zurücklegen weiter Strecken – sowohl zu Fuß im tiefen Schnee als auch auf dem Wasser.

Das Birkenrindenkanu verkörpert nicht nur eine besondere Technologie; wegen seiner optimalen Anpassung an die geografischen Bedingungen wird ihm sogar die Erschließung Kanadas nachgesagt (Friederici 1907:37). Europäische Reisende, Pelzhändler und nicht zuletzt auch Siedler erkannten die Vorteile und griffen auf das indianische Wissen um diese besonderen Boote zurück und bewegten sich mit Hilfe der indianischen Bevölkerung auf bereits etablierten Reiserouten.

Mobilität auf verschneiten Wegen wird heute längst durch motorisierte Fahrzeuge gewährleistet. So ist es seit Jahrzehnten üblich, in den schneereichen Gebieten Nordamerikas mit dem Schneemobil auf die Jagd zu fahren. Die traditionellen Kanus haben sich für den Alltagsgebrauch erhalten. Sie bestehen heute aber nicht mehr aus Birkenrinde, sondern aus Aluminium oder Kunststoff und werden durch einen Motor angetrieben.

Abb. 38: Four Bears Bridge über den Lake Sakakawea (Missouri), New Town, North Dakota.

Gut zu Fuß im tiefen Schnee

Die Lebensweise indianischer Kulturen der kanadischen Subarktis zeichnete sich durch hohe Flexibilität und Mobilität aus. Im Winter erschwerte der Pulverschnee besonders in den windstillen Wäldern die Fortbewegung zu Fuß enorm – der Schneeschuh bot hier Abhilfe. Ein gebogener Holzrahmen, mit hölzernen Querstreben versehen, ergab den Rahmen für ein Geflecht aus feinen Streifen von Elch- oder Karibu-Rohhaut *(babiche)* und Sehnen. Mit dem Mokkasin durch Schnüre verbunden, vergrößerten die Schneeschuhe die Trittfläche ihres Trägers und verhinderten somit das Einsinken im Schnee.

Für die Jagd war dies unerlässlich, schließlich musste Großwild wie Elch und Karibu oft über mehrere Kilometer verfolgt werden. Eine Methode die Tiere zu erlegen, war, sie in den Tiefschnee zu treiben. Dort waren sie dann eine leichte Beute. Bär, Wolf, Fuchs, Hase und Nerz wurden außerdem durch das Aufstellen von Fallen erbeutet. Auch Biber wurden in Fallen gelockt oder direkt in ihrem Bau gefangen. Die Bauten die-

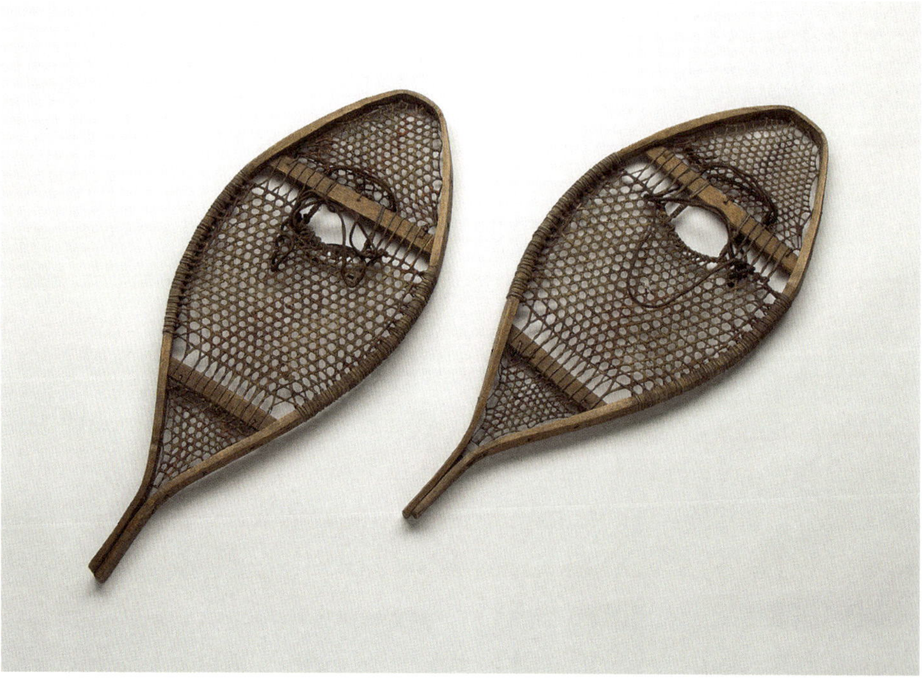

Abb. 39: Rahmenschneeschuhe erleichterten die Fortbewegung zu Fuß durch den Tiefschnee. Kat.-Nr. 118

ser Tiere waren im Winter einfacher aufzuspüren und ihre Bewohner konnten durch Schnee und Eis nicht so leicht entkommen. Die Jäger verschlossen die überirdischen Eingänge des Biberbaus und brachen anschließend in den Bau ein. Die erlegte Beute wurde auf einem *toboggan*, einem Schlitten aus einem vorne hoch gebogenen Brett, transportiert. Dieser wurde von Menschen oder Hunden durch den Schnee gezogen (Rogers/Smith 1981:132f.).

Unterwegs auf Flüssen und Seen

Während der Sommermonate löste das Kanu den *toboggan* als Transportmittel ab und auch die Großwildjagd fand vom Kanu aus statt: Wenn Karibuherden auf ihrer Wanderung einen Fluss oder See durchquerten, konnten sie direkt vom Kanu aus mit dem Speer erlegt werden.

Birkenrindenkanus waren trotz ihres geringen Eigengewichts relativ stabil und konnten viel Fracht aufnehmen. Bereits in frühen europäischen Beschreibungen des beginnenden 17. Jahrhunderts wurden diese Eigenschaften der Rindenkanus hervorgehoben und man zeigte sich zudem beeindruckt von der Geschwindigkeit, die die Kanus, angetrieben durch einfache Paddel, erreichen konnten (Adney/Chapelle 1983:7).

Viele verschiedene Formen und Typen von Birkenrindenkanus haben sich bis heute als Originale oder Modelle erhalten oder sind in Zeichnungen und Fotografien überliefert. Das leichte Material für die Bootswände lieferte die Rinde der Weißen Birke *(Betula papyrifera)*, die deshalb auch Kanu-Birke genannt wird. Rinden anderer Bäume wurden ebenfalls verarbeitet, konnten aber an die Qualität der Weißen Birke nicht heranreichen. Ihre Beschaffenheit erlaubte es, große Stücke vom Stamm der Birke abzuschälen (Adney/Chapelle 1983:14f.). Dies konnte am lebenden oder gefällten Baum vorgenommen werden. Die Rinde besteht aus mehreren Lagen. Für den Bau eines seetüchtigen, stabilen Kanus wurden entsprechend dicke Rindenstücke ausgewählt. Hielt man die anschließend aufgerollten Rindenbahnen feucht, blieben sie elastisch und ließen sich auch nach längerer Zeit noch gut verarbeiten.

Die glatte und dunklere Innenseite der Rinde bildete die Außenwand des Kanus. Für den Rahmen des Kanus fand Zedern- oder Fichtenholz Verwendung, das sich nach dem Zerteilen mit Hilfe von heißem Wasser in die gewünschte Form biegen ließ. Über den Holzrahmen wurde die Rinde gespannt, in Form gebracht und anschließend mit Fichtenwurzelfäden vernäht. Die Nähte wurden mit erhitztem Harz abgedichtet. Besondere Stabilität und Belastbarkeit erhielt die Konstruktion durch der Länge nach verlegte Hölzer, die wiederum durch quer eingesetzte, gebogene Spanten fixiert wurden (Adney/Chapelle 1983:37ff., 128f.).

Die weite Verbreitung der Rindenkanus von Zentralkanada über die Großen Seen bis an die Ostküste, also ursprünglich einem Gebiet mit großer Kultur- und Sprachen-Vielfalt, brachte eine entsprechende Vielzahl von Stilen und Bauweisen hervor. Kontakte und Austausch von Handelswaren und Wissen mit anderen indianischen Gruppen und später natürlich auch mit Europäern führten wiederum zu neuen Kanutypen. Die Formen variieren je nach Art des zu befahrenden Gewässers und welchem Zweck das Kanu dienen sollte. Kanus mit flachen Enden waren besonders praktisch beim Befahren kleinerer Flussläufe, in die herunterhängende Zweige ragten. Modelle mit hohen Enden hingegen ermöglichten die Fahrt durch Stromschnellen und Seen mit Wellengang, da sie hoch spritzendes Wasser davon abhielten, ins Bootsinnere zu gelangen. Zudem boten umgedreht aufgestellte Kanus an Land während einer kurzen Rast Schutz vor Wind und Regen (Adney/Chapelle 1983:27f.; Friederici 1907:35).

Exkurs: Wildreisernte

Für die Ojibwa im westlichen Seengebiet bildete das als Wildreis bezeichnete Wassergras *(Zizania aquatica)* einen wichtigen Bestandteil der Ernährung. Im Frühherbst war es damals üblich, dass die Familien, die vom Wildreis lebten, ihren Sommerwohnsitz verließen und zu den Wildreisfeldern aufbrachen. Meist fuhr man zu zweit im Birkenrindenkanu zur Ernte: Einer manövrierte das Kanu mit einer langen Stange durch das

Abb. 40: Dieses Kanu wurde bis etwa 1915 von Ojibwa in Ontario, Kanada zur Wildreisernte verwendet. Anstelle von Fichtenwurzelfäden halten Eisennägel Holzrahmen und Birkenrinde zusammen.
Kat.-Nr. 93

Wildreisfeld und der andere klopfte die Körner mit Holzschlägeln aus den im Wasser stehenden Pflanzen heraus. Gejagt und gefischt wurde das ganze Jahr über, im Sommer ergänzten das Sammeln von Wildfrüchten und in manchen Regionen auch der Anbau von Mais, Bohne und Kürbis den Speiseplan (Ritzenthaler 1978:746).

Neue Handelsdimensionen auf alten Reiserouten

Europäische Pelzhändler profitierten vom Einsatz der Birkenrindenkanus auf dem aus Wasser- und Landwegen kombinierten Verkehrsnetz. Im 17. und 18. Jahrhundert wurden Pelzhandelsrouten etabliert und zahlreiche französische und britische Handelsstationen errichtet. Über den Sankt-Lorenz-Strom, der eine direkte Verbindung zum Atlantik herstellte, konnten die Großen Seen erreicht werden. Von dort aus zogen die „Voyageurs" nach Westen tief ins Landesinnere, um die auf dem europäischen Markt begehrten Felle von Biber, Fuchs, Nerz und vielen anderen Pelztieren bei indianischen Jägern einzuhandeln.

Abb. 41: Dieses Kanumodell aus der Sammlung des Prinzen Maximilian zu Wied erinnert an die Form der großen Pelzhandelskanus, die eigens für den Transport der Pelze gebaut wurden. Kat.-Nr. 92

Eigens für den bis in die Mitte des 19. Jahrhunderts stark expandierenden Pelzhandel wurde eine größere Variante des Birkenrindenkanus *(maître canot)* entwickelt, um Tierfelle in Massen zu den Handelsstationen transportieren zu können.

Indianische Jägerfamilien, die durch das Geschäft mit den Pelzen ihren Lebensunterhalt bestritten, hatten ihre Lebensweise entsprechend angepasst und stärker auf die Erbeutung und Verarbeitung der gefragten Pelztiere ausgerichtet (Brody 1998:89ff.). Mit dem Rückgang des Pelzhandels im ausgehenden 19. Jahrhundert entwickelte sich für sie das Geschäft mit indianischen Souvenirs zu einer wichtigen Einnahmequelle.

Reiseandenken aus Birkenrinde

Reisende, die ab den 1820er Jahren über den Sankt-Lorenz-Strom in das Gebiet der Großen Seen fuhren, passierten bereits die ersten touristischen Zentren, die sich zu dieser Zeit dort entwickelten. Mit der Verlegung von Eisenbahnstrecken ab Mitte des 19. Jahrhunderts verbesserten

Abb. 42: Mit Stachelschweinborsten (Quill) verzierte Birkenrindenkanus waren beliebte Souvenirs. Sie wurden europäischen Reisenden an touristischen Sehenswürdigkeiten wie den Niagarafällen zum Kauf angeboten. Kat.-Nr. 94

sich die Reisebedingungen, was die Souvenirproduktion noch vorantrieb: Die Kundschaft wuchs und die Bahnhöfe waren für den Verkauf von Souvenirs ideal (Phillips 1998:33f.). Durch die steigende Nachfrage nach „indianischen Kuriositäten" entstand somit ein umfangreiches Angebot an Reisesouvenirs. Darunter waren auch Kanumodelle aus Birkenrinde zu finden, die mit Stickereien aus Stachelschweinborsten *(Quill)* verziert waren. Bei dieser traditionellen Verzierungstechnik wurden zunächst die bis zu acht Zentimeter langen Stacheln des Baumstachelschweins durch Einweichen flexibel gemacht und gefärbt. Die geometrischen und insbesondere die floralen Muster und bildhaften Stickereien trafen den europäischen Geschmack. So hatten die Stickereien auf den Miniaturkanus nichts mit tatsächlichen Verzierungen indianischer Birkenrindenkanus zu tun (Phillips 1998:93).

Auch Schneeschuhe und *tobbogans* waren in Miniaturform als Souvenirs erhältlich. In verkleinerter Form fanden sie im Reisegepäck von Touristen, Missionaren, Händlern, Kolonialbeamten und Forschern ihren Weg nach Europa – und in vielen Fällen auch in Museumssammlungen.

Lamas, Boote, Knotenschnüre

Abb. 43: Papayabaum in den fruchtbaren Tälern am östlichen Rand der Anden.

Die Bewohner des südamerikanischen Andengebietes bedienten sich verschiedener Strategien, um sich die sehr unterschiedlichen Lebensräume zu Nutze zu machen. Lamakarawanen verbanden die wüstenhafte, aber fischreiche Pazifikküste mit dem Andenhochland und dem subtropischen Ostrand der Anden. Handelsschiffe transportierten auf dem Pazifik Textilien, Gold und Keramik nach Norden und Muscheln und Schneckenhörner nach Süden. Kolonisten, die in fruchtbare Täler geschickt wurden, versorgten die Bewohner des Hochlandes mit Cocablättern, Obst und Feldfrüchten. Sie erhielten dafür im Gegenzug Fleisch und Wolle der Lamas und Alpakas. Im Inkareich erfasste man das gesamte Aufkommen an Gütern mit Hilfe der Knotenschnüre, die nach dem Dezimalsystem aufgebaut waren.

Doris Kurella

Abb. 44: Bepacktes Lama, Moche-Kultur, 2. – 3. Jh. n. Chr., Peru.
Kat.-Nr. 112

Abb. 45: Eine Knotenschnur *quipu* aus der Inka-Zeit.
Kat.-Nr. 109

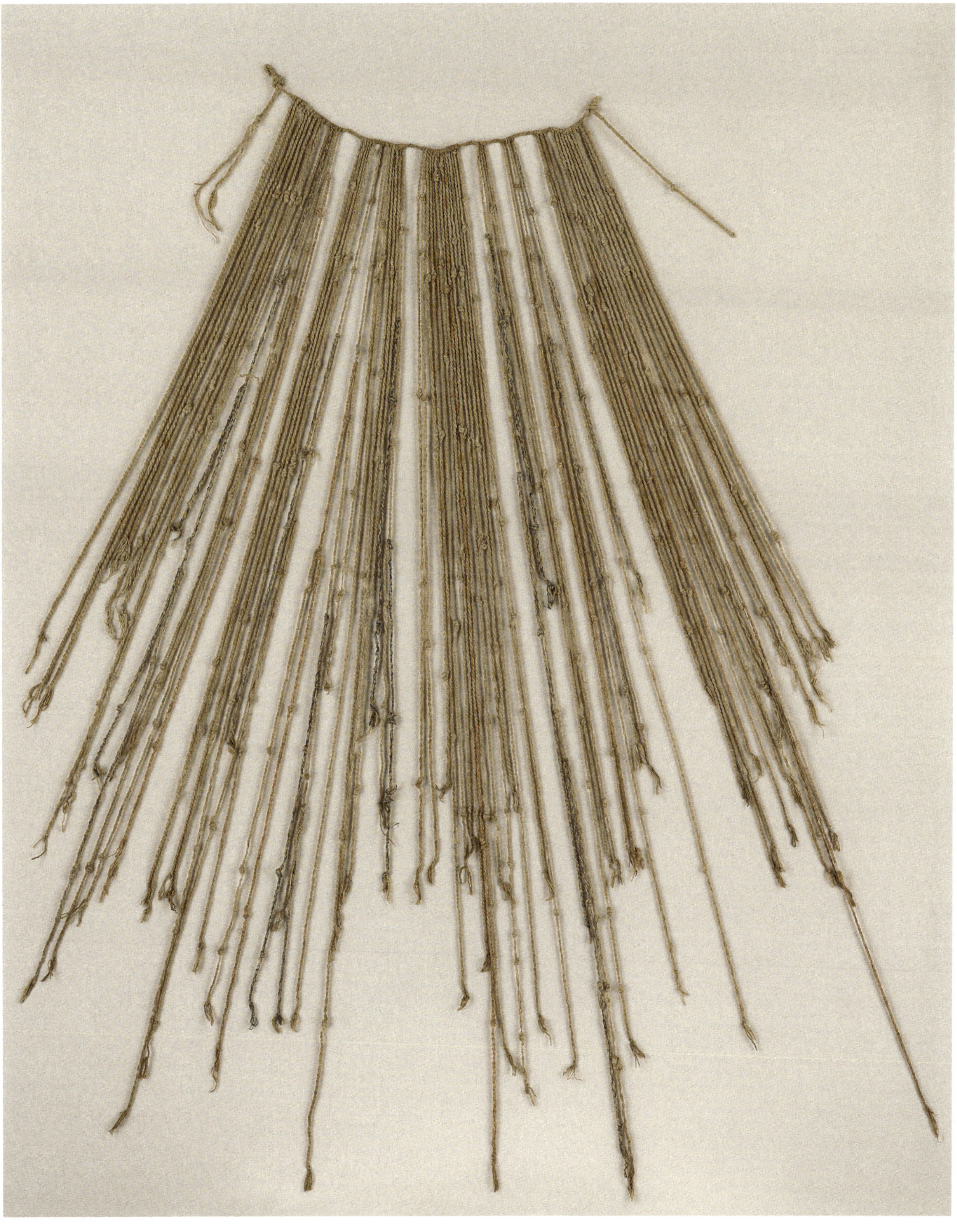

Landstraßen und Seewege

Abb. 46: Modell einer Tragestuhlszene, Betsileo, Madagaskar. Das frühe Souvenirstück zeigt die Vorstellung von sozialer Hierarchie im alten Madagaskar: Dunkelhäutige Sklaven tragen eine Person der Oberschicht. Kat.-Nr. 103

Abb. 47: Spielzeug-Pferd mit Reiter im Sattel, Daza oder Bäle, Republik Niger oder Tschad. Es zeigt die Merkmale der Dongolawi-Rasse aus dem nubischen Sudan: Ramsnase sowie Braunfärbung bei weißen Beinen und Kopf. Kat.-Nr. 106

Abb. 48: Modell eines Doppelauslegerbootes, Sakalava, Madagaskar. Die angeschnitzten Figürchen von Mensch und Rind erinnern an die Besiedlung der Insel über See von Indonesien, Ostafrika und Indien aus. Kat.-Nr. 87

Da das Rad im vorkolonialen Subsaharischen Afrika unbekannt war, nutzte man für den Landtransport von Menschen und Waren Menschenkraft mittels sänftenartiger Konstruktionen (Tragstuhl) und Trägerkolonnen sowie, wo Resistenz gegen die Tsetsefliege bestand, Reit- und Tragtiere, deren früheste domestizierte Formen hier jeweils folgendermaßen datiert werden: Rind Ende des 5. Jahrtausends v. Chr. (Republik Sudan), Dromedar um 3000 v. Chr. (Kenia), Esel um 1000 v. Chr. (Ostafrika), Elefant vor dem 3. Jahrhundert v. Chr. (Republik Sudan), Pferd 2. Hälfte des 1. Jahrtausends n. Chr. (Kamerun).

Von Indonesien aus besiedelten Malaiien seit der ersten Hälfte des 1. Jahrtausends n. Chr. zum ersten Mal Madagaskar auf hier noch heute üblichen Auslegerbooten. Von der ostafrikanischen Küste aus steuerten muslimische Seefahrer wohl schon seit über Tausend Jahren auf *dhau-* (mit scharfem Heck) und anderen Segelschiffen Madagaskar, Arabien, Persien, Indien und China an, um Waren auszutauschen. *Hermann Forkl*

Stabkarten – Mittel der Orientierung

Abb. 49: Junge Marshallesen lernen, die Tradition des Bootsbaus mit modernen Materialien weiterzuführen – hier beim Takeln eines Lagunen-Bootes in Majuro, November 2009.

Um sich in einer Region mit ausschließlich flachen Inseln zu orientieren, nutzen die Marshall-Insulaner neben den Gestirnen auch die Strömungen, die beim Auftreffen auf eine Insel typische Muster bilden. Je nach Entfernung bilden sie auf unterschiedlicher Breite „Knoten". Folgt man ihrem Verlauf, wird man unweigerlich auf Land treffen. Auch zwischen einzelnen Atollen entwickeln sich besondere Strömungsmuster, die die Navigatoren nicht nur zu erspüren lernten, sondern auch memorierten. Dabei waren Stabkarten hilfreich, die bei der Unterrichtung verwendet, aber nie mit an Bord genommen wurden. Einfache Karten *mattang* geben die Grundprinzipien wieder, andere bilden die tatsächliche Lage der Atolle einer größeren Region ab und können als indigene Karten gedeutet werden. *Ingrid Heermann*

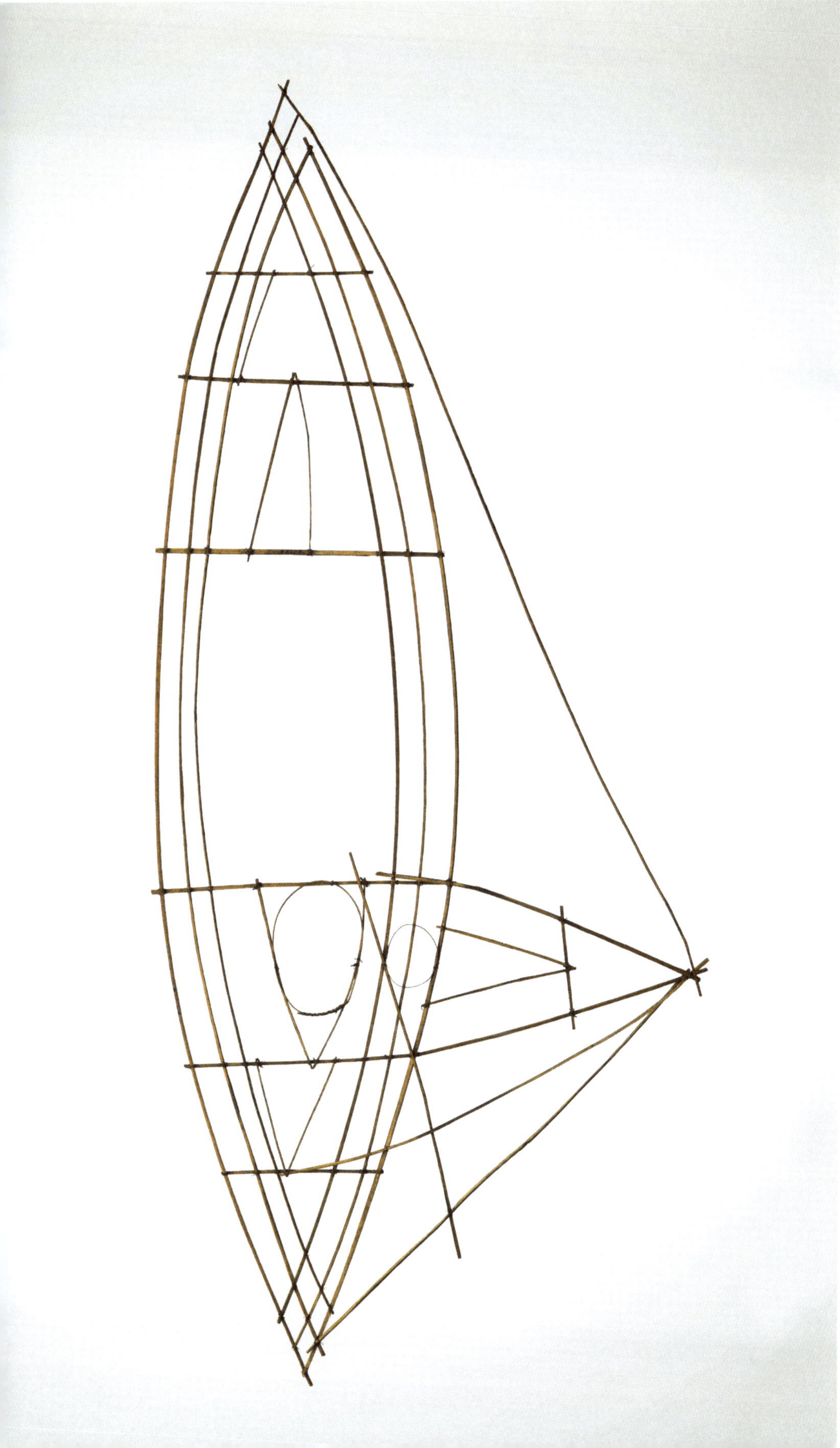

Abb. 50: Stabkarten vom Typ *rebbelib* zeigen neben den Strömungen auch die relative Lage einzelner Inseln zueinander. Das Wissen um die geografischen Verhältnisse war unverzichtbare Voraussetzung der Navigation, wurde aber nur auf den Marshall-Inseln in Objekten „gespeichert".
Kat.-Nr. 119

Abgrenzen und Einladen – Leben in Haus und Jurte

Annette Krämer

Weltweit haben die meisten Menschen einen ihrer Lebensmittelpunkte in einem umgrenzten Raum, der vor Witterungseinflüssen schützt, aber auch Rückzugsmöglichkeiten bietet. Dabei ist zwischen festen Behausungen und mobilen Wohnformen zu unterscheiden. Auch in der Ethnologie ist die Untersuchung von Wohnformen traditionell Bestandteil des wissenschaftlichen Interesses. Dabei rücken auch die Beziehungen und Wechselwirkungen zwischen Lebensweise, sozialer Ordnung, Kosmologien und den Behausungen in den Blick (z.B. Low/Lawrence-Zúñiga 2003; Hardenberg 2007).

Vergleicht man die traditionellen städtischen und nomadischen Wohnformen im islamisch geprägten Raum, im Folgenden insbesondere am Beispiel Mittelasiens, so lassen sich wichtige Gemeinsamkeiten und Verbindungen erkennen. Diese beziehen sich auf sichtbare und unsichtbare Abgrenzungen und Strukturierungen im Raum und in der sozialen Ordnung.

Das traditionelle Wohnen in den Städten des islamisch geprägten Orients wird häufig mit dem Hinweis auf „Privatheit" als einer Grundkategorie beschrieben (Wirth 1991, 2000). Der Bereich der Familie, insbesondere auch der Lebensmittelpunkt der Frauen und Kinder, ist das Haus. Oft schlicht gehaltene Hofmauern als Sichtschutz grenzen es nach außen ab. Ein Tor führt in den Hof, in dem sich das Gebäude befindet bzw. um

Abb. 51: Landschaft mit Jurten. Kyzyl-Orda, Kasachstan, 2004.

Abb. 52: *Maschrabiya*-Fenster, Marokko, ca. 16. Jh. Fenstergitter aus Holz sind in vielen Regionen der islamisch geprägten Welt verbreitet. Kat.-Nr. 136

den sich die einzelnen Flügel des Hauses gruppieren (vgl. z.B. Jabborov 1994:143-149). Familien sprechen in Usbekistan bis heute nicht von ihrem „Haus", sondern von ihrem „Hof", *hovli*, im Gegensatz zu den Wohnungen in Appartementhäusern.

Türen und Fenster markieren Ein- und Übergänge, die Beziehungen zwischen dem Innen und Außen. Sie finden sich gerade auch innerhalb eines Hofes. Sie sind zudem dekorative Elemente von Häusern. Fenster dienen dem Ausblick und der Luftzirkulation. Der Einblick hingegen ist weniger erwünscht. Dies gilt traditionell insbesondere für die den Frauen vorbehaltenen Bereiche.

Der Hof ist von Frühling bis Herbst der wichtigste soziale Raum der Familien. Mahlzeiten werden dort eingenommen, auch Gäste werden im Freien empfangen. Dann ist der Hof ein halböffentlicher Bereich. Bei größeren Gesellschaften und Feierlichkeiten erlaubt er Sitzordnungen mit traditioneller Aufteilung in weibliche und männliche Bereiche. Diese Segregation ist in Folge der Sowjetzeit jedoch nicht mehr strikt ausgeprägt. Dennoch ist sie vor allem in den traditionellen städtischen Zentren der Region nach wie vor Konvention, bzw. in sehr konservativen und religiösen Kreisen wieder erstarkt.

Die einzelne Familie ist in hohem Maße eingebunden in ihre Umgebung. Die Gemeinschaft ist Stütze der Familie und umgekehrt. Eine besondere Rolle kommt in Mittelasien bis

Abb. 53: Doppelflügeltür eines Stadthauses, Nord-Afghanistan, 19./20. Jh. Die faltbaren Türblätter stammen aus einem usbekischen Haus in Nord-Afghanistan. Der geschnitzte Blütendekor in Kartuschen erinnert an Moghulvorbilder. Kat.-Nr. 132

Abb. 54: Festmahl unter Frauen im Hof eines Hauses in Buchara, Usbekistan, 1999. Anlass des Zusammentreffens ist eine traditionelle Zeremonie, bei der eine junge Schneiderin von einer religiösen Ältesten *(oymullo)* den Segen für ihre berufliche Laufbahn erhält.

heute dem Stadtviertel, der *mahalla* zu (Suchareva 1976, Krämer 2002). Die wichtigen Übergangsriten im Lebenszyklus sind eine Angelegenheit der gesamten Nachbarschaft. Viele Menschen nehmen an den Feierlichkeiten wie Hochzeiten, aber auch an den Trauerriten teil. Sowohl das Einladen der Nachbarschaft als auch die eigene Teilnahme an den Feierlichkeiten anderer Familien gilt als Pflicht. Tradierte Regeln prägen den Umgang mit den Nachbarn.

Die Segregation der traditionellen Gesellschaft führte in Mittelasien zu engen nachbarschaftlichen Bindungen unter Frauen. Hier ist eine Art weiblicher Öffentlichkeit entstanden, die bis heute gepflegt und vor allem bei Zusammenkünften in privaten Häusern bzw. Höfen ausgelebt wird.

Sowohl die Sowjetunion als auch die postsowjetischen Staaten haben dabei versucht, die Stadtviertelgemeinschaften „von oben“ zu kontrollieren, gewachsene Bindungen und Vorstellungen jedoch legitimatorisch

Abb. 55: Plausch vor der Tür.
Buchara, Usbekistan, 1999.

aufzunehmen (z.B. Abramson 1998, Sievers 2002). Die *mahallas* bestehen nach wie vor. Allerdings haben sich die Lebensverhältnisse stark gewandelt, die Beziehungsgeflechte der Menschen sich erweitert. Internationale Migration ist für die meisten Familien Mittelasiens Realität. Auch die Ausdifferenzierung der Arbeitswelt hat neue Netzwerke geschaffen.

Die nomadische Lebensweise in der Region erlebte in den letzten Jahrzehnten noch dramatischere Veränderungen. Sie sah sich den sozialistischen politischen Strategien ausgeliefert, die auf eine Sedentarisierung und Kollektivierung zielten. Allerdings ist in wirtschaftlichen Krisenzeiten aktuell eine Renaissance der Transhumanz zu beobachten.

Die Jurte hat ihre Bedeutung nie gänzlich verloren. Sie ist die perfekt an die nomadische Lebensweise in Zentralasien angepasste Zeltform (Andrews 1997). Das Wort „Jurte" selbst kommt aus den Turksprachen, in denen es „Heim", „Heimat" oder „Zeltplatz" bedeutet, nicht aber für das Zelt selbst verwendet wird. Die Kasachen, auf die im Folgenden schwerpunktmäßig eingegangen wird, bezeichnen die Jurte als „Filzhaus" *(kiiz uy)* (vgl. z. B. Vasil'eva 2000).

Abb. 56: Jurtendachkranz *shanyrak*. Kasachen des *kishi zhuz* („Kleine Horde"), Region Mangystau, Kasachstan, Mitte 20. Jh.
Kat.-Nr. 137

Abb. 57: Frauen und Kinder im Innern einer kasachischen Jurte, 1899.

Abb. 58: Bestickter kasachischer Wandbehang *tus-kiiz*. Kasachen, Mongolei, 1960/70er Jahre. Schenkung Beibut Atamkulov 2010. Linden-Museum Stuttgart, Inv.-Nr. A 70057

Das hölzerne Grundgerüst der Jurten von Turkvölkern und Mongolen besteht aus kreisförmig miteinander verbundenen, zusammenfaltbaren Scherengittern, die über Dachsparren mit dem Dachkranz verbunden sind, sowie in der Regel einer Jurtentüre mit Türschwelle.

Türkische Quellen weisen bereits im 8. Jahrhundert auf Scherengitter-Jurten hin, die erste Abbildung auf einem chinesischen Rollbild datiert ins 12. Jahrhundert (Andrews 1997:12). Zeltähnliche Behausungen mit Filzdach sind jedoch sicher sehr viel älter.

Zusammengelegt lässt sich das Gerüst der Scherengitter-Jurten sehr gut transportieren. Die Filzabdeckung garantiert Isolierung und Schutz vor Feuchtigkeit im Winter. Die Architektur der Jurte ermöglicht die Verteilung der Wärme des Herdfeuers im gesamten Raum. Die Dachöffnung garantiert eine Lüftung. In der Sommerhitze kann die Filzabdeckung hochgeschlagen werden. Die Bestandteile der Jurte müssen in regelmäßigen Abständen erneuert werden, vor allem der Dachfilz. Das Grundgerüst aus Scherengittern und Dachsparren kann mehrere Jahrzehnte überdauern (Andrews 1997:33). Noch länger bewahrt wurden früher die

Jurtendachkränze, die der Vater traditionell an seinen im gleichen Haushalt lebenden jüngsten Sohn vererbte (Mukanov 1981:29).

Die Herstellung und Verwendung von Filz ist typisch für die nomadischen Kulturen Zentralasiens. Vom Dachfilz abgesehen, findet sich Filz auch im textilen Inventar der Jurten. Typisch für die kasachische materielle Kultur sind neben den Filzteppichen *syrmak* vor allem die bestickten Jurtenwandbehänge *tus-kiiz*. Diese sind traditionell ein Bestandteil des Brautgutes und weisen eine typische Gestaltung auf (Kat.-Nr. 142). Taschen unterschiedlichster Funktion und Art (Kat.-Nr. 146, 147, 149, 150) tragen in ihrer Ornamentierung und Farbigkeit zum Schmuck der Jurte bei. In ihrer Fertigung kommen verschiedenste Techniken zum Tragen (vgl. z.B. Margulan 1986-1994). Insbesondere Kasachen in der Mongolei oder China pflegen die traditionellen Handarbeiten weiter. Auch in Kasachstan sind es die in den letzten 20 Jahren aus den Nachbarländern eingewanderten Kasachen, die solche Handarbeiten noch heute herstellen oder importieren.

Neben Textilien gehört auch hölzernes Mobiliar zur Einrichtung der Jurte. Typisch sind Truhen und Vorratskisten, bei denen Funktionalität traditionell mit jeweils besonderer Gestaltung einhergeht (z.B. Kat.-Nr. 139).

Kasachische Jurten sind vergleichsweise geräumig. Eine Jurte aus sechs Scherengittern hat einen Durchmesser von ca. 6 Metern und ist ca. 3 bis 3,50 m hoch. Mehrere Jurten bilden eine Jurtensiedlung *(aul)*.

Der Raum der Jurte ist in spezieller Weise aufgeteilt. Die Grundprinzipien dieser Aufteilung finden sich bei allen „Jurtengesellschaften" Zentralasiens und gehen auf ein altes, vorislamisches Weltbild zurück (z.B. Toleubaev 2000).

Die Dachöffnung und die leicht versetzt unter ihr liegende Feuerstelle sowie der meist nach Süden, manchmal nach Osten ausgerichtete Eingang sind die markanten Punkte in der Jurte, die den Innenraum strukturieren. Dem Eingang gegenüber befindet sich der „Ehrenplatz" für die ältesten Familienmitglieder und die angesehensten Gäste *(tor)*. Von diesem Platz aus links – bei einer Südausrichtung der Jurte – befindet sich

Abb. 59: Matte für Teezeremonie *(shay-kiiz)*. Die *shay-kiiz* oder *shay-syrmak* genannten Matten sind ein Element der mit dem Tee verbundenen kasachischen materiellen Kultur. Das Objekt wurde 2010 von der Besitzerin und Herstellerin Külsiya Sanatbek in Taldyqurghan erworben. Kat.-Nr. 141

Abb. 60: Jurtendachkranz *shanyrak* im Haus der Familie Kairbekov, Almaty, Kasachstan, 2011.

der weibliche Bereich; nahe am Eingang werden vor allem Küchenutensilien aufbewahrt. Rechts (vom Eingang aus: links) befindet sich der Bereich der Männer (vgl. z.B. Vuillemenot 2009:125-128).

Die Dachöffnung ist die Verbindung in den Kosmos. Der Dachkranz *shanyrak* wird als Sinnbild der Familie und ihrer Einbettung in den Lauf der Zeit verehrt (Mukanov 1981:28; Vostrov/Zacharova 1989:36). In den Jurten der islamisierten Nomadenvölker fehlt ein deutlich sichtbarer religiöser Bezug. Auch sind die Jurten nicht nach Mekka ausgerichtet. Die religiöse Praxis der Kasachen ist stark von einer Verbindung des Islam mit einer ritualisierten Verehrung der Vorfahren geprägt (Privratsky 2001).

Die Jurte ist traditionell auch Ort geselliger Zusammenkünfte und Rituale. Gemeinsame Mahlzeiten, verbunden mit dem Genuss der vergorenen Stutenmilch *kumys*, Kamelmilch *shubat* und Tee (Beknazarov 2009), sind „Auszeit" und Besinnung. Eine besondere Rolle spielen dabei Melodien und traditionelle Gesänge, insbesondere auch das Spiel auf der kasachischen Langhalslaute, *dombra* (Kat.-Nr. 140, Laute des Instrumentenbauers Zholaushy). Alltägliche Gespräche werden bei festlichen Treffen nicht geführt. Die Rede- und Gesangskunst steht, manchmal als ritualisierter Wettbewerb, im Vordergrund (Vuillemenot 2009:134-141, 199-202).

Doch die Jurte als mobiles Heim der Kasachen ist überwiegend Vergangenheit. Allerdings ist die Transhumanz vor allem in China und der Mongolei verbreitet und könnte auch in Kasachstan wieder an Bedeutung gewinnen. Dort gibt es gelegentlich Jurten als „Zweitwohnung", auch im eigenen Hof. Im Tourismus und der Gastronomie sind sie sehr populär.

Erhalten haben sich jedoch Vorstellungen über die Raumaufteilung und den „Ehrenplatz" sowie die Ideale der Gastlichkeit und die rituelle Geselligkeit. Wie bereits sowjetische Wissenschaftler bemerkten (Vostrov/Zacharova 1989:160-173), wurden auch typische Bestandteile der Einrichtung in die Sesshaftigkeit übertragen – vor allem in Bezug auf die Textilien.

Als besonders lebendig erweist sich die Symbolik des Jurtendachkranzes *shanyrak*. Er ist Bestandteil des kasachischen Staatswappens. Moderne Architektur mancher offizieller Gebäude ist von Jurten inspiriert. Doch diese Versuche, „von oben" eine nationale Identität zu schaffen, erfolgen parallel zu einer tatsächlich gelebten Bedeutung kasachischer Symbolik. In manchen Häusern wohlhabender Kasachen finden sich *shanyrak*-Imitationen – meist in Verbindung mit Kronleuchtern oder anderen Lichtsystemen –, die nicht nur als Dekoration, sondern auch als glücksbringend angesehen werden. Nach wie vor ist der Wunsch an die Braut „Möge dein *shanyrak* hoch sein" fester Bestandteil des Hochzeitsrituals.

In einer durch Verstädterung und Globalisierung charakterisierten Welt werden in den Gesellschaften Mittelasiens heute nach wie vor alte Traditionen und Vorstellungen gepflegt und transformiert. Dies gilt für die seit langem von städtischer Kultur geprägten Regionen wie etwa Usbekistan ebenso wie für die ehemals nomadischen Gebiete der Kasachen.

Abb. 61: Braut beim Teeausschank. Dorf Shogir, Kreis Tukes, Xinjiang, China, 2010.

Abb. 62: Küche mit *ayak-kap*, dem traditionell in Jurten verwendeten Taschen-Typ für Geschirr bzw. Küchenutensilien (Kat.-Nr. 147, 148). Dorf Bostan, Kreis Mori, Xinjiang, China, 2010.

Häuser der Batak – Abbild des Kosmos

Abb. 63: Das mehrstufige Dach des Hauses eines *sibayak* (Herrscher) demonstriert den Reichtum seines Besitzers. Sumatra, Indonesien, 19. Jh. Kat.-Nr. 152

Die traditionellen Gemeinschaftshäuser der Toba- und Karo-Batak auf Sumatra sind in drei Ebenen unterteilt: in einen mit Brettern vergitterten Stall, eine Wohnfläche darüber und einen Dachraum, der als Lager und Opferplatz dient. Diese drei Bereiche repräsentieren – ebenso wie die Farben rot, weiß und schwarz – die drei Sphären des Kosmos: Unterwelt, Menschenwelt und Aufenthaltsort der Götter.

Die Häuser werden auf Holzpfählen gebaut. Um sich vor Feinden und Tieren zu schützen, wird die Treppe eingezogen. Fasern der Zuckerpalme *(ijuk)* bedecken das Dach. Die an den Wänden angebrachten Schnitzereien und Malereien halten negative Einflüsse fern. Von besonderer Bedeutung ist hierbei an den Häusern der Toba-Batak der *singa* (Löwe). An den Längsbalken des Hauses trägt er in der Form des Unterweltdrachen Naga Padoha den Wohnraum der Menschen.

Abb. 64: Der *singa* (Löwe) am Giebel dieses reich verzierten Reisspeichers hält Unheil fern. Sumatra, Indonesien, 20. Jh. Kat.-Nr. 154

Heute finden sich zunehmend moderne Einfamilienhäuser mit Wellblechdächern.

Susanne Faller

3. Zeitvorstellungen und Lauf der Welt

Ulrich Menter

Was ist die Zeit? Wie lässt sie sich beschreiben? Wie stehen Zukunft, Vergangenheit und Gegenwart zueinander? Hat Zeit eine Richtung? Vergeht sie und sind Ereignisse in der Zeit einmalig und abgeschlossen? Oder erneuert sich die Zeit und kehrt immer wieder? Das Phänomen „Zeit" ist bei näherer Betrachtung nichts weniger als selbstverständlich. Wir können Zeit unterschiedlich empfinden: Sie kann verrinnen oder zäh dahin fließen, rasen oder auch stillstehen. Nicht alle Sprachen besitzen überhaupt ein Wort für „Zeit" und obwohl die offizielle Einteilung der Zeit in Sekunden, Minuten und Stunden heute überall auf der Welt Geltung besitzt, gehen Menschen in verschiedenen Gesellschaften und Kulturen sehr unterschiedlich mit ihr um.

Immanuel Kant bezeichnete die „Zeit" – und auch den „Raum" – als „Formen der sinnlichen Anschauung", als notwendige Voraussetzungen jeglicher menschlicher Welterkenntnis. So gehöre zu jeder Wahrnehmung eine Vorstellung von Zeit, die zugleich abhängig vom subjektiven Empfinden des jeweiligen Betrachters sei. Die Frage nach dem Wesen der Zeit stellte auch Thomas Mann in seinem „Zeit"-Roman *Der Zauberberg* und fasste die Antwort so zusammen: *Ein Geheimnis – wesenlos und allmächtig. Eine Bedingung der Erscheinungswelt, eine Bewegung, verkoppelt und vermengt dem Dasein der Körper im Raum und ihrer Bewegung.*

Abb. 65: Apachen während der mehrtätigen „Sunrise Dance" Zeremonie, bei der die erste Menstruation eines Mädchens gefeiert wird.

Zeit ist nicht absolut, sie besitzt keine eigene Realität und ist abhängig von Ereignissen. Überall auf der Welt beobachten Menschen die Natur und registrieren ihre Veränderungen. Jahreszeiten kommen und gehen, Zeiten des Wachsens wechseln mit denen des Blühens und Vergehens. An den Küsten folgen die Gezeiten aufeinander und prägen das Leben am Meer. Die Sonne steigt auf und sinkt wieder unter den Horizont, während der Mond zu- und abnimmt und die Gestirne auf ihren Bahnen das Firmament durchmessen, ebenso wie die Menschen ihre Jahre und Lebenszeiten durchlaufen.

In fast allen Kulturen existieren darüber hinaus Vorstellungen, nach denen das Leben eines Menschen nicht mit dem Tod endet. Vielmehr wird das Lebensende als Übergang in andere, durchaus unterschiedlich gedachte Seinsformen gesehen, zum Beispiel als Eingang in eine zeitlose Ewigkeit.

Zeit kann linear verlaufen, womit jedem Augenblick das Prädikat des Einmal-und-nie-wieder zukommt; sie kann aber auch zyklisch gedacht werden, ohne Anfang und ohne Ende, sich stets erneuernd und wiederkehrend. Nicht viel anders verhält es sich mit Vorstellungen der Schöpfungszeit, einer Traumzeit oder des Jenseits: Auch hier ist der gerichtete Lauf der Zeit – linear oder zyklisch – aufgehoben und menschliche Zeitmaßstäbe verlieren ihre Geltung.

Zeit manifestiert sich nicht nur in den Ereignissen der natürlichen Welt, eigentlich erfahrbar wird sie durch kulturelle Bezüge, in die natürliche Abläufe gestellt werden. So gehen Generationenfolge und menschliches Altern einher mit wechselnden sozialen Rollen und ihren rechtlichen und gesellschaftlichen Weiterungen. Und die Zeitläufte der Welt im Großen werden nachvollziehbar durch von Menschen gesetzte Daten, durch das kollektive Gedenken an historische Ereignisse ebenso wie an mythische Geschehnisse, die in der Wiederkehr ihrer Feste und Rituale neue Gegenwart, Wiederkehr und Resonanz erfahren. Wo bliebe die Zeit ohne Kalender, ohne Maßvorgaben, die ihr Rhythmus und Struktur verleihen?

Ohne die Bindung an Ereignisse, Menschen und Dinge bliebe die Zeit leer, sie wäre nicht viel mehr als ein flüchtiges Nichts. Sie entzieht sich dem Betrachter, der es unternimmt, sie als solche und an und für sich zu betrachten. Fassbar wird sie erst, wenn man sie zusammen mit dem in den Blick nimmt, was Menschen mit ihr angefangen haben und anfangen, wie sie von ihnen gelebt und erlebt wurde und wird – und damit öffnet sich das weite Feld ethnologischer Betrachtung.

Zeit – Lebens- und Jahreszyklus der Hopi

Sonja Schierle

Inmitten der trockenen Halbwüstenlandschaft im Nordosten Arizonas leben die Hopi seit über tausend Jahren auf drei schmalen Hochebenen, die in die karge Landschaft hineinragen. Auch heute bepflanzen sie ihre Felder mit Mais, Bohnen und Kürbis als wichtige Nahrungsquellen und viele beachten nach wie vor den Zeremonialkalender, der die jahreszeitlichen Aktivitäten festlegt. Dabei bestimmen exakte Beobachtungen der Himmelskörper die Pflanz- und Erntezeiten sowie die Zeiten, an denen rituelle Handlungen und Zeremonialtänze durchgeführt werden. Ritualexperten kennen den Lauf der Gestirne und die überlieferten Orientierungspunkte. Heute gilt es zudem, die Aktivitäten mit dem linearen Zeitbegriff der amerikanischen Gesellschaft abzustimmen.

Entstehen, Vergehen, Erneuern

Aus der Sicht traditionsbewusster Hopi finden im Universum unendlich viele dynamische Abläufe statt, die unsichtbar ineinander greifen und sich von Natur aus in ausgewogener Balance bewegen. Wie der wiederkehrende Lauf der Sonne, die Zyklen des Mondes und das Erscheinen der Sternenkonstellationen, sind auch die Lebenszyklen von Menschen, Pflanzen, Tieren und allen Naturerscheinungen ein Ausdruck des immerwährenden Prozesses von Entstehen und Vergehen.

Abb. 66: Sonnen-*Katsina* (Tawa) (White Bear Fredericks). Der stete Rhythmus der Sonne symbolisiert das zyklische Zeitkonzept der Hopi. Immer in Bewegung, verkörpert sie eine männliche Gottheit, deren Kraft die Wachstumskräfte der Natur zur Entfaltung bringt.
Kat.-Nr. 173

Abb. 67: Maskierte *Katsina*-Tänzer bringen den Regen als Kraft des Lebens und der Fülle. In traditioneller Kleidung, mit Rassel, Pfeil und Bogen sowie mit Zweigen aus Immergrün zeigen sie sich der Öffentlichkeit.

Für die Hopi gibt es eine Wechselwirkung zwischen gegensätzlichen, sich ergänzenden Wirklichkeiten. So steht die sinnlich wahrnehmbare Realität in Verbindung mit der unsichtbaren Welt geistiger Kräfte. Die als männlich gesehene Sonne durchquert in stetem Rhythmus diese beiden Welten: am Tag die Obere Welt der Lebenden, in der Nacht die Untere Welt der Ahnen. Dieser Kreislauf der Sonne steht auch für den Lebenszyklus des Menschen, der nach dem Tod in die Unterwelt zurückkehrt und sich zu einem Ahnengeist entwickelt. Erreichen ihn die Gebete und Bitten aus der Oberen Welt, kann er als *Katsina*-Wesen zu den Lebenden zurückkehren, um ihnen zu helfen.

Wie die Zweiteilung der Welt jeden Tag aufs Neue erfahren wird, teilt der jährliche Sonnenlauf auch den Zeremonialkreislauf in zwei Phasen. Mit der Wintersonnwende hat die Sonne ihr Winterhaus erreicht und kehrt zu ihrem Sommerhaus zurück, das sie zur Sommerwende erreichen wird. In dieser für das Wachstum der Pflanzen wichtigen Zeit halten sich die *Katsina*-Wesen als Regenbringer in den Dörfern auf. Sie leiten die zahlreichen Rituale, die in Gruppen, in Paaren, in den Zeremonialräumen oder in der Öffentlichkeit stattfinden. *Katsinam* (Plural von *Katsina*), die im Dorf erscheinen, sind initiierte Männer und Jungen mit Spezialwissen, das strikt geheim zu halten ist. Lediglich die allgemeine Lebensphilosophie und kulturelle Symbolik wird an Nichteingeweihte weiter gegeben.

Werden zur Zeit der Sommersonnenwende die ersten reifen Früchte geerntet, geht der Zyklus der *Katsina*-Zeremonien zu Ende und die geistigen Botschafter verabschieden sich mit der *Niman*-Zeremonie, um an ihre heiligen Orte zurückzukehren.

Befindet sich die Sonne auf dem Weg zum Winterhaus, ist die Zeit für jene Zeremonialgesellschaften der Frauen und Männer gekommen, die ihre Rituale und Tänze ohne aktive Beteiligung der *Katsinam* durchführen. Auch sie bitten um Fruchtbarkeit und danken den *Katsinam* für ihren Beistand.

Abb. 68: Künstlerfamilie LaRance, Arizona. v.l.n.r.: Cree, Nizhoni, Steve LaRance (Hopi/Assiniboin) und Marian Denipah (Tewa/Navajo), Nakotah, Shan-Dien und (vorne) Enkelin Shade Phea Young – mit großen Talenten in Schmuckdesign, Malerei und Tanz.

Untergang und Neubeginn

Die 10.000 Hopi verstehen sich als Gruppe von Klanen, die ihre jeweils eigene Herkunftsgeschichte sowie klaneigenen Überlieferungen und Traditionen besitzen. Das Hopi-Sein bestimmt sich weniger durch die Stammeszugehörigkeit, als durch die Art sein Leben zu gestalten und die religiösen Traditionen und die damit einhergehenden Werte zu pflegen. Ihr einfacher Lebensstil hat seine Wurzel in mythischer Zeit, als die ethisch verdorbene Welt ihrer Vorfahren zerstört wurde. Damals erlaubte ihnen Masau'u, der Herr der Erde, des Feuers und des Todes, eine neue Existenz zu gründen. Mit ihren Zeremonien erinnern die Hopi an diesen Neubeginn und fordern dazu auf, die überlieferten Werte zu achten. Sonst würden die kosmischen Kreisläufe gestört und der Untergang dieser Welt provoziert.

Abb. 69: Die *Katsina* Pahlik Mana, auch „Schmetterlingsmädchen" genannt, steht für Attraktivität der Geschlechter, Fröhlichkeit, Fülle der Natur und des Lebens, Blüte und Jugend. Kat.-Nr. 168

Katsinam: Vermittler von Wissen und Werten

Die Welt der *Katsinam* ist sehr komplex, verkörpern sie doch jeweils eigene Überlieferungen, Symbole und Wertvorstellungen. Während einiger Rituale schenken die *Katsinam* Kindern kleine, aus Pappelwurzelholz geschnitzte *Katsina*-Figuren. Diese verkörpern Pflanzen, Tiere und Naturerscheinungen, manche haben ein auffallendes Aussehen und andere erkennt man an ihren charakteristischen Rufen. Anhand der Figuren lernen junge Hopi die etwa 300 bekannten *Katsinam* zu unterscheiden und ihre Symbolik zu deuten.

In Zusammenarbeit mit dem renommierten Hopi-Künstler Steve Wikviya LaRance wurde erstmals der Versuch unternommen, die Zeitvorstellung der Hopi anhand ausgewählter

Katsina-Figuren am Beispiel des Lebens- und Jahreszyklus zu veranschaulichen. Diese Darstellung reflektiert seine persönliche Sichtweise, die sich auf fundierte Kenntnis der Hopi-Kultur gründet.

Abb. 70: Mais-*Katsina* (Kaè), (James Sumnemptewa): Mais ist für die Hopi der Inbegriff des Lebens. Seine Wachstumsstadien entsprechen denen des Menschen. Als ausgereifter Maiskolben verkörpert er den Erwachsenen, als Maisspindel den Verstorbenen.
Kat.-Nr. 163

Lebenszyklus des Menschen

Wie die Sonne im Osten aufgeht und einen neuen Tag erweckt, so beginnt auch der Mensch seine Lebensreise. Ausgestattet mit Sinnen und Verstand macht er sich auf, die Welt zu erkunden und zu verstehen. Wenn das Kind 20 Tage nach seiner Geburt seinen Namen erhält, wird es der aufgehenden Sonne vorgestellt, verbunden mit der Bitte, das Neugeborene zu begleiten und ihm zu helfen, seine Kräfte zu entfalten. Daher leitet die Sonnen-*Katsina* (Tawa, Kat.-Nr. 173) den Lebenszyklus ein, gefolgt von der Mais-*Katsina* (Kaè, Kat.-Nr. 163), die die enge Verbindung von Mais und Mensch betont. Bei der Namensgebung wird dem Kind ein kleiner, ideal gewachsener Maiskolben zur Seite gelegt und ihm als seine Mais-Mutter vorgestellt, die ihn ernähren wird. Mit der Geburt wird es Mitglied im Klan seiner Mutter, ein soziales Netz, das ihm lebenslange Zugehörigkeit und Geborgenheit bietet. Innerhalb des Klans lernen junge Menschen soziales Verhalten, erwerben im Alltag wichtige Fertigkeiten und erfahren die Unterstützung des Vater-Klans, dessen Mitglieder sie in religiöse Zeremonien einführen. Jeder Klan hat eine eigene Herkunftsgeschichte, die seine Aufgaben innerhalb der Gemeinschaft bestimmen. So stellt der Bärenklan das Dorfoberhaupt als religiöse Autorität und der Dachsklan die Heilkundigen.

Das heitere Treiben von Qölqöle, der als alter, weiser Mann Geschenke an Jungen und Mädchen verteilt, zeigt die kindliche Freude am

Leben und Lernen. Erst in der Initiationszeremonie werden sie mit der Wirklichkeit konfrontiert und erfahren, dass Männer des Dorfes die *Katsina*-Wesen verkörpern, ein streng zu hütendes Geheimnis. Da von Heranwachsenden zunehmend eigenständiges und verantwortungsvolles Handeln verlangt wird, erhalten Kinder bei der Initiation leichte Schläge mit Yuccaruten, die Angwusnasomtaka (Krähenmutter) bereithält. Die Wächter-*Katsina* Hilili (Kat.-Nr. 169) mahnt, religiöse Geheimnisse zu hüten und Regeln einzuhalten, um nicht von den erbarmungslosen Ungeheuern bestraft zu werden. Wie Jungen und Mädchen in Tänzen, Gesängen und rituellen Handlungen den wechselseitigen Einfluss von sinnlich wahrnehmbarer Welt und geistigen Wirkkräften kennen lernen, spüren sie als Heranwachende die Wachstumskräfte ihres eigenen Körpers. Das Schmetterlingsmädchen (Pahlik Mana, Kat.-Nr. 168) verkörpert das Geheimnis der Sexualität mit dem Sinnbild des Schmetterlings, der von der Blütenpracht gelockt, Pflanzen befruchtet. So fühlen sich auch Männer und Frauen angezogen, gehen Partnerschaften ein und erfüllen ihre Geschlechterrolle. Als Erwachsene übernehmen sie immer mehr Verantwortung im Alltags- und Zeremonialleben. Sie lernen die Zeichen der Natur zu lesen und den Lebensunterhalt zu sichern. Es ist die Zeit, in der sie Spezialwissen über die Bearbeitung der Felder, den Lauf der Gestirne und die Bedeutung natürlicher Abläufe im Weltbild der Hopi erwerben. Die Blaue Stern-*Katsina* (Sakwahoté, Kat.-Nr. 158), Mais-*Katsina* (Kaè, Kat.-Nr. 170), Kürbis-*Katsina* (Patung, Kat.-Nr. 167) und Gabelbock-*Katsina* (Pong, Kat.-Nr. 164) stehen für diese tieferen Kenntnisse. Als Sinnbild für den Erwachsenen, der für Familie und Gemeinschaft sorgt, steht der reife Maiskolben.

Nun sind Männer und Frauen gehalten vorauszuschauen, die ältere Generation zu entlasten und ihr Wissen an die nächste Generation weiterzugeben. Sie haben gelernt, Früchte und Fleisch zu trocknen, als Vorrat für die kargen Wintermonate. In den Zeremonien haben sie erfahren, dass ein erfülltes, langes Leben mit Fleiß, Demut, Respekt und dem Einhalten der Zeremonien einhergeht. Traditionelle Hopi glauben, dass Menschen, die diese Lehren befolgen, ihre Lebenszeit positiv beeinflussen

können. Die Eulen-*Katsina* (Mongwa, Kat.-Nr. 165) steht für Alter und Wissen, Erfahrung und Disziplin, innere Stärke und Führungseigenschaften.

Abb. 71: Wie in dem Gemälde „Kachina Song Images" verbindet Michael Kabotie (Lomawywesa) in seinen Werken Hopi-Mythologie mit der Kreativität des menschlichen Geistes. Er zeigt damit die Vitalität der Hopi.

Masau'u, Herr über Leben und Tod (Kat.-Nr. 172) erinnert daran, dass der Tod dem Leben innewohnt. Zugleich steht er für Verwandlung, verbirgt sich doch hinter seiner hässlichen Fratze das schöne Gesicht der Jugend. Endet der Lebenszyklus des Menschen, ist er wie die Sonne im Westen angelangt, wo er die Welt der Sinne verlässt und sich in eine geistige Form verwandelt. Die Wolken-*Katsina* (Omau'u, Kat.-Nr. 156) steht für diese Transformation. Symbole sind ein weißes Baumwolltuch, mit dem das Gesicht des Toten bedeckt wird, oder im Haar befestigte Adlerdaunen. Beide verkörpern den Atem und die Leichtigkeit von Wolken, die an zahlreichen *Katsinam* zu sehen sind. Als Treppenmotiv, Wolkenbild oder als weiße Flaumfeder zieren sie Kopfschmuck und Kleidung. Als Regen zeigt sich die geistige Kraft der Ahnen, die als *Katsinam* die „Schattenwelt“ verlassen und den Menschen zur Seite stehen können. Wasser ist für das Überleben der Hopi von essentieller Bedeutung, da es der Natur ermöglicht, die in ihr schlummernden Kräfte zu entfalten. Die Wirkung von Regen, Tau und Schnee ist eindrücklich am jahreszeitlichen Wandel der Natur abzulesen.

Kreislauf der Jahreszeiten

Mit ihrem fließend langen Haar ist die Langhaar-*Katsina* (Angak'china, Kat.-Nr. 174) ein Sinnbild für die lebensspendende Kraft des Regens. Sie wird als sehr alte *Katsina* gesehen, als mythischer Ahne des Regenbogenklans, der im Besitz früher Gesänge und Gebete ist, die zu Jahresbeginn rezitiert werden. Den Neubeginn verkörpert auch die Morgen-*Katsina* (Talavai, Kat.-Nr. 159), die mit ihrem Gesang die Menschen weckt und auffordert, die Zeit produktiv zu nutzen. Sie zeigt an, dass es immer wieder neue Möglichkeiten gibt, sein Leben in neue Bahnen zu lenken. Beide stehen für die erwachende Natur, den Beginn des *Katsina*-Zyklus zur Wintersonnenwende und der Übergabe der Autorität im Dorf an die Anführer der *Katsinam*. Mit der Sonne, die an Stärke gewinnt und die Natur mit Wärme und Licht versorgt, erwachen Pflanzen und Tiere mit einer Fülle an Farben und Tönen. Die *Katsina* „Gefleckter Mais“ (Avachhoya, Kat.-Nr. 166) verkörpert die Wachstumskräfte des Frühlings, die sich in alle Himmelrichtungen entfalten. In der Zeit der *Katsina*-Zeremonien herrscht Lebensfreude vor, die den Einzelnen und die Gemeinschaft stärkt. Wie wichtig Wasser auch für Lebewesen ist, die unter der Erde oder in Gewässern leben, zeigt die mythische Wasserschlange (Palölökong, Kat.-Nr. 155) an, da Wassermangel auch ihre Existenz bedroht. Haben Regen und die in der Natur wirkenden Kräfte die ersten Früchte zum Reifen gebracht, freut man sich auf die Erntezeit, die wie das Bestellen und Pflegen der Felder mit harter Arbeit verbunden ist. Mit der Sommersonnenwende erscheinen die Hemis-*Katsinam* (Kat.-Nr. 161) als Inbegriff aller Aspekte von Fruchtbarkeit und Potenz. Indem sie die ersten Maiskolben verteilen, zeigen sie das Ergebnis der zahllosen Abläufe, die in der Natur zusammengewirkt haben. Und mit dem Abschied der *Katsinam* geht die Führung wieder an den Bärenklan über.

In der arbeitsintensiven Zeit des Spätsommers werden die Felderträge verarbeitet und Wintervorräte angelegt. Zugleich geht die Ernte mit Zeremonien des Dankes, Jagdunternehmungen und der Pflege verwandtschaftlicher Beziehungen mit Festessen, Feiern und dem Verteilen von Nahrungsmitteln einher.

Sind die Felder abgeerntet, lassen Schnee und Frost nicht mehr lange auf sich warten. Das Schneemädchen (Nuvak'chin Mana, Kat.-Nr. 160) verkörpert diese stille Zeit, die früher der Familie und dem Erzählen gehörte. Nun ruht die Natur und scheinbar leblos sammelt sie ihre Kräfte, um sie mit Beginn des neuen Sonnenzyklus erneut zur Entfaltung zu bringen. Es sind diese vielschichtigen Zusammenhänge, die in den Zeremonien vermittelt werden und dazu anhalten, die Zeichen der Natur zu erkennen, zu beobachten und ihre Botschaft zu verstehen.

Längst haben „*Katsina*-Puppen" den Kunstmarkt erobert und vielen Schnitzern ein sicheres Einkommen beschert. Kunstvoll gestaltet erlaubt ihre komplexe Symbolik einen tiefen Einblick in das Weltbild der Hopi.

Zeit der Herrscher – der Maya-Kalender

Abb. 72: Stele 89 aus Calakmul, Mexiko, 1. 9. 731 n. Chr. Sie zeigt den Herrscher Yuknoom Took' K'awiil.

Der Kalender der klassischen Maya-Kultur (250 – 900 n. Chr.) in Mexiko und Guatemala beruhte auf der Kombination zweier Grundzyklen, die ineinander verzahnt waren: des 260 Tage umfassenden Ritualkalenders *tzolkin* und des 365 Tage umfassenden *haab*-Zyklus. Der Maya-Kalender strukturierte das gesamte Leben. Das Datum des Einsetzens eines Jahres oder eines Zyklus war entscheidend für Jahresprognosen und Prophezeiungen. Die Opferrituale folgten den Vorgaben des Ritualkalenders. Die Kalenderglyphen findet man beispielsweise in den drei noch erhaltenen Büchern, den Codices, darunter der Codex Dresden, der als schönstes Exemplar gilt. Er beinhaltet unter anderem Aufzeichnungen zu Sonnen- und Mondfinsternissen sowie den Stationen des Planeten Venus. Auf aus Stein gearbeiteten Stelen in den Tempelzentren sind neben den Herrscherporträts Daten in Form von Kalenderglyphen vermerkt, die wichtige Ereignisse in deren Leben festhielten wie Geburt, Opferungen, Kriege, Eroberungen und Tod.

Doris Kurella

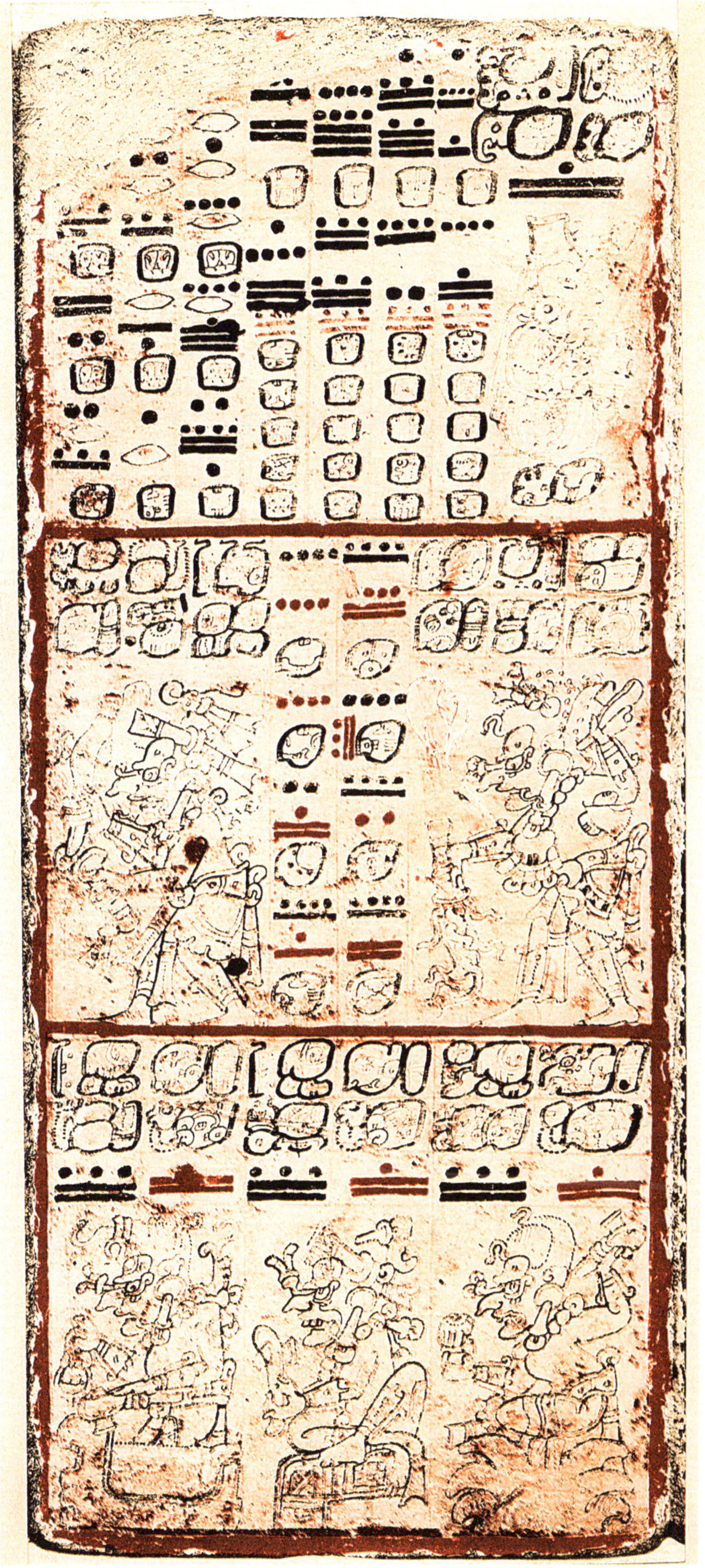

Abb. 73: Seite 32 des Codex Dresden. Dargestellt ist der Regengott Chaak, darüber erläuternde Hieroglyphenzeilen und Zahlzeichen.

Islam, Wissenschaft und exakte Zeit

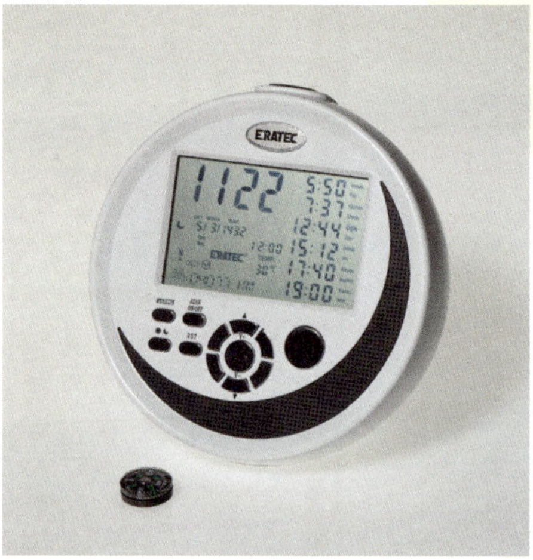

Abb. 74: Ramadantrommel, mit Datierung Hidschra 1281 / 1864 n. Chr.
Im Fastenmonat Ramadan wurden die muslimischen Gläubigen traditionell von Trommlern vor Sonnenaufgang und erstem Gebet geweckt – ausreichend früh, um vor Tagesanbruch noch einmal essen und trinken zu können. Heute wird diese „Weckfunktion" zwar nicht mehr benötigt, doch hat sich die Tradition des Ramadantrommelns bis heute erhalten. Syrien, 19. Jh.
Kat.-Nr. 189

Abb. 75: Elektronischer Gebetswecker mit Kompass
Der Gebetswecker „weckt" mit dem Gebetsruf zu den automatisch ermittelten Gebetszeiten. Ein im Gehäuse aufbewahrter Kompass ermöglicht außerdem das Bestimmen der Gebetsrichtung. Die Nutzer können aus verschiedenen Gebetsrufen auswählen. Eine der Zusatzfunktionen ist die Weckmöglichkeit durch Ramadantrommeln.
Deutschland, 21. Jh.
Kat.-Nr. 191

Religiöse Praxis, Zeit und exakte Wissenschaften standen in der islamischen Geschichte in enger Beziehung. Bis heute verrichten Muslime ihre täglichen Pflichtgebete abhängig vom Sonnenstand zu wechselnden Zeiten. Dabei ist die Gebetsrichtung nach Mekka einzuhalten. Das islamische Jahr ist in zwölf Mondmonate unterteilt und verschiebt sich im Verhältnis zum längeren Sonnenjahr.

Die islamische Zeitrechnung beginnt im Jahr 622 n. Chr. Ab dem 9. Jahrhundert n. Chr. entstand, auf Grundlage der griechischen Überlieferung, die arabische Astronomie. Die Bedeutung exakter Zeit- und Ortsbestimmung stimulierte die arabisch-islamische Wissenschaft.

Die angewandte Astronomie entwickelte Instrumente zur Zeitmessung, zur Positionsbestimmung von Gestirnen sowie für die Navigation. An den Moscheen gab es zeitweise das Amt des „Moschee-Astronomen" *(muwaqqit).*

Annette Krämer

Abb. 76: Dekoratives Astrolabium
Astrolabien sind Multifunktionsgeräte, die in der arabisch-islamischen Wissenschaft aus griechischen Vorbildern weiter entwickelt wurden. Sie dienten der Positionsbestimmung von Gestirnen. Dadurch ermöglichten sie z.B. Zeitmessungen und Navigation. Bei diesem Astrolabium des Linden-Museums handelt es sich um ein dekoratives Objekt, mit dem keine Messungen möglich sind. Iran, 18. Jh. (?).
Kat.-Nr. 192

Der chinesische Kalender

Der traditionelle chinesische Kalender ist lunisolar, das heißt, er berücksichtigt den Lauf von Mond und Sonne gleichermaßen. Er wird bis heute genutzt, um Feste und Feiertage zu berechnen.

Der traditionelle chinesische Kalender gliedert das Jahr in zwölf Monate. Jeder Monat umfasst 29 oder 30 Tage und reicht von einem Neumond zum nächsten. Ein durchschnittliches (Mond-)Jahr dauert somit 354 Tage. Die Erde benötigt aber rund 365 Tage, um sich einmal um die Sonne zu bewegen. Um die hieraus resultierende Verschiebung der Mondmonate gegenüber den Jahreszeiten zu verhindern, wird in regelmäßigen Abständen ein dreizehnter Monat geschaltet. Darüber hinaus teilt man das Jahr in 24 14-Tage-Perioden *(jieqi)*, die sich am Wetter orientieren und das agrarische Jahr strukturieren. Eine weitere Besonderheit des chinesischen Kalenders ist der Sechzigjahrzyklus, der zur Jahreszählung verwendet wird und die zehn „Himmelsstämme“ *(tiangang)* mit den zwölf „Erdzweigen“ *(dizhi)* kombiniert.

Uta Werlich

Abb. 77: Durch einen Drehmechanismus können der obere und untere Teil dieser Kalendervase so eingestellt werden, dass die zyklischen Zeichen für das jeweilige Jahr übereinanderstehen.
Kat.-Nr. 186

丙 乙 甲 年 萬
亥 戌 酉 申 未

Astrologische Kalender auf Bali und Sumatra

In Indonesien dienen astrologische Kalender nicht dazu, ein Datum zu bestimmen, sondern zur Festlegung günstiger und ungünstiger Tage. Vor jeder wichtigen Unternehmung wird der Kalender befragt, so z.B. beim Antritt einer Reise, der Aussaat, der Hochzeit oder beim Hausbau.

Bei den Batak auf Sumatra werden astrologische Kalender *(porhalaan)* in ein Bambusrohr eingeritzt. Diagonal verlaufende Linien teilen jeweils sieben Tage voneinander ab. Die aus dem Sanskrit entlehnte Benennung dieser Tage orientiert sich dabei an den Planeten, die auch den europäischen Wochentagen zu Grunde liegen. Jeder siebte Tag *(ari na pitu)* ist ein Tag des Unglücks.

Der astrologische Kalender der Balinesen *(palalintangan)* basiert auf der Verknüpfung der indischen Siebentagewoche mit der javanischen Marktwoche von fünf Tagen. Die Konstellation der Wochentage am Geburtstag eines Menschen bestimmt dessen Leben und Charakter.

Susanne Faller

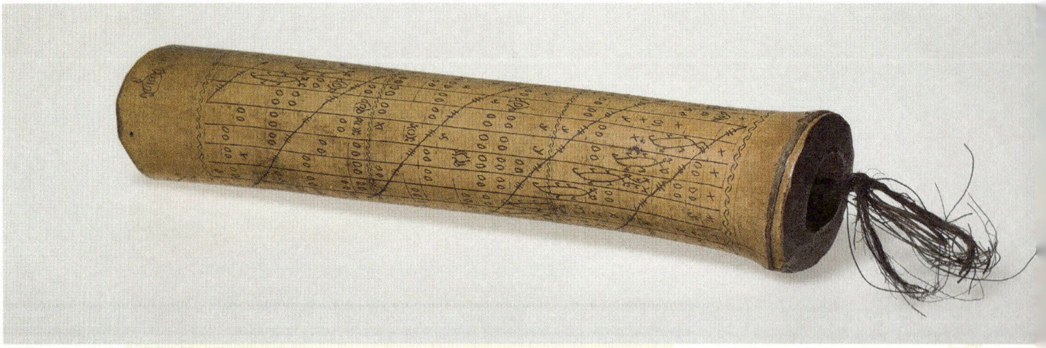

Abb. 78: Die symbolischen Zeichen in den Feldern des Batak-Kalenders kennzeichnen günstige und ungünstige Tage. Sumatra, Indonesien, 19./20. Jh. Kat.-Nr. 176

Abb. 79: Jedes Kästchen, das sich an der Schnittstelle einer Fünf- und einer Siebentagewoche befindet, bildet den Charakter eines Menschen ab, der am entsprechenden Tag geboren wurde. Bali, Indonesien, 20. Jh. Kat.-Nr. 175

Kalender südlich der Sahara

Abb. 80: Kalender, Amhara, Äthiopien. Das hier dargestellte (julianische) christlich-koptische Jahr 1996 fiel in unsere beiden (gregorianischen) Jahre 2004/05. Dazu sind die islamischen Feiertage vermerkt. Kat.-Nr. 185

Die Zeiteinteilung in Wochen und der hölzerne Wochenkalender mit sieben bis acht Löchern gehen im südlichen Afrika auf den Kontakt mit weißen Siedlern zurück, vor allem wohl, um den Wochenlohn für Farmarbeit rechtzeitig einfordern zu können. Bei den besonders stark in die europäische Farmwirtschaft integrierten Bergdama Namibias begannen solche Dienstverhältnisse mit der deutschen Herrschaft ab 1884. Bezeichnend ist, dass sich gerade in unseren von ihnen stammenden Sammlungen verhältnismäßig viele solche Kalender finden.

Älter ist die islamische Zeiteinteilung in Wochen und Mondmonate bei den Swahili Tansanias. Die christlich-äthiopische Zeitrechnung richtet sich nach dem bei uns bis 1582 gültigen Julianischen Kalender, der unserem Gregorianischen um sieben bis acht Jahre nachgeht. Das Jahr beginnt hier der Tradition der Koptischen Kirche gemäß am 11./12. September, hat zwölf Monate à 30 Tage und einen 13. Monat von fünf bzw. in Schaltjahren sechs Tagen.

Hermann Forkl

Sep.-Oct. 2004
Sep. 11 Ethiopian New Year
Sep. 27 The Finding of the True Cross (Maskal)
Oct.-Nov. 2004
Nov.-Dec. 2004
Nov. 13 Alfeter (Remadan)
Dec.-Jan. 2004/5
Jan. 7 Ethiopian Christmas
Jan.-Feb. 2005
Jan.19 Ethiopian Epiphany
Jan. 20 Id Al Adaha (Arafa)
Feb.-Mar. 2005
Mar.2 Victory of Adwa Com.Day
Mar.-Apr. 2005
Apr.-May. 2005
Apr. 21 Birthday of Prophet Mohamed
May. 1 Ethiopian Easter
Apr. 29 Ethiopian Good Friday
May. 1 International Labour Day
May. 5 Ethiopian Patriots Victory Com. Day
May.-June 2005
June. 28 The Dawn Fall of the Derg
June-Jul. 2005
Jul.-Aug. 2005
Aug.-Sep. 2005
Coca-Cola
Real
2004-5

Ewigkeit und die Wiederkehr der Toten

Doris Kurella

In Mexiko findet jedes Jahr zu Allerheiligen ein großes Fest statt: der *dia de los muertos* wird begangen, der Tag, an dem die Seelen der Toten zu den Lebenden zurückkehren, um mit ihnen zu feiern. Die Gräber auf den Friedhöfen werden geschmückt, Hausaltäre errichtet, Essen zubereitet, die Musik spielt, laute und farbenfrohe Umzüge finden statt, auf denen als Skelette verkleidete Menschen tanzen. Kleine Totenköpfchen aus Zucker finden sich in fast jedem Schaufenster von Bäckereien, Skelette aus Papier und Pappmaché haben Hochkonjunktur. Ein für Europäer ungewohnter Umgang mit Tod und Gedenken, mögen wir es doch gedämpfter, getragener, stiller. Allerheiligen ist bei uns ein Tag der Einkehr, auch wenn die Gräber für diesen Tag besonders geschmückt werden.

Der *dia de los muertos* ist ein synkretistisches Fest. In ihm verbinden sich christliche Elemente mit indigenen oder „indianischen", wie wir es nennen. Dieser Tag wird nicht nur in Mexiko begangen, sondern er findet in zahlreichen weiteren Ländern Lateinamerikas statt – insbesondere in denen mit starker Prägung durch die indigene Bevölkerung.

Schon lange vor dem Eintreffen der ersten Europäer beging man in den indianischen Gesellschaften Totenfeste. Für die indigene Bevölkerung Lateinamerikas ist der Tod nichts Endgültiges. Er ist Teil eines Kontinuums, ein Übergang von einer Daseinsform in eine andere. Der Mensch

Abb. 81: Als Skelette verkleidete mexikanische Kinder am *dia de los muertos*.

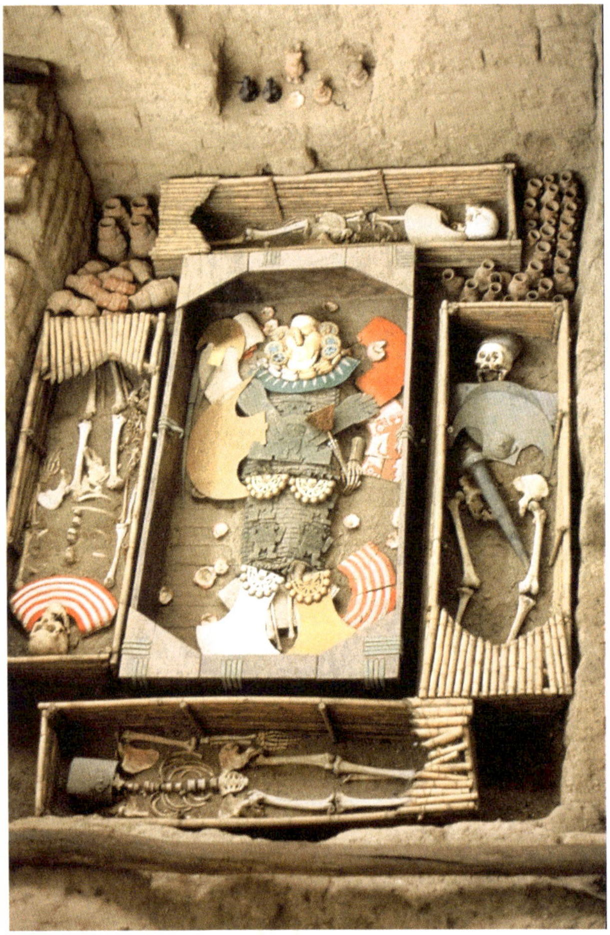

Abb. 82: Rekonstruktion eines der Königsgräber von Sipán am Fundort in Peru.

stirbt, seine Seele verlässt den Körper und geht in eine andere Welt, um dort wieder Gestalt anzunehmen. Die Toten sind nicht von den Lebenden getrennt. Sie gehören zu derselben, ununterbrochenen Familie (Garciagodoy 1998:3). Die Toten sind nicht vom Leben ausgeschlossen, nur weil sie nicht mehr sichtbar sind. Die Menschen werden durch ihren Tod zu Ahnen, die in einer anderen Daseinsform weiter bei den Menschen sind (Salomon 1995). Sie fungieren als eine Art Mittler zwischen den Menschen und den Göttern, möchten gepflegt, genährt, verehrt und respektiert werden. Verstoßen die Lebenden gegen diese Verpflichtungen, so können sich die Ahnen rächen, indem sie Unheil oder sogar Tod über die Menschen kommen lassen (Bastien 1985).

Das Jenseits hat in diesen Kulturen eine recht konkrete Form, ähnelt dem Diesseits sehr stark. Um den Verstorbenen im Jenseits die Fortführung ihres Status und die gleiche Lebensweise zu ermöglichen, stattete man die Toten mit reichhaltigen Grabbeigaben aus. Essen, Getränke, Kleidung, Schmuck und Waffen begleiteten sie. In einigen Kulturen wie beispielsweise bei den Quimbaya (9.-16. Jahrhundert n. Chr.) in Kolumbien, mussten die Diener ihren Herren in das Grab begleiten (Robledo [o.J.]1939:303). Auch beim größten Goldfund, der je außerhalb Ägyptens gemacht wurde, den Königsgräbern von Sipán, fand man Begleiter, die dem König in sein Grab folgen mussten (Alva 2000). Bei den Inka im Alten Peru nahm der Ahnenkult eine besonders ausgeprägte Form an. Die mumifizierten Leichname der verstorbenen Kaiser wurden im zentralen Heiligtum, dem Sonnentempel aufbewahrt. Sie dienten den Menschen als Orakel und durften an den Festen teilnehmen. Dazu brachte man sie aus dem Tempel auf den zentralen Festplatz, wo sie den Feierlichkeiten beiwohnten. Sie wurden täglich neu eingekleidet, mit Essen und Getränken versorgt. Gleichzeitig waren sie für den lebenden Inka ein wichtiges Zeichen zur Herrschaftslegitimation (Bauer 2004).

Die Totenfeste bei den Azteken Mexikos sind insbesondere von spanischen Priestern gut überliefert. Das Totenfest für den Verstorbenen und noch mehr das Schicksal seiner Seele nach seinem Ableben hing sowohl bei den Azteken als auch bei den Maya – im Gegensatz zum christlichen Glauben – nicht von seiner Lebensführung, sondern von der Art seines Todes ab. Die Menschen im Aztekenreich glaubten in viel stärkerem Maße an ein durch die Götter und kosmologische Konstellationen vorherbestimmtes Leben als wir es tun. Wahrsagekalender, bei den Azteken der *tonalamatl*, bei den Maya der *tzolkin*, spielten daher im Leben eine sehr große Rolle. Das Datum der Geburt war entscheidend für das Schicksal des Lebenden, der es durch seine Lebensführung nur sehr bedingt beeinflussen konnte. Die Todesart war bestimmend für das Schicksal der Seele und ihren künftigen „Verbleib“.

Abb. 83: Im Monat November wurden die Mumien der Verstorbenen, auch der Inka-Kaiser, hervorgeholt, geschmückt und in Prozessionen durch die Dörfer getragen, um die Toten zu ehren.

Das Totenfest für gefallene Krieger, das einmal im Jahr begangen wurde, war bei den Azteken dem Kriegsgott Mixcóatl und den toten Kriegern geweiht. Das Fest beinhaltete Opfergaben süßer Teigtaschen aus Mais, *tamales* genannt, Rindenpapier *amatl*, den Schild, die Decke und die Kleidung des Kriegers; kleine Bündel von jeweils vier Miniaturspeeren und vier Fackeln wurden auf das Grab gelegt. Die Angehörigen blieben einige Tage und Nächte am Grab und feierten. Nachts entzündeten sie die Fackeln und die kleinen Speere. Am letzten Abend verbrannten sie alles Essen bis auf die *tamales*. Frauen verbrannten ihre Webgeräte und

Abb. 84: Zeichnung des Altar 5 aus Tikal aus dem Jahre 711 n. Chr. Sie zeigt den Herrscher von Tikal in Begleitung eines weiteren Würdenträgers bei der erneuten rituellen Bestattung der Knochen einer unbekannten Frau.

ihren Schmuck, denn sie glaubten daran, dass alles Verbrannte zu den Toten gelangt und sie im Jenseits begleitet (Garciagodoy 1998; Graulich 1989).

Aus dem archäologischen Kontext wissen wir zudem, dass die vorspanischen Kulturen Mesoamerikas Sekundärbestattung betrieben haben. Die Knochen wichtiger Verstorbener wurden nach einigen Jahren aus den Gräbern entnommen und mit besonderen Ritualen und Festlichkeiten gesäubert oder verziert erneut ins Grab gelegt. In einigen Orten der mexikanischen Halbinsel Yucatán wird diese Sitte an Allerheiligen im Kreise der Familie auf dem Friedhof immer noch praktiziert (de Castro, persönl. Mitteilung).

Abb. 85: Holzkisten mit Sekundärbestattungen auf dem Friedhof von Pomuch im mexikanischen Bundesstaat Campeche.

Der mexikanische *dia de los muertos*

Abb. 86: Eine *ofrenda* in Mexiko.

Der mexikanische *dia de los muertos* vereinigt sowohl präkolumbische als auch spanisch-katholische Elemente (Nutini 1988). Ursprünglich wurde er im August gefeiert und erst mit der zunehmenden Christianisierung verschob sich das Datum auf den 1. November, den katholischen Feiertag „Allerheiligen". Auch in Spanien wurden Totenfeste begangen, mit Opfergaben für die Verstorbenen. Die Vermischung der beiden Traditionen gilt daher als eines der ersten synkretistischen Elemente in Mexiko (Carmichael und Sayer 1997).

Die Vorbereitungen für die *ofrenda*, den Gabenaltar, beginnen bereits viele Wochen vor dem eigentlichen Termin. Die Angehörigen der Verstorbenen empfinden das Zusammenstellen und Schmücken des Gabentisches als eine tiefe Pflicht. Es gilt die Sage, dass Tote, für die keine *ofrenda* bereitet wird, weinend und unglücklich durch die Straßen ziehen und dass sie Tod und Verderben über die untreuen Angehörigen bringen. Sie finden keine Ruhe. Von großer Bedeutung ist daher die ausgiebige Vorbereitung des Gabentisches, die Teil des Gedenkens an die Toten darstellt: Eine hastig zusammengestellte *ofrenda* hat dieselben Konsequenzen wie gar keine. In der Regel wird im Haus des Verstorbenen ein Tisch aufgestellt, darüber wird ein Bogen aus Rohr errichtet, der mit Palmblättern verziert wird. Mit Hilfe von Stoff oder Plastik wird ein Baldachin gebildet, den Himmel verkörpernd. Heiligenbilder und Kreuze werden aufgestellt. Auf den Tisch kommt sorgfältig zubereitetes Essen. *Tamales*, Früchte, Süßspeisen, Fruchtmus, Hähnchen oder Truthahn in *mole* (würzige Schokola-

Abb. 87: Totenköpfchen aus Zucker auf einem Markt in Mexiko.

densoße), Maisbrot, Wasser und Salz. Nicht fehlen dürfen Dinge, die der Verstorbene zu Lebzeiten gerne gegessen und vor allem getrunken hat wie Kaffee, Tee, Schokolade, das aus Mais zubereitete Getränk *atole*, aber auch Alkohol: Bier, Tequila, Mescal und *aguardiente*. Heute können daher durchaus auch Coca Cola, Fast Food und andere moderne „Annehmlichkeiten" auf einer *ofrenda* erscheinen. Auf dem Tisch werden die Fotos der Verstorbenen aufgestellt, neben der *ofrenda* wird Kleidung des Verstorbenen ausgelegt. Geschmückt wird der Opfertisch mit Papier, sei es in figürlicher Form oder als Scherenschnitte. Kerzen kommen hinzu und Süßigkeiten, darunter bevorzugt die mittlerweile berühmt gewordenen kleinen Totenschädel aus Zucker.

Die den Totenschädeln ebenso wie den Skeletten aus Papier, Plastik, Zucker oder Pappmaché zu Grunde liegenden Traditionen mögen aus der präkolumbischen Zeit oder dem europäischen Mittelalter stammen. Die Skelette sind erst seit noch nicht allzu langer Zeit Bestandteil der *ofrendas* und dies auch nicht überall. Man geht davon aus, dass sich diese Sitte im Laufe des 19. Jahrhunderts entwickelt hat. Als Grund dafür sieht man die mexikanische Revolution, die einen Blutzoll von über einer Million Menschenleben forderte, die niedrige Lebenserwartung auf dem Land zu dieser Zeit, die bei 34 Jahren lag, und die stets präsenten Bestattungszüge vor allem auch in der Hauptstadt, die den Tod in besondere Nähe der Lebenden rückten. Die Skelette, die bereits damals schon häufiger in Zeichnungen auftauchten, standen für die Vergänglichkeit des Lebens. In dieser Zeit entstanden auch die Zeichnungen des berühmten Malers Posada (1852-1913), dessen politische Karikaturen bis heute überall präsent sind. Man führt seine Skelettdarstellungen auf Einflüsse der europäischen Kunst aus dem 18. Jahrhundert und vor allem der mittelalterlichen europäischen Malerei zurück. Er benutzte die Darstellung von Skeletten, um auf satirische Art und Weise die schlechten Lebensbedingungen in Mexiko unter der Diktatur von Porfirio Díaz, dem *Porfiriato* (1876-1911), anzuprangern. Seine wohl berühmteste Figur La Catrina stellt eine Dienerin aus dieser Zeit dar, die in die Kleidung ihrer Herrin geschlüpft ist. Seit dieser Zeit werden Skelettdarstellungen gerne dafür verwendet, Miss-

Abb. 88: Skelettpärchen aus Keramik in Anlehnung an Posadas Darstellungen.

Abb. 89: Gitarre spielendes Skelett aus Keramik.

Abb. 90: Mädchen an einem geschmückten Grab auf dem Friedhof von Patzcuaro, Mexiko.

stände aufs Korn zu nehmen oder menschliches Verhalten ironisch darzustellen. Die Nähe von Tod und Leben zeigt sich häufig auch in der mexikanischen Literatur. Im berühmten Roman *Pedro Páramo* von Juan Rulfo erfährt der Leser erst gegen Ende, dass sich die Hauptfigur Juan eigentlich mit Toten aus dem Grab unterhält (de Castro, pers. Mitteilung).

Schließlich wird die *ofrenda* mit frischen Tagetesblüten geschmückt, deren Duft die Seelen der Toten anlocken und wieder hinaus geleiten soll. Finden die Seelen nicht den Weg zurück, verbleiben sie in dieser Welt und schaden ihren Angehörigen. In manchen Fällen werden ganze Wege vom Friedhof zu den *ofrendas* in den Häusern mit Tagetes oder auch mit Sägespänen gestreut. Die Tagetes stammt aus Mittelamerika, sie wurde schon von den Azteken zu Blumenfesten verwendet. Sie wird auch „Totenblume“ genannt. Vor die *ofrenda* kommt ein Gefäß mit dem Harz des Copalbaumes. Das Harz wird verbrannt und füllt den Raum mit einem besonderen Duft. Ist die *ofrenda* fertig gestellt, geht man auf den Friedhof, um die Gräber zu säubern und zu schmücken. Kerzen werden aufgestellt, die Gräber mit Tagetes geschmückt.

Das Allerheiligenfest dauert, je nach Region, zwei bis sieben Tage. In Mexiko ist es das wichtigste Fest des Jahres. Es ist ein Treffen der Familien, deren Mitglieder teilweise von weither dafür anreisen. Die Lebenden und die Toten kehren für einen kurzen Augenblick an denselben Ort zurück.

Der Besuch der Seelen

Als erstes kehren die Seelen der Kinder zurück, und zwar am 30. Oktober (ungetaufte Kinder) und am 31. Oktober (getaufte Kinder). Essen und Geschenke werden ihrem Alter entsprechend für sie aufgestellt. Wenn die Kinderseelen sich zurückziehen, kommen am 1. November die Seelen der Erwachsenen. Die Seelen werden nicht gesehen, aber ihre Präsenz wird gespürt. Sie absorbieren die Essenzen des Essens und der Getränke. Wenn sie das Haus wieder verlassen haben, kann die Familie mit dem Essen und Trinken beginnen.

In einigen Regionen Mexikos wird der Tisch beim Abendessen auch für die Verstorbenen mit gedeckt. Damit sie ihren Platz finden, werden persönliche Gegenstände an den jeweiligen Stuhl gehängt.

Ein Teil des Essens wird an Verwandte verteilt, Freunde und Nachbarn. Ein weiterer Teil wird auf den Friedhof gebracht und auf das Grab gestellt oder in Gemeinschaft mit den Verstorbenen gegessen. Das gemeinschaftliche Teilen ist ein wichtiger sozialer Akt innerhalb der Gemeinde, Beziehungen werden bestätigt und gefestigt.

Allerheiligen in Lateinamerika

Allerheiligen, der *dia de los muertos,* ist in vielen Ländern, vor allem denjenigen mit stark indianischer Prägung, ein großes Fest. So finden auch in Peru und vor allem in Bolivien ähnliche Feiern wie in Mexiko statt. Auch dort kehren einmal im Jahr die Seelen der Verstorbenen zu den Lebenden zurück, um sich noch einmal mit ihren Angehörigen zu treffen. In den Hochlanddepartments von Oruro, aber auch in La Paz, Gebiete mit überwiegend den Gruppen der Quechua und Aymara angehörigen Einwohner, sind diese Feiern besonders ausgeprägt.

Abb. 91: Eine *ofrenda* in Bolivien.

Den Feiern in Bolivien liegt dasselbe Konzept zu Grunde wie in Mexiko. Auch hier wird der Tod nur als Übergang in eine andere Daseinsform gesehen. Selbst der Ablauf ist ähnlich. Als erstes kommen die Seelen der toten Kinder, dann die der toten Erwachsenen. Die Gräber werden geschmückt, in den Häusern Altäre errichtet. Die Opfergaben unterscheiden sich kulturell bedingt von den mexikanischen. Zwar finden sich Speisen und Getränke, aber nicht die Skelette und Totenköpfchen aus Zucker. In

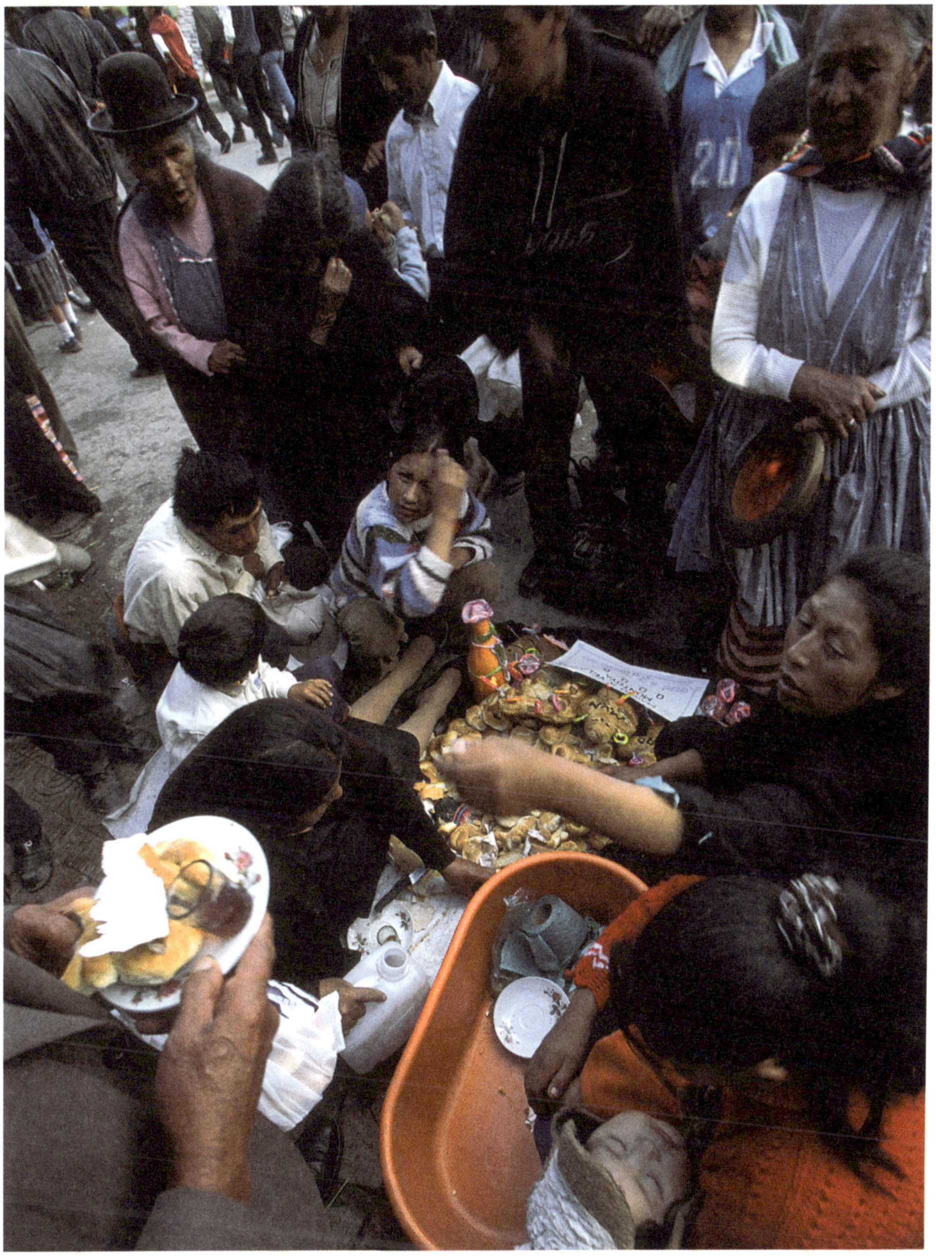

Abb. 92: Gemeinsames Essen auf dem Friedhof in Oruro, Bolivien.

Bolivien bringt man am zweiten Tag das Essen und die Getränke zum Friedhof, wo es auch gegessen wird – gemeinsam mit den Verstorbenen. Zu dieser Gelegenheit darf auf den Friedhöfen auch musiziert werden. Allerdings ist es nicht auf allen Friedhöfen im bolivianischen Hochland gestattet, das Totenfest auf diese Weise zu feiern. Teilweise gilt ein Verbot aus der Kolonialzeit, das diese Feiern als „heidnische Rituale“ verbietet.

Abb. 93: *Dia de los muertos* auf dem Friedhof in Oruro, Bolivien.

Abb. 94: Buddha mit Geste der Lehrverkündung. Hadda, Afghanistan, 4. Jh. n. Chr.
Kat.-Nr. 216

Das Leben des Buddha

Der Religionsgründer des Buddhismus war Siddhartha Gautama. Er wurde im 6./5. Jahrhundert v. Chr. im Adelsgeschlecht der Shakya im indisch-nepalesischen Grenzgebiet geboren. Trotz äußerst glücklicher Lebensumstände beschloss er im Alter von 29 Jahren, alles aufzugeben, um als Asket nach der endgültigen Erlösung von Alter, Krankheit und Tod zu suchen. In Bodh Gaya erlangte er schließlich, unter dem Bodhi-Baum meditierend, die Erleuchtung. Er wurde zum Buddha (Erwachter) und wusste, dass er nicht mehr wiedergeboren werden würde.

Den von ihm geschauten Weg zur Erlösung legte er in den „Vier edlen Wahrheiten" dar: Danach sind alle Formen des Daseins leidvoll, weil sie vergänglich sind. Ursache des Leidens ist das Begehren, das von Wiedergeburt zu Wiedergeburt führt. Ziel ist es, dieses Begehren aufzugeben und alles in der Welt als vergänglich und ohne Selbst zu erkennen. So kann man aus dem Kreislauf der Wiedergeburten ausbrechen und ins Nirvana eingehen.

Susanne Faller

Abb. 95: Die Geburt des Siddharta Gautama aus der Seite der Maya. Gandhara, Pakistan, 2. – 3. Jh. n. Chr.
Kat.-Nr. 212

Der Wunsch nach ewigem Leben

Der Daoismus ist neben Konfuzianismus und Buddhismus eine der drei großen Lehren Chinas. Bei uns ist er aufgrund seiner philosophischen Schriften bekannt, aber auch durch seine Gesundheitsübungen, die ein langes, wenn nicht sogar ewiges Leben versprechen.

Als Gründer des Daoismus gilt Laozi, der im 6. Jahrhundert v. Chr. gelebt haben soll. Ihm wird auch die Urheberschaft des *Daodejing* zugesprochen, das gemeinsam mit dem Buch *Zhuangzi* Grundgedanken des Daoismus formuliert.

Auf der Grundlage dieser Schriften entwickelte sich im 2. Jahrhundert n. Chr. der religiöse Daoismus. Er integrierte viele bereits seit der Bronzezeit bekannte religiöse Praktiken und erweiterte sie um eigene Methoden. Hierzu gehören Meditation, Diätetik und Körperübungen ebenso wie die Alchemie. Auch wenn diese Praktiken in den einzelnen daoistischen Schulen unterschiedliche Betonung erfahren, dienen sie alle dazu, eins mit dem *dao* (der Quelle allen Seins) zu werden und vom Sterblichen zum Unsterblichen aufzusteigen.

Uta Werlich

Abb. 96: Das Leben hat im Daoismus einen sehr positiven Stellenwert. Diese Grundhaltung verkörpert keine andere Gottheit so gut wie Shoulao, der stets lachende Gott des langen Lebens.
Kat.-Nr. 205

Abb. 97: Zyklisches Weltbild: Statuette vermutlich eines Sexualpartners im Jenseits, Baule, Elfenbeinküste. Er blieb nach der Wiedergeburt seiner Partnerin dort zurück, wohin sie nach ihrem Tod zurückkehrt. Kat.-Nr. 200

Eschatologien in vier Religionen

Je nachdem, ob sich der Glaube an ein Leben nach dem Tod an einem ewigen Kreislauf von Tod und Wiedergeburt oder an einem ewigen Leben im Jenseits orientiert, sprechen wir von zyklischen oder linearen Eschatologien.

Bei den Baule der Elfenbeinküste erinnern die Figuren der Sexualpartner im Jenseits den irdischen Menschen daran, mit wem er einst vor seiner Wiedergeburt verheiratet war. Ahnenfiguren mit den Merkmalen von Kleinkindern (große Augen, großer Kopf, langer Rumpf, eingeknickte kurze Beine) erinnern nach den Fang in Gabun daran, dass Neugeborene den Ahnen noch besonders nahe seien.

Linear orientiert sind christliche und islamische Eschatologien: Das äthiopische Kreuz im Kreis steht für die verheißene Herrschaft Christi über den Erdkreis, das Schlüsselamulett der Chakossi Togos für die Möglichkeit, dem Eintritt in das islamische Paradies nachzuhelfen. Der Prophet Muhammad durfte diese Reise schon einmal zu Lebzeiten auf dem mythischen *al-Burāq* unternehmen.

Hermann Forkl

Abb. 98: Lineares Weltbild: Prozessionskreuz, Amhara, Äthiopien. Das Kreuz im Kreis steht für die verheißene, nach dem Jüngsten Gericht endgültige Herrschaft Christi über den Erdkreis.
Kat.-Nr. 199

Die Himmelsreise des Propheten

Abb. 99: Miniatur-Malerei „Muhammads Himmelsreise". Diese Miniatur stellt den Himmelsritt des Propheten zur „fernsten Gebetsstätte" dar, von der aus Muhammad in die verschiedenen Himmelssphären gebracht wird. Die Entstehung des Blatts in Indien wird in der Gestaltung der Gesichter sehr deutlich. Der Löwe steht für Ali und verweist auf die schiitische Tradition. Indien, 17./18. Jh. Kat.-Nr. 196

Der Koran beschreibt das Paradies anschaulich als einen Garten vollkommenster Schönheit, der den Gläubigen für das Jenseits in Aussicht gestellt wird. Allerdings betonen manche Auslegungen auch den allegorischen Charakter der entsprechenden Verse. Letztlich entzieht sich das Paradies der menschlichen Vorstellung.

Einzig dem Propheten Muhammad wurde nach islamischen Überlieferungen das Privileg zuteil, in die Nähe des Göttlichen gelangt zu sein. Eine reiche Literatur in verschiedenen Sprachen erzählt von der „Himmelsreise" – *mi'raj* – des Propheten, die als Traum, Vision oder Wunder verstanden werden kann. Die Reise beginnt zumeist mit einem Ritt auf dem mystischen Reittier *Buraq* von Mekka nach Jerusalem. Es schließt sich der initiatorische Aufstieg durch die sieben Himmel an, der Muhammad bis vor den Thron Gottes führt und ihm auch den Blick auf das Paradies erlaubt. Vor allem die persische Miniaturmalerei hat diese Erzähltradition vielfach ausgestaltet.

Annette Krämer

Abb. 100: Blatt aus einer persischen Handschrift „Muhammads Himmelsreise“. Die bildliche Darstellung des Propheten Muhammad wird im Islam überwiegend abgelehnt. In der Miniaturmalerei wird Muhammad deshalb meist mit verschleiertem Gesicht abgebildet. Zu sehen ist Muhammad auf seinem Reittier *Buraq*, wie er Ali in Gestalt eines Löwen begegnet und einen Ring übergibt. Iran, 17. Jh. Kat.-Nr. 194

Dema – Leben aus Tod

Abb. 101: *Dema*-Kostüme bestehen aus Faserperücken, Körpermasken, Schmuckelementen und einem je nach Thema unterschiedlich gestalteten Kopfaufsatz, während das Gesicht unbedeckt bleibt. Die mit einem Kreuz versehene Muschelscheibe ist eine neuere Addition. Kat.-Nr. 209

Als *dema* bezeichnen die Marind-Anim in Neuguinea Schöpfergottheiten, die in Tier- oder Pflanzengestalt gedacht werden. Als sie getötet wurden, entstanden aus ihnen die Nahrungspflanzen, aber auch die sterblichen Menschen. Diesen Schöpfungsakten – mit dem Tod der Protagonisten als unverzichtbarem Teil – wird in großen *dema*-Feiern nachgegangen, bei denen aufwändige Kostüme die ursprünglichen Gottheiten versinnbildlichen. Durch ihren rituellen Tod wird sichergestellt, dass die Menschen, aber auch die Nahrungsmittel und die natürlichen Ressourcen weiterhin bestehen.

Die Vorstellung, dass neues Leben, rituelle Kraft und Kreativität aus menschlichem – oder göttlichem – Tod entsteht, ist nicht auf die Marind-Anim beschränkt. Diese Vorstellung klingt überall dort an, wo ein „Kopf" oder ein getöteter „Feind" als Vorbedingung für das Entstehen ritueller Kräfte und erfolgreicher Zeremonien angesehen werden. *Ingrid Heermann*

4. Familie, Verwandtschaft und Generationen – allerhand Verbindungen

Ulrich Menter

Schon auf den ersten Blick lassen Phänomene wie Kleidung, Haartrachten, Architekturen oder auch Schrift und Sprache Unterschiede zwischen Ländern und Kulturen sichtbar werden. Erst auf den zweiten oder gar dritten Blick erschließt sich hingegen das weite Spektrum sozialer Beziehungen sowie der vielfältigen Möglichkeiten, diese zu ordnen und zu organisieren. Alter, Geschlecht und verwandtschaftliche Beziehungen spielen hierbei eine zentrale Rolle. Nicht nur Mitteleuropäer verstehen diese Aspekte sozialer Organisation vor allem als biologische Kategorien und damit als mehr oder weniger fixiert, doch sind sie – auch in Europa – weitgehend kulturell geprägt und alles andere als feststehend.

Schon der Familienbegriff zeigt die ganze Bandbreite der je nach gesellschaftlichem und kulturellem Kontext möglichen Interpretationen und Regeln. Er reicht von der Einzelperson mit Kind, über Partnerschaften zweier oder mehrerer getrennt- oder auch gleichgeschlechtlicher Erwachsener, mit oder ohne Kinder, zusammen oder auseinander lebend, über Mehrgenerationenfamilien bis hin zu Familien, die sich auch innerhalb der Generationen verbreitern und Geschwister, Onkel und Tanten einschließen. Und auch die kulturell definierten Verwandtschaftslinien können in ganz unterschiedlichen Bahnen laufen. In Europa sind so genannte kognatische Abstammungssysteme vorherrschend, in denen sich die Verwandtschaft gleichmäßig sowohl über die

Abb. 102: Ein nepalesisches Brautpaar während der Hochzeit beim rituellen Essen von einem gemeinsamen Teller.

weibliche als auch die männliche Linie ergibt. Andernorts stehen hingegen unilineare Verwandtschaftssysteme im Vordergrund: Hier leiten sich Verwandtschaft und die mit ihr verbunden Rechte und Pflichten entweder ausschließlich aus der mütterlichen Linie oder aber aus der ebenso exklusiven Zugehörigkeit zur väterlichen Abstammungslinie her. Darüber hinaus finden sich vielerlei andere, zum Teil sehr komplexe Verwandtschaftssysteme.

Abstammung und Verwandtschaft bilden die Grundlage abgegrenzter sozialer Gruppen, deren politische und ökonomische Beziehungen ein charakteristisches und konstitutives Element der jeweiligen Gesellschaft sein können. Hierzu zählen erweiterte Familiengruppen, Lineages oder Abstammungslinien wie z. B. Adelsfamilien. Insbesondere bei gesellschaftlich relevanten Abstammungsgruppen zeigt sich die enge Verbindung von verwandtschaftlichen Bindungen zu Fragen von Status und Rang.

Die Grenzen der exklusiven Verwandtschaftsgruppen werden zudem durch vielfältige und dauerhafte Verbindungen gekreuzt bzw. erweitert. Der Heirat und ihren vielfältigen Ausdrucksformen kommt hierbei große Bedeutung zu – ist sie doch in aller Regel mehr als die Zusammenführung zweier Individuen und die Gründung einer neuen Familie. Fast immer leitet eine Heirat langfristige Beziehungen auch zwischen den jeweiligen Verwandtschaftsgruppen ein oder intensiviert und bekräftigt bereits bestehende soziale Bindungen. Heiraten tragen so zum gesellschaftlichen Zusammenhalt bei, zeigen zugleich aber auch gesellschaftliche Differenzierungen auf.

Der Tod ist nicht notwendig das Ende sozialer wie verwandtschaftlicher Bindungen, und in vielen Kulturen reichen sie oft weit über das bloße Gedenken an die Verstorbenen hinaus. In Ritualen, die von einzelnen Personen oder Familien, aber auch von größeren gesellschaftlichen Gruppen durchgeführt werden, treten hier die Lebenden mit ihren Ahnen in Kontakt, um sie in der anderen Welt zu unterstützen oder um selbst Hilfe von ihnen zu erhalten und sich durch ihre Vermittlung göttlicher bzw. schöpferischer Kräfte zu versichern.

Hochzeit in Indien

Susanne Faller

Eine indische Hochzeit ist ein Fest für die Sinne – bunte Farben, Saris, Schmuck, Gewürze, Gerüche, köstliches Essen, laute und fröhliche Musik, Gesang, Tanz und unzählige Besucher prägen tagelang das Bild der Feierlichkeiten.

Die Verbindung zweier Familien steht hierbei im Mittelpunkt; was die zukünftigen Eheleute wünschen, hat nur selten Priorität. Es gilt, einen Ehepartner aus einer passenden – vorzugsweise der gleichen – Kaste zu finden, um durch verwandtschaftliche Beziehungen den gesellschaftlichen Status aufrechtzuerhalten oder sogar zu verbessern. Einer der Hauptgründe für eine Hochzeit ist das Zeugen von männlichen Nachkommen, um somit die Altersversorgung zu sichern.

In der Mehrzahl der Fälle werden indische Hochzeiten auch heute noch arrangiert, wobei meist die Familie des Mädchens einen geeigneten Bräutigam sucht. Früher wurde hierzu ein Familienpriester *(pandit)* beauftragt, heute werden Zeitungsanzeigen studiert und das Internet konsultiert. Manchmal wird ein Vermittler, z.B. ein einflussreiches Mitglied aus der Kaste der Braut, eingeschaltet. Früher wurde es nicht für nötig befunden, dass Braut und Bräutigam sich vor der Hochzeit persönlich kennen lernen. Heutzutage dürfen sie sich sehen, ein „Interview" führen und vor allem in höheren Gesellschaftsschichten und im urbanen Umfeld auch bei der Partnerwahl mitentscheiden.

Kriterien für die Partnerwahl sind Ausbildungsstand, Berufserfahrung, Kaste, Wohnort und Hautfarbe. Zukünftige Ehemänner, die im Ausland leben oder studieren, sind äußerst begehrt (Faller 2011; Kogata 2009:23;

Abb. 103: Musik und Tanz spielen eine große Rolle bei indischen Hochzeiten.

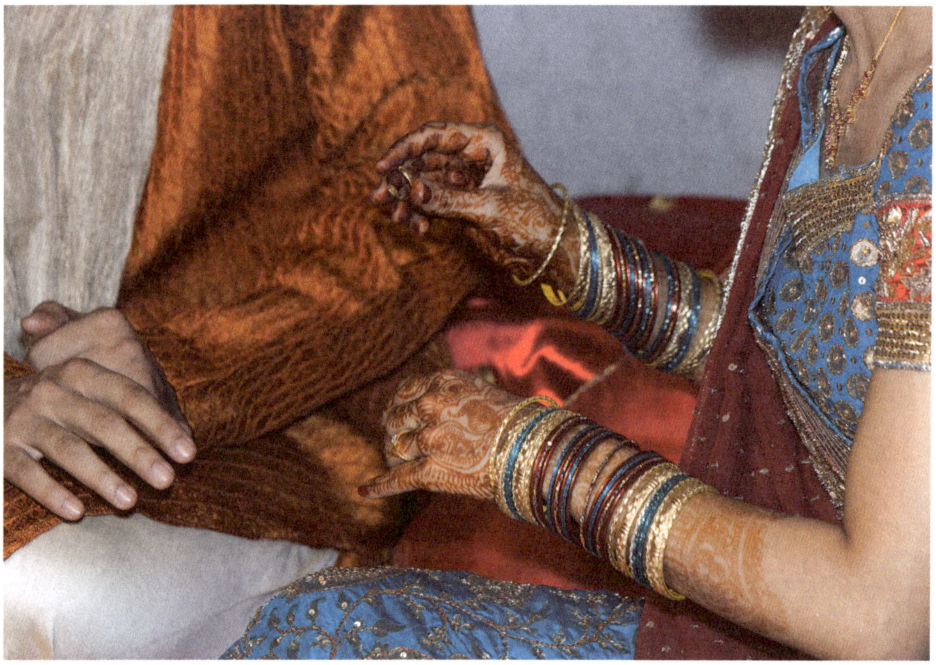

Abb. 104: Bei der Verlobung werden Ringe ausgetauscht, dabei sind die Hände der Braut mit prächtigen Henna-Verzierungen geschmückt.

Oberlies 2008:35; Rothermund 1995:137). So kann eine Heiratsannonce in der *Times of India* z.B. lauten: *Suitable match for Hindu Maharashtrian Vaishya* [Name einer Kaste] *American University grad. MSI doing MBA working as Engineer in top US co. 28 5'4" fair athletic. Girls of 23/26 5' beautiful fair Computer Engg. graduates pref...* (Stang 2002:87). Liebesheiraten sind immer noch selten, vor allem in den Großstädten aber doch mittlerweile möglich. Allerdings können sie auch tödlich enden, wenn konservative Familienangehörige sie mit Ehrenmorden „bestrafen" (Rohr 2010).

In Indien wird die arrangierte Hochzeit generell als stabiler angesehen. Ehen, die durch die Eltern vermittelt werden, sollen beständiger sein, da die Eltern mehr darauf achten, wer zu wem passt, wessen Lebensziele und Interessen übereinstimmen. Einer Ehe, die „blind vor Liebe" geschlossen wurde, traut man weniger zu, auch stürmische Zeiten zu überstehen (Anonym 2011: Arranged Marriage:13).

Wurden zwei Heiratspartner ausgewählt, wird meist durch den Familienpriester überprüft, ob die Horoskope der beiden in mindestens 18 von

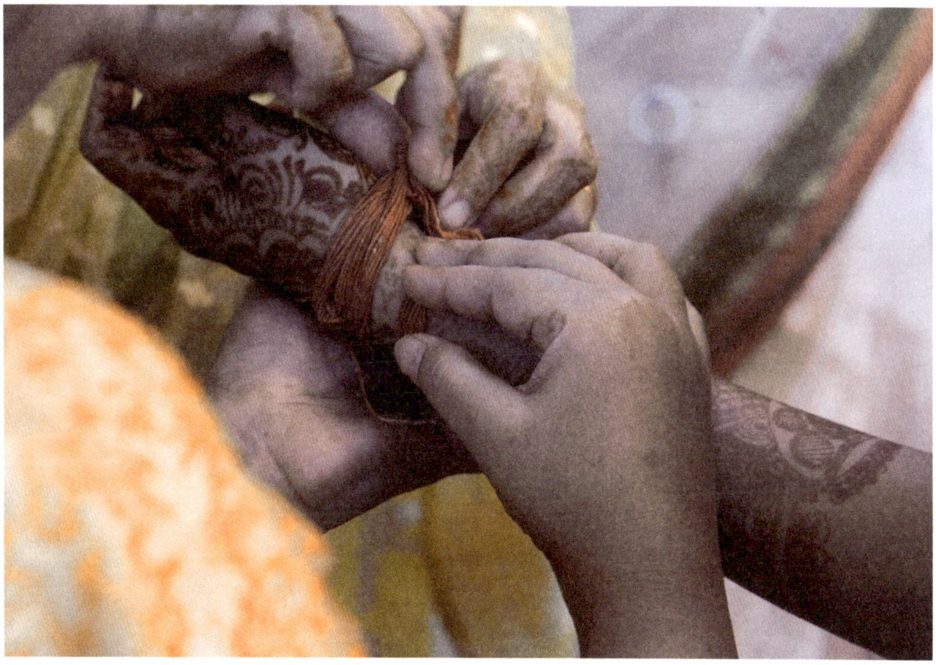

Abb. 105: Ein rotes Bändchen mit vielen Knoten am Handgelenk von Braut und Bräutigam symbolisiert eine feste Verbindung.

36 Punkten übereinstimmen. Ist dies der Fall, so treffen sich die Familien, um die Höhe der Mitgift *(dowry)* festzulegen und der Priester bestimmt anhand der Horoskope das Hochzeitsdatum.

Die Verlobung findet meist im Haus des Vaters des Bräutigams statt, entweder schon Monate vor der Hochzeit oder unmittelbar vor der Vermählung. Nun wird die Verbindung der zukünftigen Ehepartner öffentlich verkündet. Diese Ankündigung kann der Verlobung auch vorausgehen und heißt dann *roka*, was „Stopp" bedeutet, d.h. Braut und Bräutigam sind von nun an füreinander „reserviert". Bei einer hinduistischen Verlobung wird auf der Stirn des Bräutigams das *tilak* genannte Zeichen durch den Vater der Braut angebracht. Die Familien von Braut und Bräutigam übergeben der jeweils anderen Partie Geschenke und Süßigkeiten. Heute tauschen Braut und Bräutigam oft Ringe aus, bei einer traditionellen Verlobung ist die Braut jedoch nicht anwesend. (Faller 2011; Kogata 2009:24f.; Singh 2006:15–22,52).

Eine indische Hochzeit setzt sich aus einer Vielzahl von Ritualen zusammen, die je nach Region und Religion unterschiedlich zelebriert werden. Die Festlichkeiten dauern in der Regel vier Tage, können sich aber auch bis zu 30 Tage lang hinziehen.

Im Vorfeld der Hochzeit trifft man sich unter anderem zum *sangit,* einem fröhlichen Fest, auf dem gesungen und getanzt wird. Ein wichtiger Bestandteil der Hochzeitsvorbereitungen ist die *mehendi*-Zeremonie. Dabei werden Hände und Füße der Braut und weiterer weiblicher Gäste mit Henna-Paste dekoriert, was Glück bringen soll. Meist am Vortag der Hochzeit werden Braut und Bräutigam symbolisch gebadet und mit Ölen, denen Gelbwurz beigegeben wurde, eingerieben. Außerdem wird ihnen ein rotes Bändchen mit vielen Knoten ums Handgelenk gebunden. Dieses Bändchen soll Unglück vom Brautpaar fernhalten. Nach der Hochzeit werden sie von Braut und Bräutigam wieder entknotet. Dies soll nicht zu leicht fallen, denn die Knoten stehen für eine feste Verbindung zwischen den beiden.

Darauf werden Braut und Bräutigam festlich gekleidet. Der Bräutigam trägt ein langes Gewand *(shervani)* und einen Turban. Traditionell trägt die Braut einen dunkelroten Sari, die rote Farbe steht für Glück und Fruchtbarkeit. Die Braut wird prächtig geschmückt mit unzähligen goldenen Armringen, Halsschmuck und einem am linken Nasenflügel getragenen Ring *(nath).* Diese Ausstattung unterstreicht die Vergöttlichung, welche das Brautpaar während der Zeremonie erfährt (Faller 2011; Kogata 2009:40-44; Oberlies 2008:35f.; Singh 2006:58,78,92).

Dann bricht der Bräutigam auf zum Haus der Braut, bzw. zur *wedding hall,* die erforderlich ist, um die oft 1000 oder mehr Gäste unterzubringen. In einem unvergleichlichen Hochzeitszug *(barat)* reitet der Bräutigam auf einer geschmückten weißen Stute – heute fährt er bevorzugt in einer dekorierten Limousine – von Angehörigen und Freunden begleitet unter den ohrenbetäubenden Klängen einer schrillen Musikkapelle zum Bestimmungsort.

Im Haus der Braut bzw. der *wedding hall* angekommen, findet dann die eigentliche Hochzeitszeremonie statt. Der Bräutigam erwartet die Braut auf einer farbenfroh gestalteten Bühne. Sie wird hereingeführt, den Blick ehrerbietig nach unten gesenkt. Auf der Bühne angekommen,

Abb. 106: Rukmini, die spätere Gemahlin Krishnas, wird für ihre Hochzeit festlich geschmückt. Indien, um 1850. Kat.-Nr. 219

hängt sie ihm unter tosendem Beifall eine Blumengirlande um, womit sie ihn als Ehemann akzeptiert. Und auch er erwidert diese Geste (Faller 2011).

Anschließend entzündet der Priester in einem Pavillon das heilige Feuer *(havan)*. Vater und Mutter übergeben ihre Tochter dem Ehemann, indem sie die rechte Hand der Braut in die rechte Hand des Bräutigams legen, was mit dem Ausgießen von Wasser besiegelt wird *(kanyadan)*. Dann werden die Gewänder des Brautpaares zusammengeknotet, als Zeichen ihrer Verbundenheit, und die beiden umrunden sieben Mal das heilige Feuer, wobei die Braut bei den ersten Runden vorausgeht und bei den letzten ihrem Gatten folgt. Damit legt das Paar ein Gelübde ab vor dem Feuergott Agni, der die Essenz des Lebens bildet und Dunkelheit und Negatives vertreibt (Kogata 2009:80f.).

Abb. 107: Das Begleitfahrzeug der „Shiv Ganesh Band". Aus seinen bunten Lautsprechern dringt bei einem Hochzeitszug ohrenbetäubende Musik.

Abb. 108: Der Bräutigam reitet auf einer geschmückten weißen Stute zum Haus der Braut. Begleitet wird er von einem kleinen Jungen *(sahbala)*, der ihm Glück bringen und ihn beschützen soll.

Im Folgenden streut der Bräutigam *sindur* (zinnoberrotes Pulver) in den Scheitel der Braut und legt ihr eine Kette um *(mangalsutra)*. Beide Symbole zeichnen eine verheiratete Frau aus und sollen ihr Glück bringen. Zum Abschluss der Zeremonie empfangen die frisch Vermählten den Segen der Priester und Angehörigen, indem sie die Füße aller älteren Anwesenden berühren.

Einen Tag nach der eigentlichen Hochzeit, deren Bestandteil auch ein üppiges Festmahl ist, wird das Brautpaar im Haus des Bräutigams empfangen *(reception)*. Auch diese Ankunft wird von Ritualen und Festlichkeiten begleitet. Die Kosten hierfür tragen die Eltern des Bräutigams, wobei die Eltern der Braut den Haupthochzeitstag finanzieren, was aufgrund der vielen Gäste zu hoher Verschuldung führen kann (Faller 2011; Oberlies 2008:37f.; Singh 2006:93f.,116,163f.).

Sind die Ausgaben bei einer durchschnittlichen Hochzeit bereits beachtlich, wachsen sie bei der indischen Oberschicht ins Astronomische.

Abb. 109: Braut und Bräutigam hängen sich als Zeichen gegenseitiger Anerkennung Blumenkränze um.

Abb. 110: Ein Bild der Verbundenheit: Die Gewänder von Braut und Bräutigam werden zusammengeknotet.

So soll im Jahr 2004 ein schwerreicher Unternehmer 128 Millionen US Dollar für die Doppelhochzeit seiner Söhne ausgegeben haben. Er soll einige Zehntausend Gäste in 26 Flugzeugen zum Veranstaltungsort geflogen haben. Auch ist es keine Seltenheit, dass für die Hochzeitsgesellschaft ein Zeltpalast gebaut oder ein komplettes Fünfsternehotel, z.B. auf Bali, gemietet wird. Bei einer Hochzeit kann man zeigen, was man hat (Anonym 2006: Wedding Planners; Faller 2011).

Besonders prestigeträchtig sind Hochzeiten für Politiker. Im März 2011 wurde die arrangierte Hochzeit zweier wichtiger politischer Familien aus Neu-Delhi pompös gefeiert – ein perfekter Deal um Macht und Einfluss beider Häuser zu paaren. Bei einem Gala-Abendessen auf einem luxuriösen Anwesen außerhalb Delhis sollen um die hundert Gänge feinster Speisen serviert worden sein. Der Bräutigam trug eine Kette aus nagelneuen Geldscheinen und bekam von seiner Angetrauten einen Acht-

Millionen-Dollar-Hubschrauber als Mitgift überreicht. Als Gäste wurden unter anderem Premierminister Manmohan Singh und Bollywood-Superstar Shah Rukh Khan erwartet (Tandler 2011).

Das Hochzeitsgeschäft stellt einen äußerst lukrativen Markt dar. So soll der Goldpreis während der Hochzeitssaison explodieren und der Konsumwahn der Heiratskandidaten einen Grund für das rasante Wirtschaftswachstum Indiens bilden. Daher ist es nicht verwunderlich, dass immer mehr Wedding Planner ihre Dienste anbieten. Sie organisieren eine Hochzeit nach individuellem Wunsch. Die verschiedenen Rituale werden auf mehrere Tage und Wochen ausgedehnt und in Partys im Bollywood-Stil umgewandelt. Die einzelnen Festtage können unter ein bestimmtes Motto gestellt werden. So wird z.B. die *sangit*-Zeremonie im „Western Style" gefeiert. Die Gäste tragen westliche Kleidung, trinken Cocktails und ein DJ legt englische Popsongs auf. Und die Verlobung findet dann im „Rajasthani-Rahmen" statt. Der Raum ist entsprechend dekoriert, man trägt die passende Kleidung, serviert regionale Köstlichkeiten usw. (Anonym 2006: Wedding Planners; Faller 2011).

Dieser verschwenderische Prunk der Hochzeiten der Superreichen steht in einem extremen Gegensatz zur wirtschaftlichen Situation vieler Brauteltern in den unteren Gesellschaftsschichten. Sie müssen eine hohe Mitgift bezahlen und die Hochzeitsfeier ausrichten und werden dadurch oft in den finanziellen Ruin getrieben. Ursprünglich handelte es sich bei der Mitgift um ein „Frauengeld" *(stridhan)*, meist in der Form von Goldschmuck, das allein für die Tochter bestimmt war. Im Laufe der Zeit wurde die Mitgift immer umfangreicher und wandelte sich in einen Preis, der für den standesgemäßen Bräutigam bezahlt werden muss.

So sind Töchter ein reines „Verlustgeschäft" und ein Vater von mehreren Töchtern wird bedauert. Deshalb werden weibliche Föten häufig abgetrieben oder Mädchen nach der Geburt getötet. Bleiben sie am Leben, investiert man nicht in ihre Ausbildung, da sie nach ihrer Verheiratung der Familie des Ehemannes gehören. Auch nach der Hochzeit ist eine Ehefrau noch gefährdet, denn nachdem sie einen Sohn geboren hat, hat sie ihre Aufgabe erfüllt und kann ersetzt werden. So kann es vorkommen,

dass der Ehemann und die Schwiegereltern einen „Unfall“ inszenieren und bald darauf wird eine neue Braut ausgesucht, die erneut „Hochzeitsgeschenke“ liefert. Dass die Mitgift heute offiziell verboten ist, scheint dabei niemanden zu interessieren.

Abb. 111: Auf dem Weg in ein gemeinsames Leben.

Da die Mitgift geringer ausfällt, wenn die Mädchen jünger sind, wurden früher viele Mädchen vor Beginn der Pubertät verheiratet. Zudem bewahrte ihre Jungfräulichkeit so die Reinheit der Familie. Oft vergingen nach der Hochzeit viele Jahre, bis die Tochter in das Haus des Ehemanns zog. Heute sind Kinderheiraten gesetzlich verboten, vor allem bei der tribalen Bevölkerung Indiens kommen sie aber dennoch vor (Rothermund 1995:134-136; Oberlies 2008:38). Generell heiraten Mädchen sehr jung,

Abb. 112: Das rote *sindur*-Pulver im Scheitel der Braut zeichnet sie als verheiratete Frau aus.

so sollen 56 Prozent der weiblichen Landbevölkerung im Alter von 15 bis 19 Jahren bereits verheiratet sein. Da sie häufig sehr früh schwanger werden, sind sie und ihre Kinder einer erhöhten Sterblichkeit ausgesetzt (Anonym 2009: Kinderehen; Anonym 2011: Teen capital:16).

Eine indische Ehefrau erfährt in vielen Bereichen Benachteiligung. Vor allem im ländlichen Indien kann es bei Hochzeitsfeierlichkeiten vorkommen, dass die Männer am Tisch das Festmahl verzehren und die Frauen später am Boden essen, was übrig bleibt. Und die Braut bleibt von den Feierlichkeiten – abgesehen von den vorgeschriebenen Ritualen – häufig ausgeschlossen. Es wird von ihr erwartet, dass sie ihrem Ehemann unterwürfig dient (Faller 2011).

Bereits in dem 2000 Jahre alten Gesetzbuch des Manu *(Manusmriti)* wird der Frau vorgeschrieben, dass sie ihren Mann verehren solle wie einen Gott, selbst wenn es ihm an allen Tugenden mangele (Dutt 1979:207). So ließ sich früher eine Witwe auch zusammen mit ihrem Gatten verbrennen und wurde dann als *sati* (Gefährtin) verehrt.

Im modernen, meist städtischen Umfeld der indischen Mittelklasse stellt sich die Situation jedoch ganz anders dar. Hier tritt die Ehefrau selbstbewusst auf und profitiert von den althergebrachten Familienstrukturen. Hausangestellte und Familienangehörige halten ihr den Rücken frei und kümmern sich um ihre Kinder, so dass sie sich beruflich verwirklichen kann. Die Stabilität einer arrangierten Hochzeit – Scheidungsraten sind immer noch gering – bildet hierfür die Basis (Rothermund 1995:135f.).

Abb. 113: Die festlich gekleidete Braut trägt prächtigen Goldschmuck.

Abb. 114: Der Brautpreis der Boiken in Papua-Neuguinea besteht aus der Schale einer Seeschnecke und einem geschmückten Flechtaufsatz, hier in Gestalt eines Nashornvogels. Kat.-Nr. 244

Abb. 115: Männertanzschurz, mit Muschelgeld-Scheiben und Federn gestaltet. Bei Hochzeiten schmückt er die Braut. Admiralitätsinseln, Papua-Neuguinea. Kat.-Nr. 246

Brautgeld

„Brautpreis" oder „Brautgeld" haben in melanesischen Kulturen große Bedeutung. Ihre Übergabe symbolisiert den Beginn einer langen Beziehung zwischen den Brautleuten und ihren beiden Familien. Die Übergabe ist ein „ersten Akt", der seinerseits von der anderen Familie mit Nahrungsmittelgaben beantwortet wird. Bei der Geburt eines Kindes oder beim Tod folgen weitere Tauschfeierlichkeiten, die gleichzeitig die Rechte der Nachkommen in den beteiligten Klanen sichern.

Viele Wertobjekte werden auch bei anderen Gelegenheiten eingesetzt. Flechtskulpturen – auf importierten Schneckenschalen montiert – waren bei den Boiken in Papua-Neuguinea auf den Gebrauch als Brautpreis festgelegt. Auf der Insel Manus schmückten wertvolle Tanzschürze, normalerweise von Männern getragen, die Bräute. Sie können als eine Art Mitgift angesehen werden. Heute durch moderne Objekte ersetzt, tauscht man noch immer „über die Braut".

Ingrid Heermann

Brauttruhen als Wegbegleiter

Abb. 116: Typisch für Brauttruhen aus Fes ist der Hufeisenbogen-Dekor. Diese Form entsteht hier im Negativ. Ältere Truhen aus Fes sind häufig unbemalt.
Fes, Marokko, ca. 18./19. Jh.
Kat.-Nr. 232

Abb. 117: In der städtischen Kultur Marokkos hingen solche Schärpen als Schmuck über der Sänfte der Braut. Erst sieben Tage nach der Hochzeit durfte die Braut die Schärpe als prachtvollen Gürtel für ihr Kleid nutzen. In das typische Jacquardgewebe sind oft amulettwertige Ornamente eingearbeitet. Fes, Marokko, Ende 19./Anfang 20. Jh.
Kat.-Nr. 233

Brauttruhen haben in der islamisch geprägten Welt traditionell zentrale Bedeutung im Lebenszyklus. Sie sind mehr als nur ein Aufbewahrungsort für die Aussteuer der Braut. In ihr spiegelt sich das Leben einer Frau – selbst über deren Tod hinaus.

In Museumssammlungen sind Truhen zahlreich vertreten. Die abgebildete Truhe aus Marokko behält ihre Geschichte für sich – wir kennen sie nicht. Dafür wissen wir aus dem heutigen Usbekistan etwas über Inhalte und Geschichten solcher Brauttruhen, die zunächst die Aussteuer und Geschenke enthalten. Nach Einzug der Braut in ihr neues Heim verändert sich der Inhalt der Truhe. In ihr werden nun zunehmend Dinge für die nachfolgende Generation aufbewahrt, etwa die Aussteuer der Töchter. Für diese wird erst kurz vor der Heirat eine „moderne" Truhe erworben. Die Truhe der Mutter bewahrt deren Besitz und Erinnerungen. Im Alter dient sie manchmal auch der Vorbereitung des „letzten Weges": Dann enthält sie neben dem Leichentuch auch Geschenke für die Trauergesellschaft.

Annette Krämer

Typischer Inhalt einer Brauttruhe in der Altstadt von Buchara/Usbekistan, 2010:

- vier maßgeschneiderte Sets von Hosen [*ishton, lozim*], Kleider [*ko'ylak*], Mützen und Pantoffeln, passende Schals
- zwei Kleider, Importware aus den Emiraten, der Türkei oder China
- zwei Paar elegante Schuhe
- Handtücher: zwei große, vier kleine; ca. zehn Servietten
- zwei Teekannenwärmer
- zwei Fächer
- fünf bis sechs Stoffe
- Kopftücher
- sechs bis acht traditionelle Stickereien „Suzani"
- ein Set weiterer Accessoires: Stickereien – zwei quadratische und zwei längliche Kissen, ein Gebetsteppich, ein Teekannenwärmer, ein Untersetzer, ein Fächer
- ein Set Goldstickerei: Mantel, Hose, Pantoffeln, Mütze
- vier Damentaschen [aus Leder und Stoff]
- sechs BHs, zehn Unterhosen, zehn Paar Socken, Strümpfe
- ein Wintermantel, ein Paar Stiefel, ein Pullover mit, einer ohne Ärmel
- drei bis vier Paar Pantoffeln
- zeremonielle Kleidung: ein Paar Zeremonialschuhe *kalo'sh-maxsi*, ein Schleier *paranji*

für andere Personen:
- ein Gebetsteppich für den Schwiegervater
- teurer Stoff für die Schwiegermutter
- Stoff für Kleider/Mäntel für die Geschwister des Bräutigams
- etwa 20 Taschentücher aus Baumwolle für Nichten, junge Nachbarinnen und Schwestern des Bräutigams und der Braut

Information: Delia Rahmonova-Schwarz

Männlich und weiblich – zwei kosmische Urprinzipien

Abb. 118: Betelschneider in der Form eines Liebespaares *(mithuna)*. Solche Darstellungen gelten als Glück bringend. Indien, 20. Jh., Kat.-Nr. 231

Abb. 119: Das göttliche Paar Shiva und Parvati. Auch ihre Hochzeit wird gefeiert, z.B. am Shivratri-Fest. Cola, Indien, 10. – 11. Jh. Kat.-Nr. 226

Nach der indischen Samkhya-Philosophie konstituiert sich die Welt aus den dualen Prinzipien *purusha* und *prakriti*. Nur durch das Zusammenwirken des statisch geistig männlichen Urmenschen *(purusha)* und der erzeugenden weiblichen Urmaterie *(prakriti)* kann die Welt entstehen. Auch im Tantrismus manifestieren sich diese Dualitäten als Mann und Frau, Gott und Göttin. Der männliche Hindu-Gott braucht seine weibliche Ergänzung, seine *shakti* (Energie), um seine Kraft entfalten zu können. Daher wird er meist von einer Göttin begleitet. Darstellungen von Götterpaaren sind Vorbilder für Ehepaare. Vor allem Shivas gütige und liebevolle Gemahlin Parvati symbolisiert die ideale Ehefrau und Mutter.

Auch der Gott Krishna und seine Gefährtin Radha stehen für liebevolle Hingabe *(bhakti)*. So wie sich Radha nach ihrem Geliebten Krishna sehnt, so sehnt sich die menschliche Seele nach der erlösenden Einswerdung mit der Gottheit.

Susanne Faller

Abb. 120: Der göttliche Verführer Krishna mit seiner Hauptgespielin Radha. Kangra, Indien, um 1780. Kat.-Nr. 220

Abb. 121: In den Freudenvierteln konnten begehrte Kurtisanen zu wahren „Stars“ aufsteigen. Das auf dieser Hängerolle zu lesende Gedicht bezieht sich auf das Vergnügungsviertel Kyôtos. Kat.-Nr. 235

Liebe und Leidenschaft im Japan der Edo-Zeit

Das Leben im Japan der Edo-Zeit (1603–1868) war bestimmt durch eine lange Zeit des Friedens und einen großen wirtschaftlichen Aufschwung. Von den Zwängen einer strengen sozialen Schichtung eingeengt, gab das zu Reichtum gekommene Bürgertum sein Geld für ein Leben voller Vergnügungen und Zerstreuung aus.

Gleichzeitig gilt die Edo-Zeit als die Epoche in der japanischen Geschichte, in der die soziale Stellung der Frau so gering war wie niemals zuvor. Frauen hatten gehorsam und sittsam zu sein und lebten in absoluter Abhängigkeit von ihren Männern. Da die meisten Ehen Vernunftsehen waren, flüchteten sich viele Männer in amouröse Abenteuer; im Gegensatz zu ihren Frauen war ihnen sexuelle Freizügigkeit gestattet. Die Freuden der Liebe wurden mit den Vergnügungsvierteln der großen Städte in Verbindung gebracht. In Kyôto, Ôsaka und Edo (Tôkyô) richtete die Regierung im 17. Jahrhundert Sperrbezirke ein, um das Geschäft mit der käuflichen Liebe zu kontrollieren.

Uta Werlich

Abb. 122: Die Malerei zeigt mehrere Räume eines großen Hauses in Yoshiwara, dem Freudenviertel von Edo (Tôkyô). Kat.-Nr. 239

Leben mit den Ahnen – Totenkult und Ahnenverehrung im Reich der Mitte

Uta Werlich

Der rituellen Verehrung der verstorbenen Vorfahren kommt in China seit jeher besondere Bedeutung zu. Im Ahnenkult treffen die Welt der Lebenden und der Toten aufeinander. Die Gemeinschaft zwischen Vorfahren und Nachkommen wird in regelmäßigen Abständen erneuert und die Einheit und Kontinuität der Familie als religiöse und soziale Gruppe bekräftigt. Als Konstante der chinesischen Religionsgeschichte wird der Ahnenkult bis heute praktiziert und die ihm zugrunde liegenden Annahmen sind nach wie vor prägend für die sozialen Beziehungen der Menschen im Reich der Mitte.

Einige Vorstellungen können als grundlegend für die Verehrung der Ahnen zusammengefasst werden. Die wichtigste ist der Glaube an die Existenz einer Ahnenseele, die nach dem körperlichen Tod fortbesteht. Hinzu kommt die Vorstellung, dass diese Seele in der Jenseitswelt ähnliche Bedürfnisse hat wie zu Lebzeiten. Es ist die Aufgabe der (männlichen) Nachkommen, diese durch regelmäßige Opfer zu erfüllen. Als Gegenleistung erhofft man sich den Beistand und das Wohlwollen der Ahnen, die in den Augen der Lebenden eine überlegene Macht darstellen. Wer sich gut um seine Ahnen kümmert, wird von ihnen mit Wohlstand, Glück und zahlreichen Söhnen belohnt. Umgekehrt können die Ahnen

Abb. 123: Kleiner Junge in respektvoller Haltung.

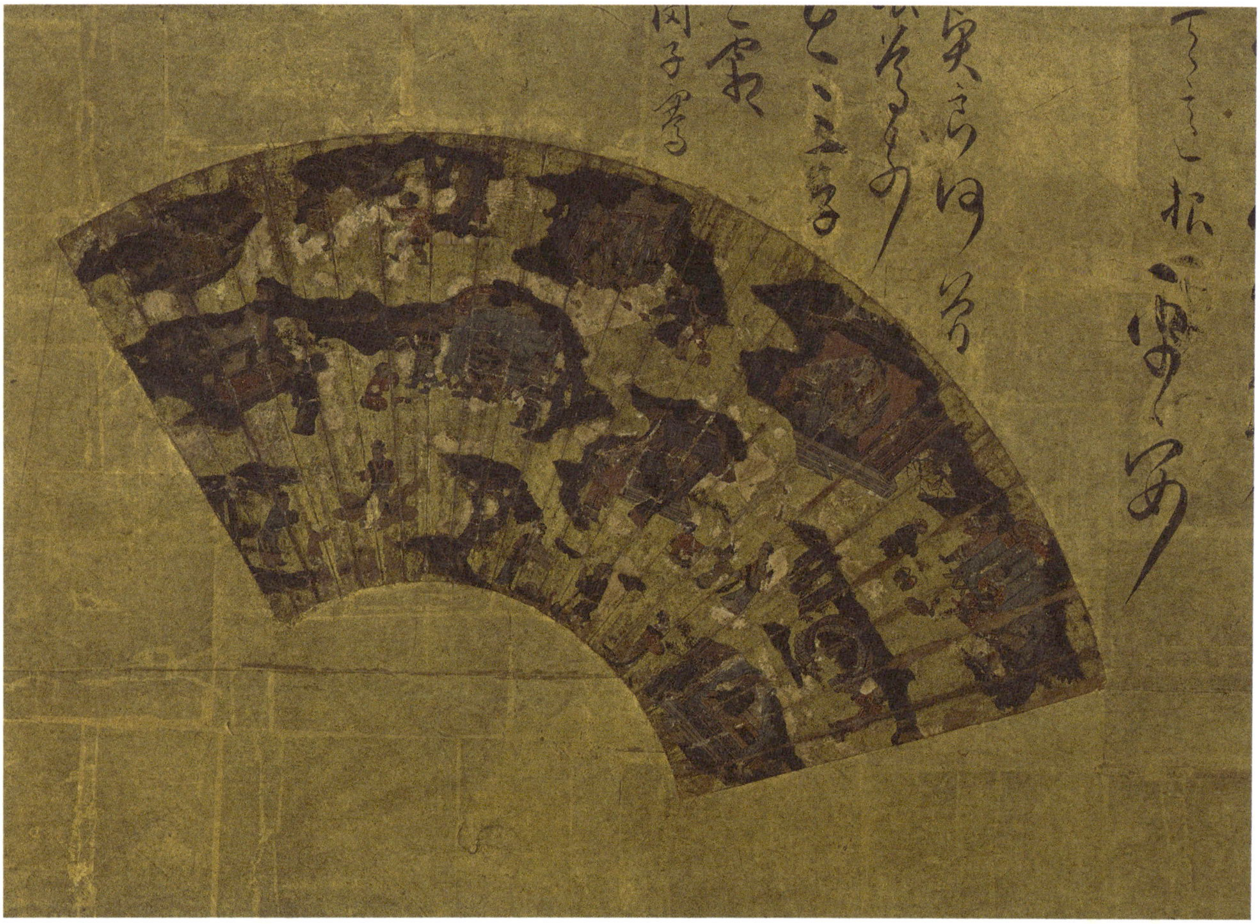

Abb. 124: Die Detailaufnahme dieses Fächerbildes, das sich auf einem japanischen Stellschirm befindet, zeigt einzelne Episoden der „24 Beispiele der Kindesliebe“.
Kat.-Nr. 247

aber auch Unheil und Verderben bringen, sollte man sie vergessen oder vernachlässigen (Chen 1995:42f.; Malek 1996:129–132).

In Wechselwirkung mit dem Ahnenkult steht die Kindesehrfurcht oder Pietät *(xiao)*, die von den Kindern liebevolle Fürsorge und Gehorsam gegenüber den Eltern und den Ahnen verlangt. Im Konfuzianismus wird sie zu einer zentralen Tugend, die als eigentliche Geisteshaltung des im Ahnenkult Opfernden gefordert wird und damit im Gegensatz zum *do-ut-des*-Prinzip steht (Lakos 2010:57–80).

Historisch betrachtet liegt uns durch Orakeltexte und andere archäologische Materialien erstmals für die Shang-Zeit (ca. 1600 – ca. 1100 v. Chr.) eine Fülle an Informationen über den chinesischen Totenkult und die Verehrung der Ahnen vor. Vor allem die Entdeckung der Ruinen von

Yin, der letzten Hauptstadt der Shang in der Nähe vom heutigen Anyang war bahnbrechend für die Erforschung der chinesischen Frühgeschichte. Die umfassenden Funde spiegeln eine stark stratifizierte Gesellschaft mit einer aristokratischen Führungsschicht an der Spitze. Allen voran stand der König, in dessen Person sich politische Macht und religiöse Autorität verbanden. Er war es, der zum Wohle des gesamten Volkes, mit den königlichen Ahnen kommunizierte, die als Mittler zwischen den Menschen und der obersten Gottheit Shangdi verehrt wurden.

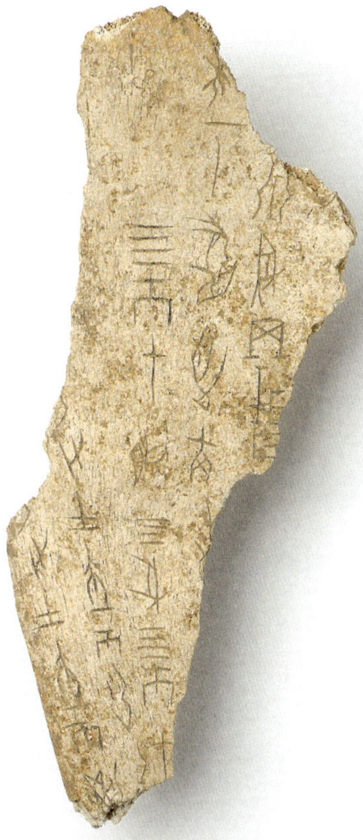

Abb. 125: Die mehr als 100.000 Orakelknochen, die bis heute gefunden wurden, liefern mit ihren Inschriften wertvolle Informationen über die Shang-Zeit. Sie sind zudem die frühesten Zeugnisse chinesischer Schrift. Kat.-Nr. 248

Die königlichen Ahnen wurden mit Hilfe eines Knochenorakels konsultiert. Für die Orakelbefragung wurden einzelne Säugetierknochen, vor allem die Schulterblätter von Rindern, sowie die flachen Bauchschalen von Schildkrötenpanzern aufwändig präpariert. Durch Erhitzen entstanden Risse in den Knochen, die ein Orakeldeuter oder der König selbst als Antworten auf die gestellten Fragen interpretierten. Die Fragen wurden anschließend entlang der Risse in den Knochen geritzt und die Knochen zu Archiven zusammengestellt (Keightley 1985).

In aufwändigen Opferzeremonien, die als feierliche Bankette im Ahnentempel stattfanden, erbaten der König und die Angehörigen der Shang-Aristokratie die wohlwollende Gunst ihrer Ahnen. Tiere, aber auch Menschen konnten aus diesem Anlass geopfert werden, wobei das Knochenorakel Zeitpunkt und Art des Opfers bestimmte. Speise- und Trankopfer an die Ahnen wurden in Ritualgefäßen aus Bronze aufbewahrt, zubereitet und dargebracht.

Die Sakralbronzen wurden in einem aufwändigen Bronzegussverfahren unter Verwendung eines Keramikmodells und einer keramischen

Abb. 126: Der Gefäßtyp *ding* wurde für die Zubereitung von Opferspeisen genutzt und stellt unter den Shang-zeitlichen Sakralbronzen die am häufigsten anzutreffende Gefäßform dar. Kat.-Nr. 249

Gussform in hoch spezialisierten Werkstätten hergestellt. Dabei entsprach der materielle Wert der Bronzen der immensen Bedeutung, die der Ahnenverehrung während der Shang-Zeit zugesprochen wurde (Rawson 1995:77-79).

Der Besitz der Bronzen und damit die Fähigkeit, mit den Ahnen in Kontakt zu treten, war ein streng gehütetes Privileg des herrschenden Adels. Größe, Dekor und Qualität der Ausführung, aber auch die Anzahl der Gefäße, die eine Person besaß, gaben Auskunft über ihre gesellschaftliche Stellung. Status und Frömmigkeit galt es auch im Tod zu dokumentieren, weshalb viele der wertvollen Opfergefäße ihren Besitzern ins Grab folgten; andere wurden speziell zu diesem Anlass von den Hinterbliebenen als Grabinventar und Zeichen der Wertschätzung angefertigt (Rawson 1995:81; Bagley 1999:194-202).

Im 11. Jahrhundert v. Chr. eroberten die Zhou aus der Position eines benachbarten, aber kriegerisch überlegenen Vasallenstaates das Shang-Reich. Über ihr neu gewonnenes Territorium herrschten die Zhou-Könige mit der Hilfe von Lehnsfürsten. Diese hatten sich dem König gegenüber zu Treue verpflichtet, konnten in ihren Territorien aber weitgehend unabhängig agieren. Das tragende Fundament dieses Systems bildete der Ahnenkult und das „Gesetz der Abstammungsgruppe" *(zongfa)*, nach dem die männlichen Mitglieder einer Sippe ihrer sozialen Stellung gemäß in große und kleine Abstammungslinien (*dazong* und *xiaozong*) mit unterschiedlichen Verpflichtungen im Kontext der Ahnenverehrung unterteilt wurden. Den Abstammungslinien und den damit verbundenen Riten, die zu Ehren der Ahnen abgehalten wurden, stand jeweils der erstgeborene Sohn einer Hauptgattin vor. Dieter Kuhn (1991:185) sieht hierin die Erklärung für *die große Bedeutung, die den männlichen Erben und der ersten Gattin in der gesamten chinesischen Geschichte beigemessen wurde.* Da es nur die Söhne einer Familie waren, die den Ahnen opfern konnten, war (und ist) Söhnelosigkeit gefürchtet, da sie die Nicht-Versorgung der Ahnen und das Ende der Abstammungslinie bedeutet.

Auch die imposanten Sakralbronzen fanden weiterhin im Ahnenkult Verwendung. Jedoch wurde die Anzahl der Gefäße für alkoholische Getränke auffällig reduziert. Während in den Ahnenfeiern der Shang die Darbringung und der Konsum von Hirsebier eine bedeutende Rolle gespielt hatten, traten in den Riten der Zhou Speiseopfer in den Vordergrund (Rawson 1995:85). Auch scheinen die Bronzen während dieser Zeit mehr und mehr von ihrem sakralen Charakter einzubüßen und zu Statussymbolen zu werden, die in langen Inschriften die Verdienste und Erfolge ihres Besitzers für die Nachwelt festhalten (Bagley 1980:197).

Die zweite Hälfte der Zhou-Dynastie (771 – 221 v. Chr.) ist durch eine Zersplitterung des Landes in zahlreiche Einzelstaaten gekennzeichnet, die in beständige Kämpfe um die Vorherrschaft im Land verwickelt waren. In dieser unruhigen Zeit entstanden Konfuzianismus, Daoismus und andere geistige Strömungen, die Lösungswege aus der gesellschaftlichen und politischen Krise suchten. In etwa zur selben Zeit, wahrscheinlich bereits ab dem 5. Jahrhundert v. Chr., kam es zu Veränderungen in den Vorstellungen von der Natur des Todes (Kuhn 1995:209).

Es entwickelte sich eine dualistische Auffassung von der Seele, wonach jeder Mensch über eine Körperseele *(po)* und eine Hauchseele (*hun*, auch Atem- oder Geistseele) verfügte. Während die Körperseele für die körperlichen Funktionen wie z.B. die Beweglichkeit zuständig war, betrachtete man die Hauchseele als verantwortlich für intellektuelle Qualitäten (Paludan 1994:6). Im Tod schieden sich die beiden Seelen voneinander: Die Hauchseele stieg zum Himmel auf, wo sie fortan als Ahn verehrt wurde; die Körperseele verblieb dagegen im Grab beim Leichnam. Ihr galt die Grabpflege, um zu verhindern, dass sie als unbefriedigter Geist *(gui)* in der Welt der Menschen Unheil und Schaden verursachte. Einer anderen Auffassung folgend, gelangte sie zu den „Gelben Quellen" *(huangquan)*, einer nicht näher beschriebenen Unterwelt, die Mu-chou Poo (1998:65) schlichtweg als Metapher für das Grab interpretiert.

Abb. 127: Die Figur einer Dienerin aus der Han-Zeit ist ein Beispiel für den Versuch, den Verstorbenen das Dasein in der Jenseitswelt so angenehm wie möglich zu machen.
Kat.-Nr. 257

Die Veränderung in der Auffassung vom Tod und von der Seele hatte auch eine Veränderung der Grabanlagen und ihrer Ausstattung zur Folge. Das Grab wurde zum *domus aeterna* und zu einem unterirdischen Abbild der diesseitigen Welt (Paludan 1994:8). Symbolische „Geistergeräte" *(mingqi)* traten als günstige, zumeist aus Holz oder Ton hergestellte Nachbildungen alltäglicher Dinge an die Stelle von Ritualgefäßen und anderen Wertgegenständen. Die Trennung zwischen der Welt der Lebenden und jener der Toten, die ebenfalls mit der religiösen Neuorientierung einherging, kommt in diesem Zusammenhang besonders deutlich zum Tragen (Falkenhausen 1990:43).

Das bekannteste Beispiel für die neue Art der Grabausstattung ist wohl die Ruhestätte des ersten chinesischen Kaisers Qin Shihuangdi (reg. 221 – 210 v. Chr.), dem es im 3. Jahrhundert v. Chr. gelang, China zu einem geschlossenen Reich zu einen. Seine monumentale Grabanlage war als unterirdischer Palast angelegt worden, bewacht von einer Armee aus Tausenden von Terrakottakriegern.

Abb. 128: Figuren von ausländischen Pferdeknechten oder Kameltreibern sind unter den Tang-zeitlichen Grabkeramiken keine Seltenheit und zeugen von der Weltoffenheit, die den Geist der Zeit bestimmte. Kat.-Nr. 258

Auch in der folgenden Han-Dynastie (206 v. Chr. – 220 n. Chr.) bestand das Grabinventar vorwiegend aus Keramikmodellen, die mit Hilfe von Modeln geformt und erst nach dem Brand mit bunter Bemalung ausgestaltet wurden. Aufgrund des hohen Stellenwerts, den der Konfuzianismus, der in der ersten Hälfte der Han-Dynastie zur Staatsideologie erhoben wurde, der Kindesehrfurcht zusprach, waren die Hinterbliebenen nicht nur durch den Bau und die Ausstattung des Grabes darum bemüht, ihre Fürsorge und Zuneigung gegenüber dem Verstorbenen sichtbar unter Beweis zu stellen. Auch die Begräbnis- und Trauerriten, die am

Grab stattfanden und den Verstorbenen in seine neue „Existenz“ überführen sollten, wurden als Zeugnis aufrichtiger Pietät verstanden und konnten das soziale Ansehen des Einzelnen und seiner Familie mehren.

Die Herstellung von Grabkeramiken erlebte ihren letzten Höhepunkt in der Tang-Zeit (618 – 907). Die figürlichen Keramiken wurden in Bestattungszügen zum Grab prominent zur Schau gestellt. An Größe und Anzahl der *mingqi* war der gesellschaftliche Rang des Verstorbenen abzulesen. Handelte es sich bei dem Toten um einen hochstehenden Würdenträger, wurde ihm auf dem Weg zur Grabstätte ein Ehrengeleit gegeben. Der Sarg wurde von Sargträgern an Seilen gezogen, gefolgt von den trauernden Familienangehörigen. Musikanten und Unterhalter schritten dem Trauerzug voran bzw. folgten ihm. Hatte der Zug die Grabstätte erreicht, wurden die Grabbeigaben zunächst vor dem Grab aufgestellt, während man den Sarg in die Grabkammer brachte; erst danach wurden die Grabbeigaben platziert (Paludan 1994:39–41). Die Biografie und besondere Verdienste des Grabherrn rühmten Inschriften, die auf Steinstelen außerhalb des Grabes festgehalten wurden oder auf Gedenktafeln, die im Grab ihren Platz fanden (Stahl 1993).

Gegen Ende der Tang-Dynastie verloren die Grabkeramiken allmählich an Bedeutung und man begann, aus Papier gefertigte Modelle am Grab des Verstorbenen zu verbrennen. Anzunehmen ist, dass diese erneute Veränderung im Totenkult auf den Einfluss des Buddhismus zurückzuführen ist, der sich während der Tang-Dynastie endgültig in China etablieren konnte und der Verbrennung vor der Körperbestattung den Vorzug gab (Paludan 1994:55).

Opfergaben aus Papier werden bis heute zum Wohle der Toten verbrannt. Vor allem an *Qingming*, dem chinesischen Totenfest, das Anfang April stattfindet und seit 2008 auch in der Volksrepublik China wieder ein offizieller Feiertag ist, besuchen die Familien die Friedhöfe, um ihrer Verstorbenen zu gedenken. Die Grabstätten werden gereinigt, mit Blumen geschmückt und man zündet Räucherwerk und Kerzen an. Zu den Speise- und Trankopfern, die man den Verstorbenen anbietet, gehören Fleisch, Alkohol und Obst. Man verbrennt bündelweise „Totengeld“

Abb. 129: Trauerzug im modernen Taiwan.

und andere aus Papier gefertigte Opfergaben, darunter Nachbildungen von Kleidung, modernsten Fernsehgeräten, Mobiltelefonen oder Sportwagen. Selbst via Internet ist es heute möglich, der eigenen Vorfahren online zu gedenken und in Blog-Manier Gedanken und Erinnerungen an die Verstorbenen kundzutun (siehe z.B. www.wangshangsaomu.com oder www.qingming.com; Zugriffsdatum: 10. Mai 2011). Der Totenkult ist in China ganz offensichtlich mit der Zeit gegangen, aber der Wunsch, den Verstorbenen die bestmögliche Versorgung in der Jenseitswelt zu garantieren, ist seit hunderten von Jahren unverändert geblieben.

Erinnern und Vergessen – die Rolle des *malanggan* in Neuirland

Ingrid Heermann

Der nördliche Teil Neuirlands, einer zu Papua-Neuguinea gehörenden Inselgruppe im Bismarck-Archipel, ist für seine *malanggan*-Feiern zu Ehren Verstorbener weltweit berühmt. Von ihnen zeugen Kunstwerke gleichen Namens, von denen sich herausragende Beispiele im Linden-Museum befinden. Den Künstlern und ihren Werken hat Elisabeth Krämer-Bannow, Ehefrau des ersten Stuttgarter Direktors Augustin Krämer, unter dem Titel *Bei kunstsinnigen Kannibalen in der Südsee* ein erstes Denkmal gesetzt. Seither ist das Forschungsinteresse nie abgerissen, und es wird zunehmend deutlicher, dass die Kunstwerke nicht nur – je nach Standpunkt – ästhetisch faszinierend oder verwirrend sind, sondern auch – aus einheimischer Sicht – gesellschaftliche Verhältnisse und lokale Beziehungen abbilden, bestätigen oder infrage stellen.

Verschiedene Sprachgruppen auf Neuirland und der Nachbarinsel Tabar führen – mit lokalen Variationen – *malanggan*-Feiern durch. Bis in die unmittelbare Gegenwart ist die „Arbeit für die Toten" Anlass für vielfältige Tauschaktivitäten und Zwischenrituale, die nach dem Tod eines wichtigen Dorfbewohners beginnen und Jahre später in ein mehrtägiges Fest münden, mit dem „das Grab bedeckt" und die Trauerzeit beendet wird.

Abb. 130: Detail des Säulen-*malanggan*.
Kat.-Nr. 269

Abb. 131: Der *malanggan* in Bootsform soll mehrere gleichzeitig auf See umgekommene Personen verbildlichen. Der lange Bootskörper endet in Fischköpfen, die mit Eberhauern geschmückt sind. Ob es sich um den „Wide-mouth-fish" der mythischen Überlieferungen handelt oder um ein Geistwesen *(marsalei)*, ist Interpretationssache.
Kat.-Nr. 266

Trotz allen Wandels ist diese Tradition bis heute lebendig. Einen Grund dafür sieht Susanne Küchler, die seit den 1980er Jahren die *malanggan*-Traditionen studierte, in der engen Verzahnung der in der *malanggan*-Kunst verwendeten Bildelemente mit den individuellen Beziehungen und Rechten, die der Verstorbene zu Lebzeiten aufbaute bzw. erwarb. Die verwendeten Einzelskulpturen oder Gruppen bilden die komplexe soziale Dynamik der Neuirlandgesellschaften ab und verleihen den *malanggan*-Feiern damit Bedeutung weit über die religiöse Sphäre hinaus.

Den Begriff *malanggan* können wir übersetzen mit „sein wie", „aussehen wie" oder „ein Bild machen". Ein solches Bild entsteht nicht im Sinne einer Porträtähnlichkeit, sondern indem durch die Auswahl der in einer Skulptur oder einem Arrangement von Bildwerken verwendeten Elemente die „soziale Haut" des Verstorbenen rekonstruiert und sichtbar gemacht wird. Damit wird der Lebensleistung des Verstorbenen gedacht, die sich auch im Erwerb der Designelemente ausdrückt, teilweise „ererbt" durch die Geburt in Familie und Klan, aber auch durch Ehe sowie damit verbundenen Beziehungen und durch im Laufe des Lebens übernommene Rollen und Verpflichtungen erworben. Im Gegensatz zur individuellen Persönlichkeit, heute durchaus betont durch persönliche Fotos oder

Inschriften auf den in Beton gegossenen Grabmälern, liegt der Fokus bei den *malanggan*-Feiern eher auf der sozialen Persönlichkeit. Ziel der Feiern ist es, „den Toten zu beenden", wie eine wörtliche Übersetzung lautet, ihn also auszulöschen und aus dem Gedächtnis zu verbannen, und dabei gleichzeitig *seine Energie aufzunehmen, sie zu kanalisieren und unter den Klanmitgliedern zu verteilen mit dem Ziel, die sozialen Bande zwischen dem Mann oder den Männern, die den Platz des Verstorbenen einnehmen, und dem Rest der Gemeinschaft zu stärken* (Peltier 2006, 78).

Zunächst jedoch erinnert man sich des Verstorbenen mit einer aufwändigen Präsentation von Kunstwerken, mit Schweineopfern und einem großen Festmahl, mit Tänzen und Gesängen. Die im *malanggan* verwendeten Kunstwerke spielen dabei eine zentrale, wenn auch zeitlich begrenzte Rolle. Bevor die Arbeit an ihnen beginnt, wird auf dem Begräbnisplatz oder in unmittelbarer Nähe eine Einfriedung errichtet, die alle Blicke abschirmt. In ihrem Schutz werden der oder die Schnitzer tätig, die als überregional anerkannte Künstler engagiert und entlohnt werden. Im Laufe von Wochen und manchmal Monaten gestalten sie Skulpturen oder Friese nach den Vorgaben der Auftraggeber unter Einbeziehung aller Designelemente, die der Verstorbene bzw. sein Klan besaß oder zusätzlich erwerben konnte, wobei sie – wie ihre Kritiker später – aus der Erinnerung schöpfen, da die Bildwerke selbst in keinem Fall aufbewahrt werden.

Abb. 132: Säulen-*malanggane* zeigen mehrere Personen übereinander. Unten hängt ein Bündel Areka-Nüsse.
Kat.-Nr. 269

Die Frage der Bildrechte ist ausgesprochen komplex. Sie ist verbunden mit den Rechten des Verstorbenen bzw. seines die Feiern ausführenden Klans, aber auch mit der Qualität dieser Rechte, die darüber entscheiden, ob ein Designelement nur in der vorhandenen Form verwendet werden oder auch neu gestaltet werden kann. Die richtige Verwendung der Designs ist so bedeutsam, weil sich in ihnen die gesamten Rechte des Verstorbenen – etwa an Land – spiegeln, die neu verteilt werden müssen. Damit spiegeln die *malanggan*-Skulpturen den Kontext eines gelebten Lebens und legen gleichzeitig die Basis für neu zu gestaltende Beziehungen.

Ein Höhepunkt der Feierlichkeiten ist das Öffnen des Geheges und der Blick auf die Skulpturen als sorgfältig gestaltetes Ensemble vor dem Hintergrund einer extra gefertigten Schutzhütte.

Abb. 133: Teil einer Fisch-Skulptur, die wahrscheinlich mit einem Schwanz aus Baumbast versehen war. Die Flügel wurden auch als Monddarstellug interpretiert.
Kat.-Nr. 267

Malanggan-Skulpturen verdeutlichen nicht nur das soziale Beziehungsgeflecht, ihnen kommt auch eine zentrale Mittlerrolle zwischen den diesseitigen und jenseitigen Bereichen zu. Als Quelle für Wohlsein und Fruchtbarkeit gilt im nördlichen Neuirland *hamarere*, die Lebenskraft, die in einem komplexen Austausch beider Welten gedacht wird. Sie wird im Ursprung auf den Schöpfergott Moroa zurückgeführt und bewegt sich im Verlaufe der Jahreszeiten aufs Meer hinaus – und zu Moroa hin – bzw. mit dem Passat auf einem Seelenkanu vom Meer aufs Land. Nur in dieser Zeit werden *malanggan*-Rituale durchgeführt, wobei die aufgestellten Skulpturen als zeitweilige „Behälter" die vitalen Kräfte aufnehmen und sie – mit ihrem „Sterben" oder Vergehen am Ende der Feiern – wieder freigeben, damit sie für Klan und Gemeinschaft wirksam werden können. Im Prozess des Sterbens der Objekte – aus neuirländischer Sicht geschieht dies zur „Entsorgung" durch Verrotten im Busch, durch Verbrennen oder durch Verkauf und Export – sieht Susanne Küchler eine Form des Opfers, bei dem durch Vergehen neue Kräfte freigesetzt werden.

Bereits Ende des 19. Jahrhunderts war die Praxis, *malanggan*-Skulpturen am Ende der Feiern zu verkaufen, akzeptiert. Angeregt durch die Möglichkeit, einen Teil der Ausgaben wieder zu realisieren, erhöhte sich vermutlich der Aufwand. Wahrscheinlich wurden deutlich mehr Skulpturen geschnitzt, deren Herstellung durch die Einfuhr früher unbekannter

Metallwerkzeuge erleichtert worden war. Gearbeitet wurden und werden sie aus einem leichten, lindenähnlichen Holz, das es den Schnitzern ermöglicht, Körper zu einem Gitterwerk von Formen aufzulösen, das seinerseits aus tierischen und pflanzlichen Elementen bestehend manchmal ein Eigenleben zu führen scheint und die Grenzen zwischen den Einzelelementen verschwinden lässt. Bei Menschendarstellungen ist die männliche Form vorherrschend, Frauenskulpturen finden sich dagegen seltener. Oft werden menschliche Figuren übereinander angeordnet zu Säulen, die in alter Zeit bis zu sechs Meter hoch aufragen konnten. Gekrönt werden sie häufig von Vogelfiguren, die sich in Kombination mit Schlangen oder Fischdarstellungen auch um die Körper selbst ranken. Diese Tiere gehörten zu den „Emblemen" einzelner Klane, waren aber auch mit anderen Rechten verbunden. Weitere häufig wiederkehrende Themen sind das Schwein, die Eule, verschiedene Schlangen, Krabben und Vögel, darunter auch der Haushahn, Insekten, die Sonne oder – in anderer Lesart – das Auge des Feuers. Die meisten dieser Formen sind Teil der mythischen Überlieferung oder werden mit Plätzen in Verbindung gebracht, an denen die Geister des Klans *(masalei)* leben.

Abb. 134: Im Gegensatz zu *malanggan*-Objekten konnten *tatanua*-Masken immer wieder verwendet werden. Die Maskenlarve wird von einem aufwändigen Kopfschmuck mit verschieden gestalteten Seiten überragt, der die traditionelle Trauer-Haartracht abbilden soll. Kat.-Nr. 265

Wie schon erwähnt, spielen bei der Gestaltung der Skulpturen nicht nur die Darstellungen und Kombinationen eine Rolle, sondern auch die Art der Rechte, die entlang der Klanlinien weitergegeben werden. Dabei hat eine jede *malanggan*-Tradition eine „Quelle", oft verbunden mit der Entstehung bzw. Gründung eines neuen Klans, aus der alle weiteren Formen über Generationen abgeleitet werden. Das so genannte Totenboot des Linden-Museums (Kat.-Nr. 266), gesammelt 1903 vom Bezirkshaupt-

CAROL
WALTER

mann Boluminski, gilt als eine solche Quelle. Es wurde vermutlich auf der Insel Tabar geschnitzt, aber in Paruai auf der Hauptinsel bei einem Fest eingesetzt, das laut Eingangsbuch eine Bootsbesatzung ehren sollte, die in rauer See den Tod gefunden hatte. Der Bootskörper ist in Form eines nicht identifizierten Fisches gestaltet, der insgesamt zehn Figuren – teils sitzend, teils stehend – trägt. Ob es sich dabei um den als Breitmaul bekannten Fisch handelt, der oft mit Tod und dem Übergang der Seelen ins Totenreich verbunden gedacht wird, ist wahrscheinlich, aber nicht eindeutig. Bemerkenswert sind die Eberhauer neben dem Fischmaul, die auf eine mythische Figur bzw. ein Geistwesen verweisen könnten, als die der Bootskörper in einer späten Version – heute im Museum in Adelaide – bezeichnet wurde. Die aus dieser Quelle in späteren Generationen generierten Bildwerke könnten als Skulpturen, aber auch als horizontale Friese gearbeitet worden sein, identifiziert worden sind sie nicht. Dennoch können wir davon ausgehen, dass die Experten eines jeden Klans die eigene wie auch andere „Quellen" und die daraus generierten Formen genau kennen – und sofort Einspruch erheben würden, wenn Formen oder Kombinationen von einem anderen Klan unautorisiert verwendet werden. In ihrer Erinnerung existiert eine Art virtuelles Museum aller relevanten Skulpturen, deren Gestalt sehr lebendig ist, obwohl sie nur für kurze Zeit sichtbar waren und bestenfalls ein abgebrochenes Detail zur Erinnerung bewahrt wird.

Abb. 135: *Malanggan*-Präsentation auf Tabar. Die Präsentation der Skulpturen wird sorgfältig mit oft symmetrischer Anordnung gestaltet. Nach Entfernen des Sichtschutzes sind die Skulpturen nur für kurze Zeit öffentlich sichtbar.

Die Gestaltung der Skulpturen ist nur ein Teil der Festvorbereitung, allerdings einer, der in der Abgeschlossenheit eines Geheges stattfindet, in dem die einzelnen Phasen der Gestaltung – beispielsweise das Einsetzen der Augen, das Anbringen des Haars und die Bemalung – besonders begangen werden. Vorher bereits beginnt die Anlage der Zeremonialgärten, in denen Taro in großen Mengen angebaut wird. Schweine werden in oft entfernten Dörfern erworben oder als „Tausch" bei den entsprechenden Partnern angefordert, das vorhandene Muschelgeld wird gesichtet und gegebenenfalls ergänzt, Unterkünfte für die an anderen Orten lebenden Klanmitglieder gebaut und die großen Erdöfen vorbereitet, in denen Taro und Schweine für das Festmahl gegart werden. Drei Tage vor dem Fest schließlich werden große Büschel unreifer Bananen in der Erde vergraben, die hier nachreifen und beim Fest keinesfalls fehlen dürfen. Parallel dazu werden die Dekorationen der lokalen Tanzgruppen fertig gestellt und die Gaben für die aus anderen Orten engagierten Tanzgruppen vorbereitet. Schließlich sind die Regenmacher gefragt, die in diesem Fall das Fest vor Regen schützen sollen.

Männer- und Frauengruppen führen Tänze auf, wobei die Maskentänze immer den Männern vorbehalten sind. Einzelne Maskentypen treten bereits im Vorfeld auf, andere haben die Aufgabe, den Festplatz nach Ende der Feiern rituell zu reinigen. Die größte Aufmerksamkeit erregen zweifellos die *tatanua*-Tänzer mit ihren oft kantigen Maskenlarven und dem auffälligen Kopfschmuck. Sie treten als Einzeltänzer oder in Zweier- bzw. Vierergruppen auf, unterstützt durch Bambustrommeln.

Wird an einem Abend ein großes gemeinsames Mahl zelebriert und nachts die „Trommel umrundet“, sieht der nächste Tag Tanzpräsentationen mit und ohne Masken vor, während der Abschluss der Feiern aus dem Austausch von Muschelgeld und „Schweineköpfen“ besteht. Die dazu verwendeten Schweine werden auf einem besonderen Gestell aufgeschichtet, bevor der Klanälteste und andere Führungspersönlichkeiten, angetan mit dem als *kapkap* bekannten Schmuck, sich an die Festversammlung wenden. Von den Erben wird Muschelgeld in langen Strängen öffentlich präsentiert und schließlich werden die Schweineköpfe verteilt, an denen sich noch ein halbes Schwein befindet. Wer einen solchen Schweinekopf akzeptiert, tritt in eine neue Beziehung zum Klan und verpflichtet sich zu entsprechenden Gegengaben in der Zukunft.

Mit diesem Abschluss ist die Totenseele des Verstorbenen ins Jenseits übergegangen, seine Lebenskraft erhalten, sein Erbe, soweit nicht längst zerstört oder konsumiert, verteilt, das Beziehungsgeflecht neu begründet. An ihn und seine Lebensleistung wurde in vielen Facetten erinnert – er kann jetzt „vergessen“ werden. Erinnert allerdings werden die Skulpturen und die in ihnen verwendeten Bildelemente, die aus „der Quelle“ oder in anderer Lesart aus einem „Stamm“ wie Zweige oder Blätter gestaltet und im Bildgedächtnis gespeichert werden. Sie sind die eigentlichen

Abb. 136: Ein *tatanua*-Tänzer auf Tabar. Die Tänzer müssen sich meditativ vorbereiten, um nicht von der Maske „erdrückt" zu werden und treten einzeln, in Zweier- oder Vierergruppen auf.

Zeugen der neuirländischen Zeit, markante Zeichen, die gleichermaßen verbunden sind mit der Lokalität des jeweiligen Ereignisses wie auch mit der Kraft und Virilität der Klane, die den Moment überdauern. Wie die matrililinearen Klane, die sich mit der Heirat ihrer Töchter ausdehnen, ist die *malanggan*-Kunst dynamisch, bleibt aber dennoch immer mit ihrem Ursprung verbunden.

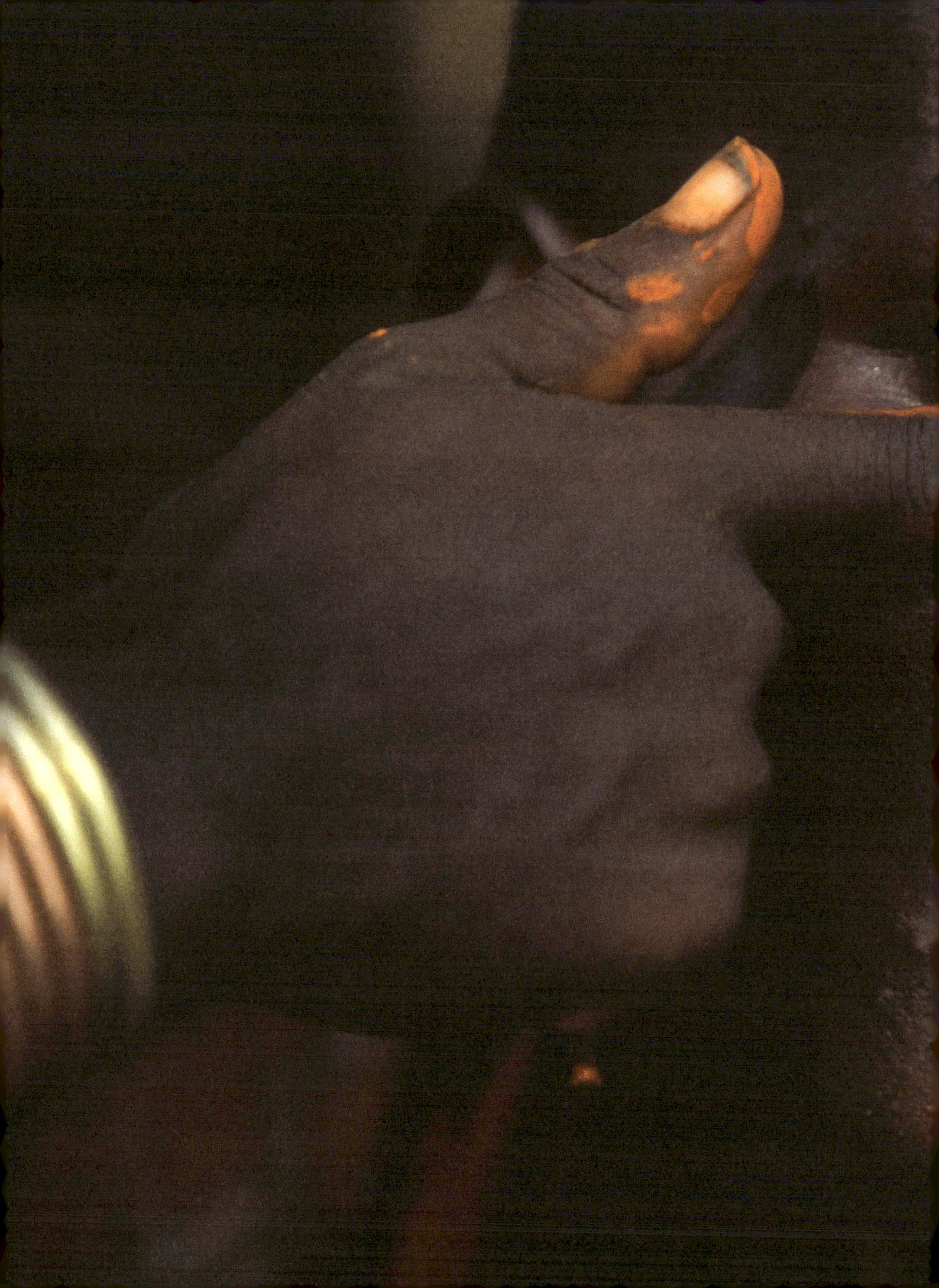

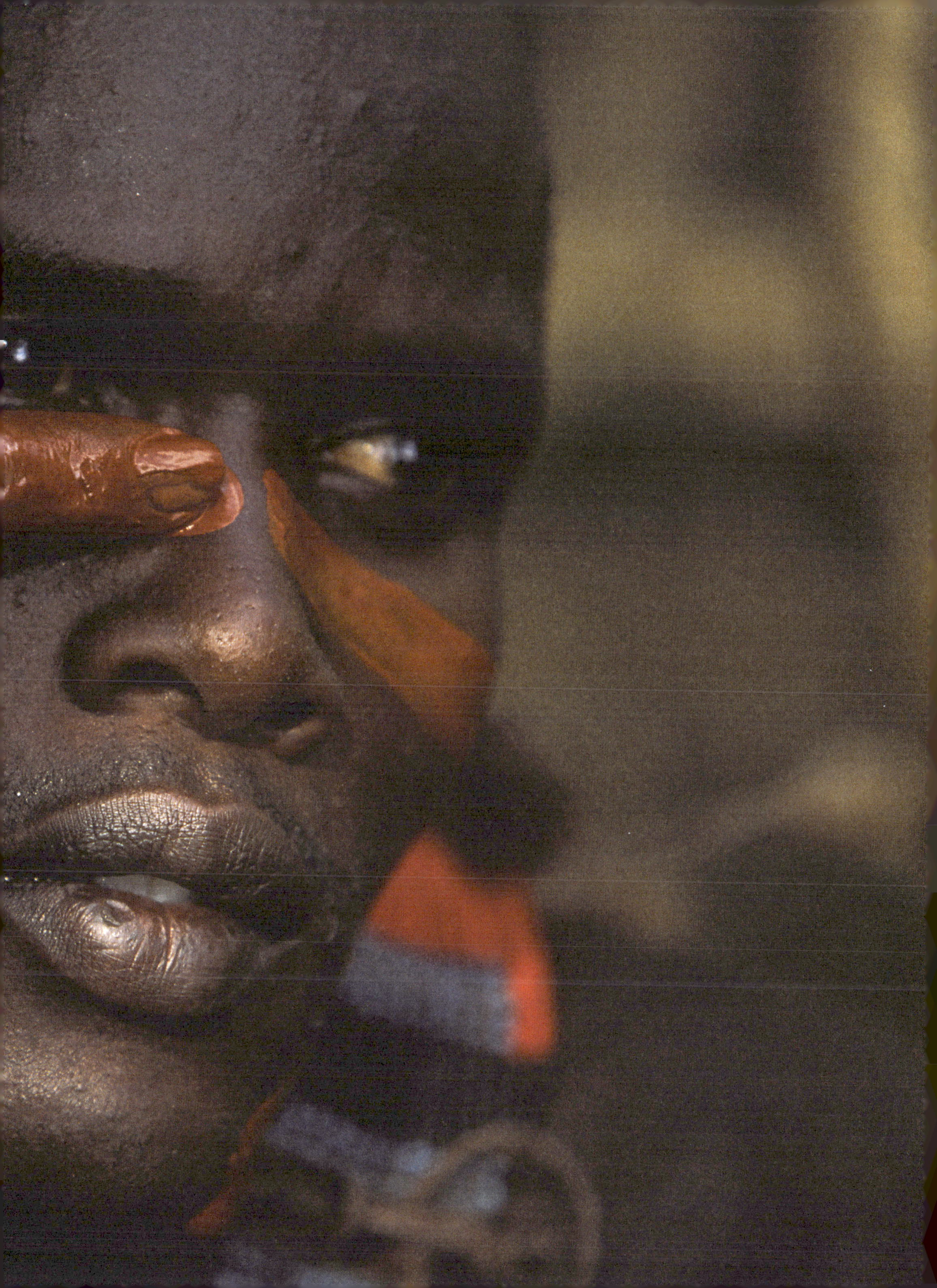

5. Auszeichnung und Ansehen – keine Macht herrscht allein

Ulrich Menter

Im Mittelpunkt allen gesellschaftlichen Miteinanders stehen immer wieder Fragen von Autorität und Herrschaft bzw. sozialer Gleichheit und Freiheit. In seiner *Abhandlung über den Ursprung und die Grundlagen der Ungleichheit unter den Menschen* (1755) befasste sich Jean-Jacques Rousseau mit ebendiesen Fragen und erklärte die Gleichheit für den ursprünglichen und natürlichen gesellschaftlichen Zustand des Menschen. In diesem Zusammenhang erlangte der Begriff des „Edlen Wilden“ einige Bedeutung. Zwar hat Rousseau ihn selbst nicht gebraucht, doch verknüpfte sich in der Folge mit diesem Schlagwort der Rousseau'sche Gedanken natürlicher sozialer Gleichheit ohne privates Eigentum, frei von Aggression und Ungerechtigkeit. Louis Antoine de Bougainville berichtete 1771 von den Bewohnern des fernen Tahitis. Hier nun meinte er den von einem Gutteil seiner Zeitgenossen so erwünschten lebenden Beweis für den „Edlen Wilden“ in seinem freien, gleichen, gerechten Naturzustand gefunden zu haben. Zwar widerlegten bald darauf andere Entdeckungsreisende Bougainvilles Bericht, doch blieben die Vorstellungen von der idealen Gesellschaft noch lange mit den gar nicht so paradiesischen Inselwelten verbunden.

Abb. 137: Ein junger Mann der Hamar, einer Ethnie im Süden Äthiopiens, bereitet sich auf seinen „Sprung über die Rinder“ vor. Erst nach erfolgreich bestandenem Ritual rückt er in die Gruppe der erwachsenen, heiratsfähigen Männer auf.

In der Tat ist der Ethnologie kein Beispiel vollkommener sozialer Gleichheit bekannt – vielmehr lassen sich in allen menschlichen Gesellschaften mehr oder weniger ausgeprägte soziale Differenzierungen erkennen, wobei die hier und heute so wichtigen Unterscheidungen nach

Vermögen und Besitz andernorts und zu anderen Zeiten oft keine oder eine untergeordnete Rolle spielten. Gerade die tahitische Gesellschaft des 18. Jahrhunderts besaß strenge Hierarchien, Geburtsadel, eine organisierte Priesterschaft sowie rigide Regeln zum Erhalt des sozialen Status quo. Zwar verwendet die Ethnologie den Begriff egalitärer Gesellschaften, meint damit aber nicht Gemeinschaften vollkommener Gleichheit. Vielmehr handelt es sich hierbei um Formen eines Zusammenlebens, das u.a. gekennzeichnet ist durch engen wirtschaftlichen Austausch unter allen Mitgliedern, denen darüber hinaus soziale Distinktionen gleich offenstehen und erreichbar sind.

Rang- und Statusunterschiede beruhen auf unterschiedlichsten und oftmals mehreren Grundlagen zugleich: Sie können durch Abstammung, Alter oder Geschlecht, aber auch religiös, politisch oder ökonomisch begründet sein. Während der Rang seinem Träger in der Regel durch Geburt zufällt, wird sozialer Status vom Einzelnen erworben bzw. ihm – oder ihr – von der Gesellschaft zugeschrieben.

Personen mit besonderem Status und Rang begegnet man in fast allen Kulturen auf besondere Weise, d.h. die zunächst unsichtbaren Rang- und Statusunterschiede werden in aller Regel durch vielerlei materielle und immaterielle Zeichen sichtbar und erfahrbar gemacht. So können Schmuck und Kleidung ihre Trägerinnen und Träger vor anderen auszeichnen. Aber auch spezielle Namensgebungen, Sitzordnungen bei Versammlungen und Zeremonien, Bauformen der Wohnhäuser u.ä. bezeichnen die soziale Stellung von Personen und Familien.

Neben der Vielfalt von Rang- und Statusunterschieden kennen Gesellschaften unterschiedliche Formen institutionalisierter Macht und Herrschaft. Ebenso zahlreich sind aber auch die Strategien, um Macht- und Herrschaftsansprüche in den Grenzen des Erträglichen zu halten. Wenn auch das Ideal vollkommener Gleichheit unter den Menschen in der gesellschaftlichen Realität keine Bestätigung findet, so gab und gibt es doch vielerorts ein gesellschaftliches Bestreben, die Ungleichheit zu begrenzen und die Spannung zwischen Herrschaft und Freiheit zu einem gewissen Ausgleich zu bringen.

Abb. 138: Nasca-Textil mit Darstellung einer Opferszene.
Kat.-Nr. 288

Gewebe der Macht: Textilien als Statussymbole im Andengebiet

Doris Kurella

Über viele Jahrhunderte, ja sogar Jahrtausende hinweg haben die Menschen im Andengebiet Textilien gefertigt, die reiche kulturelle Informationen über ihren Glauben und ihre Weltsicht in verschlüsselten Zeichen und Symbolen bargen und immer noch bergen (Heckman 2006:171). In einigen Regionen des zentralen Andengebietes, das die modernen Republiken Peru und Bolivien umfasst, ist diese Tradition nach wie vor lebendig. Insbesondere die Region um den Ausangate-Berg im südlichen peruanischen Hochland bewahrt die Webkunst. In dieser Großregion, in der auch die ehemalige Inka-Hauptstadt Cusco liegt, findet die jährliche Qoyllur Rit'i Prozession statt, an der bis zu 70.000 Personen, zumeist Angehörige der Quechua, teilnehmen. Ein weiteres Gebiet heutiger Textilkunst liegt im Hochland Boliviens, in der Umgebung des Ortes Tarabuco, unweit der bolivianischen Hauptstadt Sucre.

Abb. 139: Peruanische Weberin in der Nähe von Cuzco.

Die Textilien sind heute im Andengebiet das wichtigste sichtbare Merkmal kultureller Zugehörigkeit. Gerade die Quechua greifen häu-

Abb. 140: Qollyur Rit'i Prozession am Ausangate-Berg.

Abb. 141: Textilkunst der Quechua in der Region Tarabuco, Bolivien.

fig auf das „Diamant-Motiv" zurück, das schon in der Inka-Zeit verwendet wurde (Heckmann 2003:116). Es steht für Wasser, dem viele Riten im Andengebiet gewidmet sind. Andere Motive zeigen bis heute den Status des Trägers, so bei den Mapuche in Süd-Chile, deren mit dem alten Inka-Motiv *chakana* („Inka-Kreuz") verzierte Ponchos nur den Häuptlingen, den *longkos*, zugestanden werden (Alvarado 1988:30). Ein wichtiger Bestandteil der Frauentrachten in Peru und Bolivien sind die Röcke, die die Herkunft der Frau, beispielsweise „Tochter des Bürgermeisters" und ihren Reichtum übermitteln oder bei den Aymara die *pollera*, die die Trägerin als zur Gruppe der Aymara zugehörig kennzeichnet. Bei den Mapuche-Frauen sind es die Gürtel, die durch ihre Farbe – rot, die Farbe der Frau – und die eingewebten Symbole die Stellung der Frau im Kosmos und ihren sozialen Status in der Mapuche-Gesellschaft vermitteln.

Abb. 142: Textilkunst der Quechua in der Ausangate-Region, Peru. Poncho mit „Diamant"-Motiv im braunen Musterstreifen.

Der Ursprung dieser ungebrochenen, längsten Textiltradition der Welt liegt vermutlich an der Nordküste Perus. Ausgrabungen an der Lehmziegelpyramide von Huaca Prieta an der peruanischen Nordküste ergaben die bisher frühesten Textilien mit einer Datierung in das vierte vorchristliche Jahrtausend (Kurella 2008:46). Zunächst Geflechte aus Pflanzenfasern, dann Baumwollgewebe, die schon sehr früh einfache Tiermotive zeigen, wenige Zeit später geometrisch abstrakte Motive, Raubkatzen, Krabben, Schlangen und Papageien, sind die ersten Zeugen einer überaus reichen Textilkunst, die bereits im fünften vorchristlichen Jahrhundert mit der Paracas-Kultur einen ersten Höhepunkt erreicht (Paul 1990).

Den hervorragenden Erhaltungszustand der Textilien, aber auch der Federarbeiten, Holzskulpturen und nicht zuletzt der Lehmreliefs der Tempel verdankt die Archäologie den klimatischen Bedingungen der gesamten peruanischen Küste und der chilenischen Nordküste am pazifischen Ozean. Wir finden in diesem Bereich die trockenste Wüste der Welt, die, in Kombination mit stark salpeterhaltigem Boden, außergewöhnlich gute konservatorische Bedingungen bietet.

Die Textilien des zentralen Andengebiets sind in der Regel aus Baumwollgarn und Alpaka-, Lama- oder Vicuñafaser gearbeitet. Es wurde schon in frühester Zeit zwischen einfachen Kleidungsstücken, später auf Quechua *awasqa* genannt und den feinen *cumbi*, die vor allem durch die

Abb. 143: Poncho eines Mapuche-Häuptlings *longko* mit *chakana*-Motiv. Kat.-Nr. 287

Inka berühmt wurden, unterschieden. *Awasqa* bestand ausschließlich aus Baumwollgarn, war ein- oder maximal zweifarbig und recht grob gearbeitet. *Awasqa* kleidete die Bauern, Hirten, Handwerker und Fischer. *Cumbi* hingegen war vielfarbig: In Paracas zählt man bis zu 190 verschiedene Farbtöne pro Textil (Clados 2005:72), fein gewebt und immer aus Alpaka-, Lama- oder Vicuñagarn. Lediglich die Kettfäden bestanden teilweise aus Baumwolle; dies jedoch nicht aus Gründen der Sparsamkeit, sondern um den „sich ergänzenden Gegensätzen" wie Küste-Hochland, Tag-Nacht, Sonne-Mond, die der andinen, „zweigeteilten" Kosmolo-

Abb. 144: Der bolivianische Staatspräsident Evo Morales trifft einen Mapuche-Häuptling anlässlich eines Besuchs in Chile.
Beide tragen Ponchos mit dem *chakana*-Motiv.

Abb. 145: Paracas-Textil aus dem Linden-Museum.

Abb. 146: Peruanische Küstenwüste bei Paracas.

Abb. 147: Ausschnitt aus einem Paracas-Totentuch des Linden-Museums.

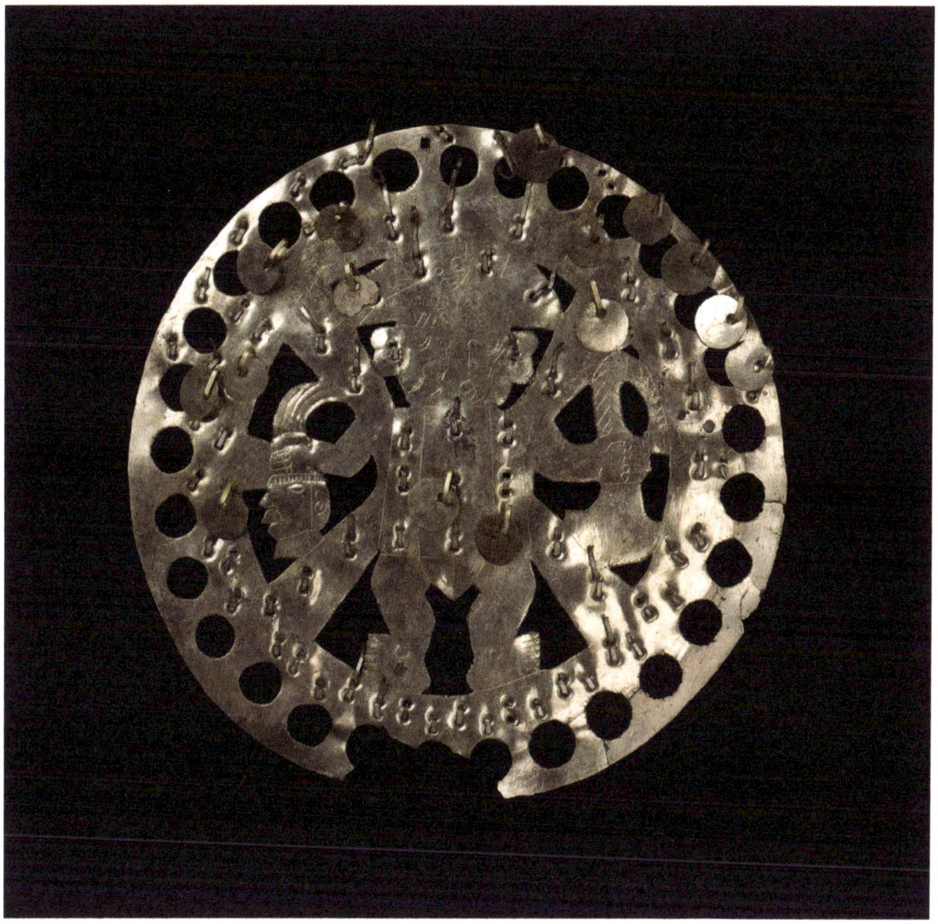

Abb. 148: Zierscheiben aus Silber, den „Enthaupter" darstellend.

gie zu Grunde liegen, Ausdruck zu verleihen. Die *cumbi*-Textilien kleideten die Vertreter der politisch-religiösen Elite, die Priester, Schamanen, Häuptlinge, Elitehandwerker, Militärs, Könige. Die Inka-Kaiser trugen als Einzige Kleidung aus Vicuñafaser. All diese Träger von *cumbi*-Textilien beriefen sich auf ihre göttliche Herkunft. Die Textilien waren versehen mit einem streng einzuhaltenden Kodex aus Zeichen und Symbolen, der sich ausschließlich auf die Kosmologie und Religion dieser Völker bezog. Häufig waren dies die so genannten „Naturgottheiten" wie Lama, Kondor, Jaguar oder Puma und Schlange. Ein weiteres, immer wiederkehrendes Motiv sind die Träger der Textilien selbst. Es sind jedoch nicht einfach Abbildungen der jeweiligen Personen, sondern es sind die Protagonisten der religiösen Rituale in ihrer Funktion. Immer wieder begegnen

Abb. 149: Präsentationsszene, Moche-Kultur.

uns kostümierte, als Naturgottheiten gekleidete Priester mit Raubtiermasken und Federkopfschmuck, mit Stäben, Keulen oder Opfermesser in den Händen (Peters 1991:296). Dies nicht nur auf Textilien, sondern auf Stelen aus Stein, Lehmfresken der Tempel, in Gold- und Silberarbeiten, auf Keramiken, Holzskulpturen. Eine der am häufigsten wiederkehrenden Darstellungen ist der „Enthaupter", eine stehende Person, die in einer Hand ein Opfermesser und in der anderen Hand einen abgetrennten menschlichen Kopf hält (Cordy-Collins 2001). Dieser „Enthaupter" steht für Fruchtbarkeitsrituale, die an der wüstenhaften Küste für genügend Wasser zum Bewässerungsfeldbau sorgen sollten und im Folgenden an zwei Beispielen kurz dargestellt sind:

In der peruanischen bzw. chilenischen Wüste regnet es nie, sie ist die trockenste Wüste der Welt. Die Oasenkulturen der Küstenregion konn-

A	B	A	B
B	A	B	A
A	B	A	B
B	A	B	A
A	B	A	B
B	A	B	A
A	B	A	B
B	A	B	A
A	B	A	B
B	A	B	A

Schema der Anordnung der Basismotive.

Motivblock A. Er zeigt eine Szene mit fünf Gestalten. Gestalt A: „Fetter Schnitter", Gestalt B: „Mythischer Affe", Gestalt C: Opfergefangener, Gestalt D: Opfergefangener, Gestalt E: Krieger.

Abb. 150: Anordnung und Detailzeichnung des Nasca-Textils.

ten sich nur durch intensiven Bewässerungsfeldbau entwickeln, der sich auf die ungefähr 60 aus den Anden an die Pazifikküste hinabführenden Flusstäler beschränkte. Eine weitere Beschränkung stellte die sehr kurze Vegetationsperiode dar, die mit einer Regenzeit von nur drei Monaten pro Jahr im Andenhochland (Dezember bis März) auskommen musste. Genügend Regen für Bewässerungsfeldbau und damit die Fruchtbarkeit der Felder, Pflanzen, Tiere und nicht zuletzt der Menschen war die Achse, um die sich die Religion der Andenvölker drehte. Fruchtbarkeitsgottheiten, unter ihnen vor allem die gletscherbedeckten Gipfel der Anden, die als Wasserspender galten, wurden einem Ritualkalender folgend Opfer dargebracht. Pflanzen, Tiere, Textilien, aber als wertvollstes Gut auch menschliches Blut gehörten zu den bevorzugten Opfergaben. Um das Motiv des „Enthaupters" zu erklären, bietet sich ein „Blick" in die Moche-Kultur (2. Jahrhundert v. Chr. bis 8. Jahrhundert n. Chr.) der peruanischen Nordküste an. Berühmt wurde die Moche-Kultur im Jahre 1988 durch die Entdeckung des zweitgrößten Goldfundes nach Tutanchamun: den Königsgräbern von Sipán (Alva 2000). Die Moche begingen in vermutlich recht großen Abständen ein Ritual, das wohl gleichzeitig an mehreren zentralen Orten des Moche-Gebietes stattgefunden hat. Archäologen vermuten als Zeitpunkt das sich Nähern des „El Niño" Phänomens, das in Abständen von sieben bis 14 Jahren tropische Regenfälle an die sonst nahezu niederschlagsfreie peruanische Küste bringt – mit zwiespältigen Ergebnissen. Einerseits erblüht die Wüste für kurze Zeit, andererseits jedoch kommt es zu katastrophalen Überschwemmungen, die nachweislich zur Zerstörung der präkolumbischen Bewässerungsanlagen an der Küste geführt haben. Außerdem verändert sich während eines „El Niño"-Ereignisses die Zusammensetzung der Fischbestände im Humboldt-Strom, der der peruanischen Küste vorgelagert ist. Normalerweise ein Kaltwasserstrom, der als fischreichster der Welt gilt, wird er während eines „El Niño" zu einem Warmwassergebiet mit wenig Fisch. Dies führt in diesen Phasen nicht nur zu Nahrungseinschränkungen für die Menschen, sondern lässt vor allem Millionen von Kormoranen verhungern, die durch ihre Ausscheidungen für wichtigen Dünger sorgen (Sandweiss und Quilter 2008).

Ob das im Folgenden kurz beschriebene Ritual den Regen herbeiführen oder vermeiden sollte, wird sich nicht mehr feststellen lassen. Der Ablauf indes scheint durch die Kombination bemalter Moche-Keramiken zu narrativen Sequenzen entschlüsselt zu sein (Lieske 1992; Donnan 2010). Das Ritual begann vermutlich mit einem Tanz der adligen Krieger, erkennbar an ihrer Kleidung. Danach folgte ein ritueller Zweikampf, nach dessen Ende der Unterlegene mit einer Keule erschlagen wurde. Seinen Kopf trennte man ab, das Blut wurde in speziellen Kelchen aufgefangen und dem als höchste Gottheit verkleideten Priester dargebracht (Bourget 2008:266). Der „Enthaupter" wäre demnach derjenige Opferpriester, der für die Hinrichtung der Gefangenen und das Abtrennen der Köpfe innerhalb des Rituals verantwortlich war.

Das zweite Beispiel ist auf einem Textil der Nasca-Kultur (2. Jahrhundert v. Chr. bis 7. Jahrhundert n. Chr.) aufgestickt. Es handelt sich hierbei um den Umhang eines religiösen Würdenträgers – vermutlich des Priesters –, der für die Durchführung des dargestellten Rituals verantwortlich war. Die Szene, die auf dem Textil insgesamt 20 Mal zu sehen ist, wechselt mit einem Motiv, das vier mythische Affendarstellungen zeigt. Insgesamt sind es 40 Motivblöcke in vier Längsreihen mit jeweils zehn Blöcken. Das Motiv A (Clados 2005:74) besteht aus einer bergartigen Gestalt, die die Ikonografin als „Fetter Schnitter" bezeichnet. Er wäre demnach eine mythische Figur aus der Nasca-Ikonografie, die ihre Entsprechung in zahlreichen Keramikdarstellungen findet. Sie steht für die Maisernte und ist in der Regel eine menschliche Figur, die in beiden Händen Maispflanzen hält. Es gibt sie als „Hungernden Schnitter" mit hervortretenden Rippen und als „Fetten Schnitter" wie auf dem Textil. Aus dem Körper des Schnitters wachsen Maispflanzen, von seinem Kopf hängen lange Haarsträhnen herab. Zu seinen Füßen liegen zwei Personen mit gespreizten Beinen. Die mittlere Person wird an einem Arm von einem Priester gehalten, der an seinem Kopfschmuck und seinem aufwändigen Gürtel zu erkennen ist. Er erfüllt die Funktion des „Enthaupters". Gerade in der Nasca-Kultur finden wir häufig die so genannten „Trophäenköpfe", abgetrennte mumifizierte menschliche Köpfe, die in Mulden als Mehrfachbestattung niedergelegt wurden. Sie galten vermutlich als Fruchtbarkeitssymbole, ähnlich wie bei den Moche (Arnold 2008; Silverman 2002; Verano 1995). Neben der Opferszene sitzt ein „mythischer Affe", der ebenfalls seine Entsprechung in zahlreichen Keramikdarstellungen der Nasca findet (Clados 2005:78). Er tritt meist im Zusammenhang mit Kriegsgeschehen in Erscheinung. Wir haben hier demnach ein ähnliches Ritual wie bei den Moche: Das Tragen eines solchen Umhangs weist auf den hohen gesellschaftlichen Status des Trägers hin.

Die Inka, die im Andengebiet vermutlich erst im 13. Jahrhundert n. Chr. die Bühne des Geschehens betreten, greifen die reiche Textiltradition dieser Region auf und führen sie zu bis dahin nicht gekannter Bedeutung. Textilien waren im Inkareich sehr viel mehr als nur Kleidung, Wandbehang oder Bedeckung eines Opferaltars (Murra 1962). Über die Textilien kommunizierten die Inka den Status des Trägers. Angehörige des Militärs trugen andere Tuniken als Gouverneure und diese wiederum andere als die Angehörigen des Adelsgeschlechtes der Inka. Die Tuniken der Inka waren durch die so genannten *t'okapu*-Motive gekennzeichnet. Das sind fast quadratische kleine Blöcke, die in verschiedenen Variationen als Bänder oder in wenigen Fällen flächendeckend auf den Textilien zu erkennen sind. Wir finden die *t'okapu*-Motive auch als Wandmalereien und auf den *keros*, den hölzernen Bechern, aus denen die Inka Maisbier tranken. Eine definitive Entschlüsselung der *t'okapu* steht noch aus, da uns die Inka keine schriftlichen Quellen hinterlassen haben, denen die genaue Bedeutung zu entnehmen wäre (Clados 2007). Fest steht nur, dass das Tragen von Textilien mit *t'okapu*-Motiven auf die Inka-Adligen beschränkt war. Übertretungen wurden streng geahndet. Die Inka verwendeten Textilien auch als Geschenke, als Belohnung für militärische Erfolge und als verpflichtende Gabe für die Vertreter eroberter Gebiete. Nahm ein König oder Fürst eines eroberten Reiches ein Textil eines Inka als Geschenk an, so akzeptierte er damit die Vorherrschaft der Inka. Sie verlangten als Gegengabe Unterwerfung und Tribut in Form von Arbeitsleistung. Um hochwertige Textilien in großer Zahl herstellen zu können, zogen die Inka die besten Weber und vor allem Weberinnen – denn die meisten Weber der präkolumbischen Zeit waren vermutlich Frauen – aus dem gesamten Inkareich zusammen. Von nun an war es ihre noble und vor allem einzige Aufgabe, Textilien für die Inka, *cumbi*, herzustellen. Die feinsten waren aus Vicuñafaser gearbeitet und damit noch wesentlich leichter und feiner als Gewebe aus Kaschmirwolle.

Nach der Eroberung durch die Spanier blieben die Webwerkstätten erhalten. Allerdings stellten die Weberinnen jetzt keine Textilien nach dem strengen religiösen, von den Inka vorgegebenen Kanon her, sondern richteten sich nach dem persönlichen Geschmack ihrer Auftraggeber (Pillsbury 2006). Von nun an mischten sich inkaische *t'okapu* mit europäischen Blumen- und Tiermotiven, manchmal sogar mit der Bourbonenlilie, unter ihnen Meisterwerke, die den Vergleich mit europäischen oder asiatischen Textilien keineswegs zu scheuen brauchen. Die Träger dieser Textilien waren nun vor allem reich und konnten es sich leisten, teure Kleidung zu tragen. Der gesellschaftliche Status definierte sich von da an nicht mehr über die göttliche, sondern die weltliche Herkunft und den ökonomischen Erfolg.

Abb. 151: *T'okapu*-Muster eines Inka-Textils, „Schraubenschlüsselmotiv".

Das Universum in Seide

Über Jahrhunderte war Kleidung in China ein wichtiges Statussymbol, das die gesellschaftliche Stellung einer Person anzeigte und amtlichen Regularien unterworfen war. Als die Mandschu, Reiternomaden aus dem heutigen Nordosten Chinas, 1644 das chinesische Kaiserreich eroberten, schufen sie einen Kleidungsstil, der ihre eigenen Traditionen mit chinesischen Elementen verband.

Die Drachenrobe, ein langes Gewand mit neun Drachendarstellungen, ist das beste Beispiel für diese Verschmelzung. Der mandschurische Einfluss zeigt sich in der Schnittform, z.B. in den hufeisenförmigen Manschetten, die beim Reiten die Hände vor Wind und Kälte schützen sollten. Typisch chinesisch dagegen ist der standardisierte Dekor, der im Ganzen als eine Wiedergabe des Universums gedeutet werden kann mit dem Drachen als Symbol kaiserlicher Würde. Der Träger der Robe hatte somit teil an der zentralen Funktion des Kaisers, als Mittler zwischen Himmel und Erde die kosmische Ordnung aufrechtzuerhalten.

Uta Werlich

Abb. 152: Drachenroben wie diese waren Teil eines aufwändigen Kleidungsensembles, das von Beamten und Angehörigen des Kaiserhofs zu nahezu allen offiziellen Anlässen getragen wurde.
Kat.-Nr. 325

Kleider machen Leute – usbekische Männermäntel

Status und Macht ließen sich auch in islamisch geprägten Gesellschaften an dem äußeren Erscheinungsbild der Menschen ablesen. Herrscher und hochgestellte Persönlichkeiten traten in der Öffentlichkeit zumeist beritten auf. Edler Pferdeschmuck, prachtvolle Sättel und Schabracken waren ebenso ein Teil des Gesamteindrucks wie prachtvolle Gewänder und Prunkwaffen.

Im Mittelasien des 19. Jahrhunderts ließ sich das gesellschaftliche Ansehen eines Mannes am Mantel erkennen. Entscheidend war hierbei die Verwendung bestimmter, wertvoller Materialien. Samtikat- und Goldbrokatmäntel waren hohen Hofbeamten und Prinzen vorbehalten. Reiseberichte heben Kaschmirstoffe als besonders repräsentativ hervor. Nur die Khane durften Kaschmir-Turbanstoffe mit Goldstickerei verwenden. Mäntel wurden von den Herrschern auch als Geschenk und Ehrenzeichen verliehen. Dies betraf zum einen die eigenen Hofbeamten, zum anderen waren solche Geschenke auch ein Bestandteil der Außenbeziehungen.

Annette Krämer

Abb. 153: Die prachtvolle Gestaltung des Mantels mit Goldbrokat, kombiniert mit dem für Mittelasien typischen Seidenikat als Futter, spricht für die Zuordnung zu einem hohen Beamten oder Würdenträger. An den Schlaufen im Brust- und Halsbereich wurden vermutlich Orden angebracht. Buchara, Usbekistan, um 1900. Kat.-Nr. 320

Gestohlene Kinder – verlorener Status

Abb. 154: Der Fächer ist ein Statussymbol für Personen, die sich durch Würde auszeichnen. Da der Adler die Gebete der Menschen zur Sonne, dem Symbol männlicher Schöpferkraft trägt, repräsentieren seine Federn diese spirituelle Verbindung. Kat.-Nr. 307

Abb. 155: Im Mai 2009 vermachte Jim Poitras (Hehaka-to-hoksina/Blue Elk Boy) seine *Powwow*-Tanzkleidung dem Linden-Museum. Vor den Augen der Öffentlichkeit stellte er jedes Stück in seiner Bedeutung und Herkunft vor. Kat.-Nr. 304, 306, 308–319

Jim Poitras, Cree, Lakota und Métis aus Saskatchewan, besitzt nach kanadischem Recht keinen Status als Indianer. Er steht für viele Indigene, die in „weißen" Pflegefamilien aufwuchsen. Heute bieten ihnen *Powwow*-Tanzfeste Gelegenheit, ihre indianische Herkunft zu feiern.

Jim Poitras wusste, dass er Indianer ist und er fühlte sich oft fremd in seiner Familie. Auf der Suche nach seinem wahren Ich und seinem Streben nach Anerkennung verstrickte er sich in den Teufelskreis von Alkohol, Drogen und Gewalt. Erst als Erwachsener traf er in Vancouver Indianer, die sein Schicksal teilten. Plötzlich erkannte er, dass es gängige Politik war, indianische Kinder ihrer Herkunft, Kultur und Sprache zu entfremden und Statusrechte abzusprechen. Selbst Indianer, die ohne die Traditionen ihrer Vorfahren aufwuchsen, tanzen im *Powwow* zum Rhythmus der Trommel, pflegen indianische Gesänge, Rituale und Wertvorstellungen und tragen in ihrer Tanzausstattung Adlerfedern als traditionelles Statussymbol.

Sonja Schierle

Throne und Kultgegenstände der legalen Opposition

Abb. 156: Thron, Bafusam, Kamerun. Die Elefantenfigur steht für die Macht, Glasperlen (vermutlich Venedig oder Böhmen) und Kaurischnecken (Indischer Ozean) für die weitreichenden Handelsbeziehungen des Königs.
Kat.-Nr. 296

Der Thron aus Bafusam (Kamerun) ruht auf einer Elefantenfigur, die für die ideale Stärke des Königs als Elefantenjäger steht, der somit den Elefanten unter seine Herrschaft gezwungen hat. Die Rückenlehnen-Figur des modernen Throns aus Bamum (Kamerun, Kat.-Nr. 300) verkörpert eine Würdenträgerin, die sich auf die abgeschlagenen Köpfe ihrer Feinde und auf überführte sozialschädliche Hexer stützt, erkennbar an ihren aufgedunsenen Bäuchen und krallenartigen Zehen. Jedoch steht die Stützfigur einer Gebärenden unter der Sitzfläche des Luba-Thronhockers (Kongo-Kinshasa, Kat.-Nr. 301) für Matrilinearität, die hier die Gesellschaft noch im 19. Jahrhundert „trug“. Die kleinen Objekte, darunter die Messingplastik des modernen nigerianischen Künstlers Yemi Bisiri, gehörten zu den Kultgegenständen der Bünde *Ogboni* (Yoruba, Nigeria) und *Kwifon* (Oku, Kamerun), die als institutionalisierte Opposition den König kritisieren und ihn früher sogar legal töten durften (Kat.-Nr. 297, 298, 299, 302, 303).

Hermann Forkl

Schneckengeld und Ahnengeister

Bei den Tolai auf Neubritannien war das Schneckengeld *tambu* von eminenter Bedeutung: mit Geld bezahlte man für Wissen, Status und Einfluss, es wurde bei Heirat, Kindsgeburt und Initiation übergeben, ging an Heiler, Magier, Künstler und Dienstleister, an Geschäftspartner und nicht zuletzt an Maskengesellschaften und Geheimbünde. In Rollen zusammengefasst, symbolisierte *tambu* Erfolg und Stärke einer Familie bzw. eines Klans und wurde in dieser Form bei wichtigen Ereignissen präsentiert.

Besonders wichtig war *tambu* beim Tod: der in Schneckengeld messbare Erfolg eines Lebens führte zu einem besseren Status im Jenseits. Menschen mit besonderen magischen und seherischen Fähigkeiten konnten den herausragenden Status von Ewig-Lebenden Geistern erreichen. Die Aufteilung des Erbes wurde besonders zelebriert. In Anwesenheit von Maskentänzern wurden die Geldrollen rituell „zerschnitten“ und das Geld verteilt.

Ingrid Heermann

Abb. 157: Schneckengeldring der Tolai
Von unterschiedlicher Größe demonstrierten Ringe immer Erfolg und Status. Nach Beerdigungen wurden sie rituell zerschnitten.
Tolai, Neubritannien, Papua-Neuguinea, Mitte 20. Jh.
Schneckenschalen, Rotang, Fasern. Kat.-Nr. 210

Abb. 158: *Marawot*-Skulptur
Die Skulptur wurde auf dem Zeremonialplatz für herausragende Verstorbene aufgestellt. Der schlangenförmige Körper verweist auf Schlangen, in deren Gestalt die „Ewig-Lebenden" sich den Menschen zeigten.
Tolai, Neubritannien, Papua-Neuguinea, Ende 19. Jh.
Holz, Fasern, Federn, Naturfarben, Kuskus-Zähne.
Kat.-Nr. 211

6. Schutz und Behauptung – was Männer im Schilde führen

Ulrich Menter

Schilde dienten als Schutz gegen Angriffswaffen wie Pfeil und Bogen oder Speer. Ihr großer Formenreichtum ist dabei nicht nur dem Gestaltungswillen ihrer Hersteller geschuldet: Ob sie etwa schwer und hoch oder leicht und rund sind, hängt auch von der Art ihrer Verwendung ab. So werden Schilde auf den Boden gestellt, um dem Bogenschützen oder Speerwerfer als Schutzwand Sicherheit zu bieten. Andere können im Kampf am Körper getragen werden, ohne den Kämpfer allzu sehr zu behindern.

Schilde wurden aber auch aktiv im Kampf wirksam. In vielen Kulturen diente ihre auffallende Bemalung nicht nur dem Schmuck. Vielmehr sollte die Gestaltung der Vorderseite den Gegner abschrecken. Darstellungen auf der Innenseite hingegen sollten stärkend auf den Träger wirken.

In friedlichen Zeiten kamen Schilde als wichtige männliche Statussymbole zum Einsatz. Aus kostbaren Materialien hergestellt und aufwändig gestaltet, zählten sie zur Ausstattung der Männer bei unterschiedlichsten zeremoniellen Auftritten. Solche gruppenübergreifenden Zeremonien, Tauschfeste oder gewaltfreien Demonstrationen von Macht und Stärke dienten auch der Konfliktvermeidung. In allen Kulturen der Welt wurden vielfältige Strategien zur Sicherung eines friedlichen Zusammenlebens entwickelt, um gewaltsame Auseinandersetzungen und deren Folgen zu begrenzen.

Abb. 159: Kulya-Krieger mit Schilden in Ndera, Gebiet der Flüsse Gori und Mara, im Norden von Tansania.

Abb. 160: Schild von der Insel Borneo, Indonesien, 19. Jh. Kat.-Nr. 363

Abb. 161: **Schild der Masai**
Masai, Tansania (?), um 1900, Rohhaut bemalt, Holz, Leder, Pflanzenfasern. Kat.-Nr. 329

Abb. 162: Miniatur von rotem Rind auf der Rückseite des Schildes. Vermutlich sollte die Darstellung den Träger an den Viehraub als Ziel vieler kriegerischer Unternehmungen erinnern.

Abb. 163: **Schild der Masai**
Der Schild ist für junge Masai-Männer Waffe, eine Art Personalausweis sowie Ausrüstung für Tänze und Zeremonien. Bedeutung des einer Altersklasse nach der Heilung der Beschneidungswunde vom Häuptling verliehenen Schildwappens: links roter Doppelkeil: Provinz Kisongo; rechts schwarzer Bogen: Zeichen des Häuptlingsclans; rechts kleines rotes Dreieck: Tapferkeitszeichen der Krieger, die im Kampf vorangehen.

Masai, Tansania (Nord-), um 1900, Rohhaut bemalt, Holz, Leder.
Kat.-Nr. 328

Abb. 164: **Schild mit Hülle**
Die Schutzfunktion des Schildes ging weit über das Abwehren von Angreifern hinaus. Bemalung und Verzierung waren dem Krieger individuell angepasst und sollten in Konfliktsituationen spirituellen Schutz und Hilfe bieten.

Die Malerei im Zentrum der Hülle stellt oft ein persönliches Visionserlebnis des Kriegers dar, in diesem Fall vermutlich einen Bisongeist. Auch Handelswaren wurden hier verarbeitet: Die Schleppe besteht aus rotem Wollstoff und ist neben den Adlerfedern mit Messingglöckchen verziert.

Osage, Prärie- und Plainsgebiet, Nordamerika, um 1870. Kat.-Nr. 346

Abb. 165: **Rundschild (Zier- oder Jagdschild)**
Rundschild mit Reliefschnitt, Gravuren und Vergoldung. Mittig sind Kampf- und Jagdszenen dargestellt, ein 16-zackiger Stern im Zentrum steht für die Sonne. Das Mittelfeld ist von Borten umrahmt, deren breiteste im Wechsel acht Kartuschen mit persischen Versen sowie Medaillons mit Tierkampfdarstellungen enthält.

Bei den Versen handelt es sich um einen Lobpreis auf den Schild selbst. Die Anfangszeile lautet: *Unter den heldenmütigen Kriegern hat es sich einen festen Platz erobert, auch wenn es tausend Hiebe abbekommen hat.*

Iran, 2. Hälfte 18. Jh., Stahl mit Feuervergoldung. Kat.-Nr. 347

Abb. 166: **Setzschild der Arawe**
Die Arawe nutzten Setzschilde, die aus drei Planken mit Rotangstreifen zusammengefügt sind. Das Design ist plankenübergreifend angelegt und besteht auf der Sichtseite aus 16 konzentrischen Kreisformen, die eingeschnitten und schwarz und weiß ausgemalt sind. Sie sind im künstlerischen Umfeld der Arawe ohne Beispiel und dienten dazu, den (fremden) Betrachter zu verwirren und zu verunsichern. Die Innenseite dagegen zeigt die subtilen, organisch wirkenden Muster, die für Baumbaststoffe verwendet werden.

Arawe, Neubritannien, Papua-Neuguinea, Anf. 20. Jh., Holzplanken, Fasern, natürliche Pigmente. Kat.-Nr. 352

Abb. 167: **Schild mit Hindu-Göttinnen**
Die Sonne in der Mitte des Zeremonialschildes deutet auf eine Verbindung zu den indischen Rajputherrschern. Die Rajputen gehören zur Kaste der Krieger (*Kshatriyas*), welche ihren Ursprung auf die Sonne (*Surya*) zurückführen.

Auch zahlreiche Hindu-Göttinnen mit den Attributen und Waffen der männlichen Götter schmücken den Schild. Die Göttinnen haben die Kraft, Dämonen zu besiegen. So überwältigt die Göttin Durga den Büffeldämon Mahisha (dargestellt unterhalb der Sonne). Man glaubt, dass sich die Macht der Göttinnen in dem Schild manifestiert.

Indien, 19./20. Jh., Bronze, vergoldet, Eisen, Brokatstoff, Samt.
Kat.-Nr. 367

LINDEN MUSEU
Merhaba
Stuttgart
S-West/Hölderlinplatz
S-West/Rosenbergstraße
Diakonie-Klinikum
Charlottenklinik
Liederhalle
Bosch-Areal

RESTAURANT
HEGEL EINS

Dr. phil. h. c. KARL GRAF V. LINDEN
Schöpfer des Museums für Länder- u. Völkerkunde
Lindenmuseum, Stuttgart

7. Das Linden-Museum – die Welt in Stuttgart

Inés de Castro

Das Linden-Museum Stuttgart feiert am 28. Mai 2011 sein 100-jähriges Jubiläum. Die Sonderausstellung *Weltsichten – Blick über den Tellerrand!* bildet den Höhepunkt der Jubiläumsfeierlichkeiten. Ausstellung und Katalog geben einen guten Einblick in die sieben Abteilungen des Hauses: Afrika, Orient, Nord- und Südamerika, Südasien und Ostasien sowie die Südsee.

Abb. 168: Das Linden-Museum im Mai 2011.

Die Geschichte des Linden-Museums beginnt mit der Gründung des „Württembergischen Vereins für Handelsgeographie“ am 27. Februar 1882. Als die Wirtschaftskrise in den 1870er Jahren Deutschland heimsuchte und die Inlandsmärkte weg zu brechen drohten, sah man sich gezwungen, in Übersee neue Absatzmärkte zu erschließen. Zu diesem Zweck wurden in Stuttgart wie anderswo zahlreiche Handelsgeographische Gesellschaften gegründet. Als das Deutsche Reich ab 1884 in den Besitz eigener Kolonien kam, sah sich der Stuttgarter Verein auch als Informationsplattform für die hinzugewonnenen Länder in Afrika, Asien und der Südsee und half Auswanderungswilligen, sich auf das Leben in den Kolonien vorzubereiten.

Schon früh dachte der „Württembergische Verein für Handelsgeographie“ an die Gründung eines Handelsgeographischen Museums, in dem unter handelspolitischem Interesse wichtige Waren für den heimischen Markt ausgestellt werden sollten.

Abb. 169: Karl Graf von Linden, Vorsitzender des Württembergischen Vereins für Handelsgeographie.

Karl Graf von Linden (1838 – 1910), Jurist und zuletzt Oberkammerherr am württembergischen Königshof, übernahm nach seiner Pensionierung den Vorsitz des „Württembergischen Vereins für Handelsgeographie“ und trat für eine ethnologische Ausrichtung des neuen Museums ein. Er sah die Aufgabe des neuen Hauses darin, die Kulturen in ihrem damaligen Bestand zu sammeln und zu dokumentieren und wünschte, dass nach seinem Tod das Museum in staatliche Hände übergehen sollte. Theodor Wanner, Kaufmann und seit 1902 Schatzmeister des Vereins sowie Generalkonsul von Schweden, stellte sich hingegen ein Handelsgeographisches Museum vor, welches vor allem als Basis für die Vorbereitung von deutschen Auswanderern dienen sollte. Die Entscheidung fiel zugunsten eines „Ethnographischen Museums“ mit völkerkundlichem Schwerpunkt. Dieses wurde am 1. Juni 1889 im Haus der Wirtschaft eröffnet und zeigte eine Dauerausstellung auf 450 m^2 Fläche.

Im Jahre 1886 hatte man gerade 300 Objekte verzeichnet, 1899 waren es bereits mehr als 9 000 und 1910 hatte Karl Graf von Linden mehr als 60 000 Objekte gesammelt und dokumentiert. Karl Graf von Linden verstand es, Mäzene und Sponsoren zu finden, die Objekte für das Museum

Abb. 170: Blick in die Ausstellung des ersten Museums im Haus der Wirtschaft.

Abb. 171: Ansicht des Museumsbaus am neuen Standort Hegelplatz.

ankauften, wobei seine Kontakte zum Königshaus äußerst hilfreich waren. Seine zahlreichen Aufrufe motivierten Spender aus der ganzen Welt. Die schnell wachsende Sammlung erforderte, sich nach einem neuen Standort umzusehen. Man entschied sich zum Bau eines eigenen Hauses am heutigen Standort, dem Hegelplatz. Der Grundstein zum neuen Museum wurde am 10. Januar 1910 gelegt, einige Tage vor dem Tod des Grafen von Linden. Am 28. Mai 1911 wurde das Haus unter dem Namen seines Gründers eingeweiht. Seither trägt das Haus am Hegelplatz den Namen „Linden-Museum".

Kurz vor seinem Tod bestimmte Graf von Linden Dr. Augustin Krämer, Marinearzt und ausgewiesener Südsee-Forscher, zum ersten Direktor des neuen Museums. Folge dieser Ernennung war ein permanenter Konflikt mit Wanner. Krämer versuchte, der Weisung von Lindens folgend, ein Völkerkundemuseum von Weltruf aufzubauen. Er folgte damit von Lindens Bestreben, die Lebenszeugnisse indigener Kulturen vor deren Untergang zu retten und zu dokumentieren. Für Wanner standen hingegen nach wie vor die Kolonialinteressen im Vordergrund. Der Erste Weltkrieg brachte 1918 das Ende der deutschen Kolonien. Dennoch schienen

Abb. 172: Einweihung des Linden-Museums am Hegelplatz durch seine Majestät König Wilhelm II und Theodor Wanner am 28. Mai 1911.

die Träume vom Wiedererwerb der ehemals deutschen Gebiete auch im Linden-Museum weitergeträumt zu werden. Das Linden-Museum unterstützte bis in die 30er Jahre intensiv Fördervereine für koloniale Interessen mit Leihgaben oder Vortragsangeboten.

Als Krämer als Stabsarzt einberufen wurde, ernannte Wanner 1914 Dr. Theodor Koch-Grünberg zum neuen Direktor. Augustin Krämer zog sich daraufhin aus dem Linden-Museum völlig zurück. Koch-Grünberg war ein ausgewiesener Ethnologe mit Spezialgebiet Südamerika und stand dem Museum als Direktor bis 1924 vor.

Im Jahre 1928 wurde im Landesgewerbeamt die große Stuttgarter Kolonialausstellung gezeigt.

Zu Beginn der 30er Jahre verschlechterte sich die finanzielle Situation des Museums. Eine Übernahme des Museums durch die Machthaber des Dritten Reiches konnte jedoch verhindert werden.

Im Hinblick auf die bevorstehenden Luftangriffe während des Krieges ließ Theodor Wanner ab Herbst 1942 einen großen Teil der Objekte auslagern. Großobjekte wie Originalboote oder Großmasken konnten lei-

Abb. 173: Zerstörung nach Luftangriff und Flächenbrand im Jahre 1944.

der nicht ausgelagert werden. Dennoch wurden über 900 Kisten per Zug in das Salzbergwerk Kochendorf bei Bad Friedrichshall und (unter schwedischer Flagge) auf die Burg Schaubeck in Kleinbottwar gebracht. In dem (fast) leer geräumten Museum wurden noch bis März 1943 Vorträge angeboten.

Bei einem Luftangriff am 14. September 1944 wurde das Linden-Museum leicht beschädigt. Erheblich schwerwiegender war die Zerstörung des Hauses durch einen Flächenbrand, der sich, vermutlich durch die Lagerung von beschlagnahmten Möbeln aus jüdischem Besitz in den Räumen des Museums, schnell ausbreitete. Nur das Untergeschoss blieb erhalten. Welche Sammlungsbestände dem Museum bei Angriff und Brand verloren gingen, ist bis heute nicht genau bekannt. Die nicht ausgelagerten Großobjekte fielen dem Krieg gänzlich zum Opfer.

Unmittelbar nach Kriegsende bemühte sich Theodor Wanner um den Wiederaufbau. Das Linden-Museum wurde als eines der ersten zerstörten Gebäude in Stuttgart wiederhergestellt. Bereits 1949 stand das Gebäude des Linden-Museums wieder, wurde jedoch großenteils dem Kultusministerium Württemberg-Baden zur Verfügung gestellt, das die Räume als Pädagogisches Institut der Landesanstalt für Erziehung und Unterricht nutzte. Bis 1952 kamen die ausgelagerten Bestände wieder zurück und der erste *TRIBUS*, die Fachzeitschrift des Linden-Museums, wurde ausgeliefert. Das Museum konnte auf ca. 800 m^2, ab 1959 auf ca. 1500 m^2 seine Arbeit wieder aufnehmen. Die ersten Dauerausstellungen zu den Bereichen Südsee und Afrika wurden aufgebaut, später auch eine Dauerausstellung zu Amerika, die von Otto Zerries zum Amerikanistenkongress in Stuttgart fertig gestellt wurde.

Der Wiederaufbau des Museums hatte das Vermögen des Vereins aufgezehrt. Ab 1953 erklärte sich die Stadt Stuttgart bereit, die Kosten des Museums zu tragen. Ab 1964 übernahm auf Wunsch der Stadt das Land ein Drittel aller Museums-Kosten.

Am 15. Oktober 1973 wurde schließlich ein Vertrag aufgesetzt, der die Trägerschaft des Museums durch das Land Baden-Württemberg sicherte. Das Linden-Museum wurde dadurch ein Landesmuseum und lag in der gemeinsamen Trägerschaft von Stadt und Land. Im selben Jahr änderte der ehemalige Trägerverein seinen Namen in „Gesellschaft für Erd- und Völkerkunde zu Stuttgart e.V.", unter dem er bis heute als Förderverein des Museums fungiert.

Ab Mitte der 70er Jahre wurden die Sammlungen aus dem Orient und Ostasien intensiv durch Ankäufe verstärkt. Zudem entschied man sich, die Bereiche für Ostasien, Südasien und Orient zu trennen und jeweils mit einem wissenschaftlichen Referenten zu besetzen. Eine große Bereicherung der Sammlung waren Ankäufe aus Landesmitteln, mit denen Spitzenwerke für das Haus gesichert werden konnten.

Nach dem Auszug der pädagogischen Hochschule Ende der 70er Jahre konnte wieder das ganze Haus vom Museum selbst genutzt werden. Nach umfangreichen Sanierungen wurden im Sommer 1985 die neu entstandenen Dauerausstellungen für Alt-Peru, Nordamerika, Afrika, Orient und Südsee eröffnet. Ein Jahr später folgte die Einrichtung der Dauerausstellung für Süd- und Ostasien. In allen Bereichen wurden Erlebnisbereiche eingerichtet wie die japanischen Teestube, der orientalische Basar, der Tibet-Altarraum und das Kamerun-Haus, die bis heute erhalten sind.

Zur Jahrtausendwende sah ein neues Konzept vor, die notwendigen Modernisierungen der Dauerausstellungen mit großen Sonderausstellungen, für die sonst keine Räume zur Verfügung standen, zu verbinden. Größere Veränderungen verzeichneten die Bereiche von Süd- und Ostasien im Jahre 2002, dann Lateinamerika (2003) und Nordamerika (2004). Die neuen Dauerausstellungen zum amerikanischen Kontinent integrierten dabei in ihrer Präsentation eine heutige kritische Auseinandersetzung mit den jeweiligen regionalen Bereichen. Nur die im Rahmen dieser Umgestaltungen im Jahre 2001 abgebaute Südsee-Ausstellung blieb bis heute bis auf Übergangsausstellungen geschlossen, da der Raum für größere Sonderausstellungen unverzichtbar erscheint.

Das Linden-Museum ist das einzige ethnologische Landesmuseum in Baden-Württemberg und versteht sich heute als lebendiger Ort des interkulturellen Dialogs und der Begegnung in einer zunehmend interkulturellen Stadt sowie als Bewahrer von wichtigen Zeugnissen des Weltkulturerbes. Das Haus zeigt in seinen Dauer- und Sonderausstellungen die Vielfalt der Kulturen dieser Welt und möchte die Besucher für den prozesshaften Charakter von Kultur sensibilisieren. Zu diesem Zweck werden bis heute auch zeitgenössische indigene Objekte gesammelt, die durch die wissenschaftlichen Referenten meist im Zuge von Forschungsreisen erworben werden. Nach 100 Jahren Geschichte gehört das Linden-Museum mit seiner kostbaren Sammlung von rund 160.000 Objekten zu den bedeutenden völkerkundlichen Sammlungen Europas.

Zurzeit wird erstmals eine Inventur des Bestandes durchgeführt. Diese wird zeigen, welche Verluste die Sammlung durch Tausch, Verkauf oder Krieg letztendlich erlitten hat. Einen tieferen Einblick in die Geschichte des Hauses und seiner Objekte erhoffen wir uns zudem durch die Bearbeitung unseres Archivs durch das Landesarchiv Baden-Württemberg (Staatsarchiv Ludwigsburg).

Nach wie vor sehen wir die klassischen Aufgaben des Museums „Sammeln, Bewahren, Forschen und Vermitteln“ als unsere Leitlinie. Doch zum

Abb. 174: Blick in das neu gestaltete Foyer des Linden-Museums 2011.

Gesamtbild des Linden-Museums gehören neben einem umfangreichen Begleitprogramm zu Ausstellungsprojekten auch außerschulische Angebote wie der erst kürzlich gegründete Jugendclub sowie zahlreiche Events wie Theateraufführungen, Musik und Tanzveranstaltungen für ein breites Publikum.

Abb. 175: Eine Kindergruppe in der Südasien-Abteilung des Linden-Museums.

Zum 100-jährigen Jubiläum erscheint nun das Haus in leicht verändertem Gewand. Die Umgestaltung des Vorplatzes mit einer metallenen Kugel, ein Schriftzug an der Fassade und eine neue Stele im Eingangsbereich sollen Passanten und Besucher auf unser Haus aufmerksam machen. Im Foyer empfängt den Besucher eine neue Informationstheke samt neuem Leitsystem.

Doch das denkmalgeschützte Linden-Museum stößt trotz dieser Verschönerungen an seine baulichen Grenzen. Attraktive Sonderausstellungen, die den veränderten Sehgewohnheiten der Besucher entsprechen, sind nur möglich, wenn Teile der Dauerausstellung abgebaut werden. Von seinen kostbaren Sammlungen können schätzungsweise nur 3 % gezeigt werden. Zudem fehlen Räume für die pädagogische Arbeit, obwohl rund 50 % unserer Besucher Kinder und Jugendliche sind. Weitere bauliche Mängel sind das Fehlen von behindertengerechten Ausstellungsbereichen oder einer gut funktionierende Klimaanlage.

Um den modernen Anforderungen eines Völkerkunde-Museums von europäischem Ruf nachkommen zu können, hoffen wir auf eine baldige politische Entscheidung, die uns einen Neubau ermöglicht.

Das Linden-Museum hat mit seinen engagierten Mitarbeitern eine spannende Zukunft vor sich!

8. Katalog

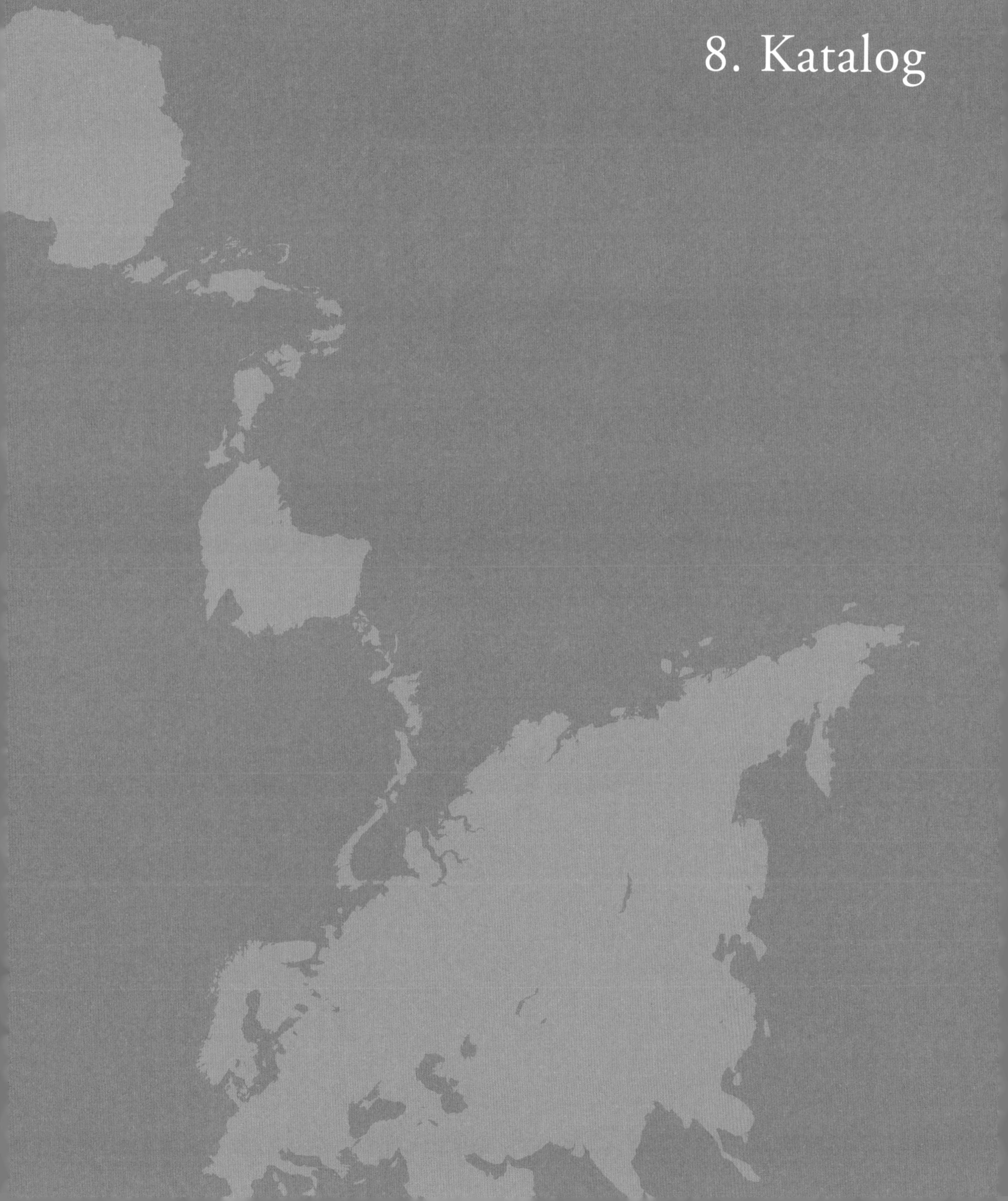

1. Kunst und Ausdruck – Vielfalt wirken lassen

I

2

3

1 **Statue einer Frau**
Bafaw, Kamerun (Süd-), 19. Jh.
Holz mit Resten von Farbfassung;
H: 135 cm
Inv.-Nr. 3395, Slg. Esser 1899

2 **Statue eines Mannes**
Bafaw, Kamerun (Süd-), 19. Jh.
Holz mit Resten von Farbfassung;
H: 139 cm
Inv.-Nr. 3393, Slg. Esser 1899

3 **Tür vermutlich aus einem Tempel des Bwété-Bundes**
Mitshogo, Gabun, um 1900
Holz mit Flachrelief in Farbfassung,
Eisen, Tierfell; H: 153 cm, B: 50 cm
Inv.-Nr. F 53461 L, Slg. Kahane 1985
Erworben aus Toto-Lotto-Mitteln

4

5

6

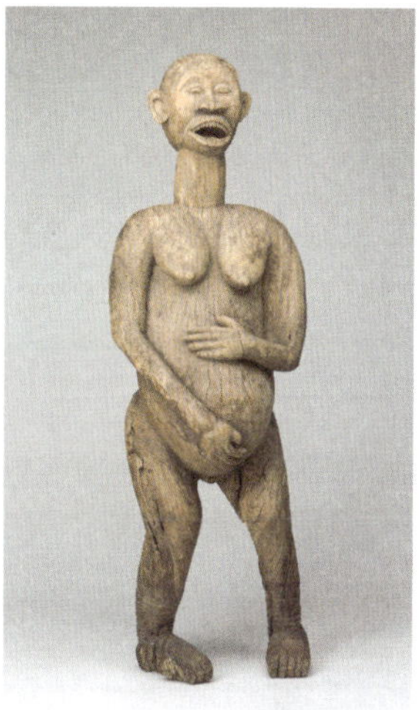

7

8

4 **Zeremonialwickelrock *(ntshak)*, Detail**
Kuba, Stamm Ngeende, Kongo-Kinshasa (Süd-), Anfang 20. Jh.
Fasern aus Raffiablättchen, gewebt und in Appliqué-Technik verziert; L: 457 cm, B: 85 cm
Inv.-Nr. F 54677 L, Slg. Moraga 1993
Erworben aus Toto-Lotto-Mitteln

5 **Stülpmaske des Bukasandji-Bundes: Nashorn-Vogel**
Luba (Ost-), Kongo-Kinshasa (Süd-), 19. Jh.
Holz, Bastfasern; H: 43 cm
Inv.-Nr. 58691, Slg. Grawert 1909

6 **Stülpmaske des Kuosi- oder Kemdje-Bundes: Elefant**
Batcham, Bamileke-Gruppe, Kamerun (Grasland), um 1900
Glasperlen-Stickerei, Baumwolle, Holz; H: 130 cm
Inv.-Nr. 75249, Slg. Diehl 1911

7 **Statue einer Schwangeren**
Bamileke-Gruppe, Kamerun (Grasland), 20. Jh.
Holz; H: 155 cm
Inv.-Nr. F 52200 L, Slg. Rayfield 1979
Erworben aus Toto-Lotto-Mitteln

8 **Pfahl, bekrönt von Frauenskulptur (*kombe la pazi* – Schnitzerei des Häuptlings), Detail**
Zaramo, Tansania (Ostafrikanische Küstenkultur), um 1900
Holz; H: 143 cm, H Skulptur: 44 cm
Inv.-Nr. F 55779 L, Slg. Kühn 2002
Erworben aus Toto-Lotto-Mitteln

9

11

10

12

9 **Tanzmaske in Form eines Affenkopfes**
Tikuna, Amazonasgebiet, Brasilien/Kolumbien, um 1920
Rindenbast, Baumpech, Haare, Bast, Holz; H: 80 cm, B: 74 cm
Inv.-Nr. 70359, Slg. Zarges 1911

10 **Federkopfschmuck**
Chamacoco, Chaco, Paraguay, um 1920
Federn, Baumwollgarn; L: 120 cm
Inv.-Nr. 97129, Slg. Gertz 1922

11 **Goldmaske**
Sicán- oder Lambayeque-Kultur, Peru, 9. Jh. bis 1375 n. Chr.
Goldblech; H: 15,5 cm, B: 25 cm
Inv.-Nr. M 31058 L, Slg. Petrall 1981
Erworben aus Toto-Lotto-Mitteln

12 **Hemd eines Schamanen**
Chamacoco, Chaco, Paraguay, um 1920
Caraguatá-Fasern, Quill, Straußenfedern, Papageienfedern, Entenfedern; L: 75 cm, B: 45 cm
Inv.-Nr. 97127, Slg. Gertz 1922

13

14

15

13 **Federkrone eines Ka'apor-Mannes**
Ka'apor, Maranhão, Brasilien, um 1970
u.a. gelbe Schwanzfedern des Arajuba; H: 53,5 cm, B: 37 cm, T: 33,5 cm
Inv.-Nr. M 35328 L, Slg. Duschl 2011
Spende von Peter S. Duschl

14 **Halskette mit Brustschmuck**
Ka'apor, Maranhão, Brasilien, um 1970
u.a. eine Schwanzfeder vom scharlachroten Ara; L: 51 cm, B: 40 cm
Inv.-Nr. M 34763 L, Slg. Duschl 2011
Erworben aus Toto-Lotto-Mitteln

15 **Ohrschmuck eines Ka'apor-Mannes**
Ka'apor, Maranhão, Brasilien, um 1970
u.a. Federn vom Purpurbrust-kocinga; L: 5 cm, B: 2 cm
Inv.-Nr. M 34761 L a+b, Slg. Duschl 2011
Erworben aus Toto-Lotto-Mitteln

16 **Lippenpflock in Form eines Vogels**
Ka'apor, Maranhão, Brasilien, um 1970
u.a. eine Schwanzfeder vom scharlachroten Ara; L: 27 cm, B: 15,5 cm
Inv.-Nr. M 34760 L, Slg. Duschl 2011
Erworben aus Toto-Lotto-Mitteln

16

17

19

18

20

17 **Tasche**
Seneca, Große Seen, Nordamerika, um 1830
Leder, Quill, Glasperlen, Seidenband, Effektgarn, L: 35 cm
Inv.-Nr. 36058, Slg. Prinz Maximilian zu Wied 1904

18 **Hemis-*Katsina***
Hopi, Arizona, USA, um 1900
Pappelholz, Metall, Pigment; H: 55,8 cm
Inv.-Nr. M 35452 L, Slg. John Hill 2004
Erworben durch die Museumsstiftung Baden-Württemberg

19 **Adler-Transformationsmaske**
Bella Coola, British Columbia, Kanada, 19. Jh.
Holz, Tierhaar, Textil; H: 70 cm, B: 100 cm (geöffnet)
Inv.-Nr. 19178, Slg. Krongut 1901

20 ***Hamatsa*-Maske mit zwei Gesichtern**
(Tony Hunt, Jr. und Stanley Clifford Hunt)
Kwakwaka'wakw, Nordwestküste, Kanada, um 1980.
Holz, Rindenbast, Pigment; H: 51 cm, B: 182 cm
Inv.-Nr. M 35590 L, Slg. Bill Helmer 2006
Erworben aus Toto-Lotto-Mitteln

21

23

22

24

23 **Fliesenbogen mit Schaukämpfen bei Hof (Detail)**
Isfahan, Iran, um 1670
Quarz-Fritte-Keramik, quadratische Fliesen in *haft-rangi* Technik; H: 145 cm, B: 185 cm (pro Hälfte)
Inv.-Nr. A 34455, Stiftung Leni Häfner 1977

21 **Porträtkopf**
Iran, 12. Jh.
Stuck, frei modelliert und geschnitten; H: 20 cm
Inv.-Nr. A 37662 L, Slg. Motamed 1984
Erworben aus Toto-Lotto-Mitteln

22 **Zwei Totenfiguren der Kalash *(gandáo)***
Kalash, Krakal, Bumburet-Tal, Pakistan, Anfang/Mitte 20. Jh.
Koniferenholz beschnitzt, stark verwittert; H: 180 cm, B: 48 cm (Schulter); H: 174 cm, B: 39 cm (Schulter)
Inv.-Nr. A 32019 a und A 32021, Tausch Slg. Institut für Völkerkunde Mainz 1974, Slg. Friedrich

24 **„Goldenes Blatt" mit Anrufung eines Heiligen**
Osmanisch, Türkei, 19. Jh.
Kastanienblatt, Schriftzug in der Blattsubstanz; H: 23,1 cm, B: 12 cm
Inv.-Nr. VL A 1795

25

26

27

25 **Kimono**
Japan, Edo-Zeit (1603 – 1868), um 1780
Seide mit polychromer Stickerei und Bemalung; L: 158,7 cm (+/– 4 cm), B (mit Ärmeln): 117,4 cm
Inv.-Nr. B 5173, ehemals Slg. Erwin Baelz

26 **Himmelskönig Virudhaka**
Japan, Kamakura-Zeit (1185 – 1333), 14. Jh.
Holz mit Lackfarben, Augen in Bergkristall eingelegt; H: 95,5 cm
Inv.-Nr. OA 20024 L, erworben aus Landesmitteln von Serge Brignoni 1966

27 **Figur eines Unsterblichen**
China, Qing-Dynastie (1644 – 1911), 19. Jh.
Wurzelholz; H: 89,5 cm
Inv.-Nr. 934, ehemals Slg. Noyes Morehouse, Schenkung Edward Wolf 1892

28 **Guanyin**
China, Ming-Dynastie (1368 – 1644) oder später
Bronzeguss; H: 112 cm
Inv.-Nr. 71931, erworben von Gustav Umlauff 1911

28

29

30

31

32

33

29 **Giebelmalerei mit Abschlussbalken**
Abelam, Marprik-Hügel-Gebiet, Papua-Neuguinea, um 1960
Rindenscheiden auf Bambus, natürliche Pigmente, Rotang, Holz, H: 550 cm

30 **Weibliche Skulptur**
Iatmül, Sepik-Gebiet, Papua-Neuguinea, um 1900
Holz, Naturfarben, Fasern; H: 147 cm
Inv.-Nr. 90327, Slg. Kersten 1914

31 ***Uli*-Skulptur *selambungin lorong***
Mandak-Sprachgruppe, nördl. Neuirland, Papua-Neuguinea, um 1900
Holz, Turboschneckendeckel, Kalkbewurf, Naturpigmente, Fasern; H: 162 cm
Inv.-Nr. 45809, Slg. Albert Hahl 1906

32 **Giebelmaske**
Iatmül, Dorf Radja, Sepik-Gebiet, Papua-Neuguinea, um 1900
Holz, Naturfarben; H: 93 cm
Inv.-Nr. 63214, Slg. Kap. Haug 1910

33 **Männerhauspfosten**
Dorf Kanganaman, Iatmül, Sepik-Gebiet, Papua-Neuguinea, Mitte 20. Jh.
Holz, Farbreste, Muschel; H: 410 und 459 cm
Slg. Markert

34

35

36

37

34 **Buddhakopf**
Chieng Sen-Stil, Nord-Thailand, 13. – 14. Jh.
Bronzeguss mit Resten von Vergoldung; H: 54 cm
Inv.-Nr. 120160, Slg. Bretschneider 1957

35 **Schattenspielfigur Bruhannale / Satya Bhama**
Süd-Indien, 20. Jh.
Ziegenleder, bemalt; H: 93 cm
Slg. Seltmann 1996
Erworben aus Toto-Lotto-Mitteln

36 **Schattenspielfigur Ganesha**
Süd-Indien, 19./20. Jh.
Ziegenleder, bemalt; H: 65 cm
Slg. Seltmann 1996
Erworben aus Toto-Lotto-Mitteln

37 **Schattenspielfigur Kunti**
Süd-Indien, 20. Jh.
Ziegenleder, bemalt; H: 99 cm
Slg. Seltmann 1996
Erworben aus Toto-Lotto-Mitteln

2.1 Kultivieren und Achten – macht euch die Erde untertan?

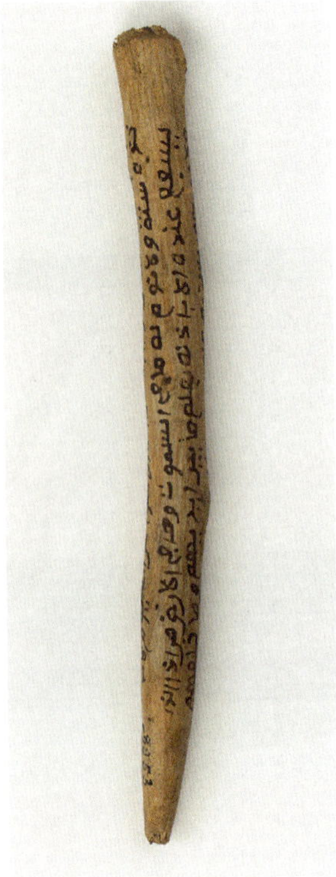

38

39

40

41

42

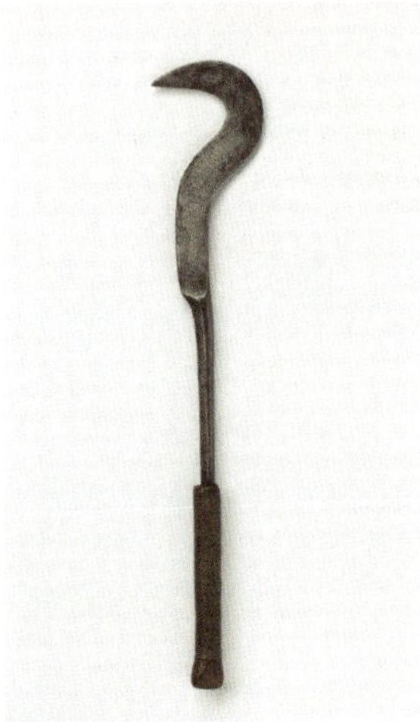

43

38 **Magischer Stab zum Schutz der Felder**
Chakossi, Togo (Nord-), islamisch, 19. Jh.
Tinte auf Holz; H: 24 cm
Inv.-Nr. 8953, Slg. v. Sieglin 1900

39 **Feldhacke**
Sukuma, Tansania (Nord-), um 1900
Eisen, Holz; L: 118 cm
Inv.-Nr. 38935, Slg. Seyfried 1905

40 **Feldhacke**
Iraqw, Tansania (Nord-), um 1900
Holz; L: 104 cm
Inv.-Nr. 103946, Slg. Kolonialmuseum Berlin 1917

41 **Sichel**
Fali, Kamerun (Nord-), um 1900
Eisen, Holz; L: 33 cm
Inv.-Nr. 40732, Slg. v. Raben 1905

42 **Sichel**
Senufo, Elfenbeinküste (Nord-), 20. Jh.
Eisen, Holz; L: 32 cm
Inv.-Nr. F 50890, Slg. Krieg 1968

43 **Bananenmesser**
Tansania, Burundi oder Ruanda (Zwischenseengebiet), um 1900
Eisen, Holz; L: 46 cm
Inv.-Nr. 67664, Slg. Zintgraff 1911

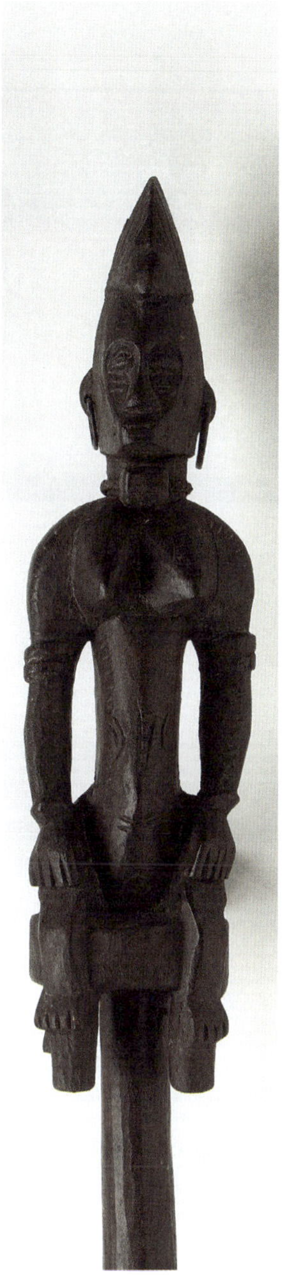

44

45

46

47

44 **Trophäenstandarte mit Mädchenskulptur *(tefalapica)*, Detail**
Senufo, Elfenbeinküste (Nord-), um 1900
Holz, Messing, Leder, Eisen;
H: 148 cm, H Skulptur: 40,5 cm
Inv.-Nr. F 55638, Slg. Graßnick 2000

45 **Schaufelhacke**
Senufo, Elfenbeinküste (Nord-), 20. Jh.
Eisen, Holz; L: 50 cm
Inv.-Nr. F 50888, Slg. Krieg 1968

46 **Schaufelhacke**
Senufo, Elfenbeinküste (Nord-), 20. Jh.
Holz; L: 52,5 cm
Inv.-Nr. F 51374, Slg. Krieg 1972

47 **Xylophon mit Schlägeln**
Senufo, Elfenbeinküste (Nord-), 20. Jh.
Holz, Kalebassen (Resonanzkörper), Baumwolle, Leder, Harz; L: 120 cm
Inv.-Nr. F 50983 a-c, Slg. Krieg 1968

48

49

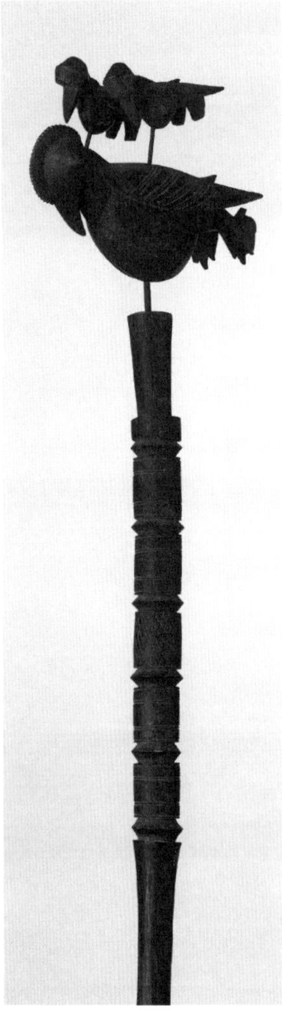

50

51

52

53

54

48 **Vogelskulptur *(sejen)* von Trophäenstandarte**
Senufo, Elfenbeinküste (Nord-), 20. Jh.
Holz, Eisen, Baumwolle; B: 64,5 cm
Inv.-Nr. F 50743, Slg. Krieg 1967

49 **Drei Vogelskulpturen *(sejen)* von Trophäenstandarte**
Senufo, Elfenbeinküste (Nord-), um 1900
Holz, Eisen; B Vogel Mitte: 51 cm
Inv.-Nr. F 51594 L, Slg. Seeger 1975
Erworben aus Toto-Lotto-Mitteln

50 **Trophäenstandarte mit drei Vogelskulpturen *(sejen)***
Senufo, Elfenbeinküste (Nord-), um 1900
Holz, Eisen; H: 147 cm, L Vogel Mitte: 29 cm
Inv.-Nr. F 50747 a-d, Slg. Lüders 1968

51 **Statuette vermutlich eines Buschdämons *(asye usu)***
Baule, Elfenbeinküste (Süd-), um 1900
Holz; H: 45,5 cm
Inv.-Nr. F 49996, Slg. Himmelheber 1961

52 **Statuette vermutlich einer Buschdämonin *(asye usu)***
Baule, Elfenbeinküste (Süd-), um 1900
Holz, Baumwolle, weitere Pflanzenfasern; H: 36 cm
Inv.-Nr. F 50698, Slg. Krieg 1966

53 **Statuette vermutlich eines Buschdämons *(asye usu)***
Baule, Elfenbeinküste (Süd-), um 1900
Holz; H: 48,5 cm
Inv.-Nr. F 51311, Slg. Muhlack 1970

54 **Statuette vermutlich eines Buschdämons *(asye usu)***
Baule, Elfenbeinküste (Süd-), um 1900
Holz, Reste weißer Inkrustation; H: 43,5 cm
Inv.-Nr. F 55594, Slg. Graßnick 2000

55

56

57

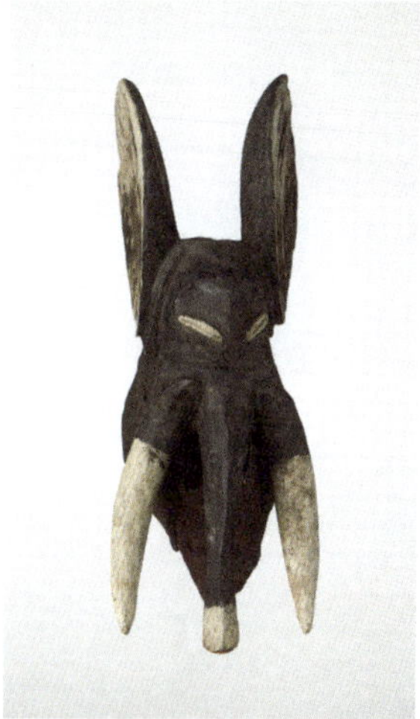

58

59

60

55 **Gesichtsmaske des Dye-Bundes: Büffel (Du)**
Guro, Elfenbeinküste (Süd-), 20. Jh.
Holz in Farbfassung; H: 53 cm
Inv.-Nr. F 50102, Slg. Himmelheber 1963

56 **Gesichtsmaske des Dye-Bundes: Ziege (Bohi)**
Guro, Elfenbeinküste (Süd-), 20. Jh.
Holz in Farbfassung; H: 44 cm
Inv.-Nr. F 50104, Slg. Himmelheber 1963

57 **Gesichtsmaske des Dye-Bundes: Zwergantilope**
Guro, Elfenbeinküste (Süd-), 20. Jh.
Holz in Farbfassung; H: 35 cm
Inv.-Nr. F 50105, Slg. Himmelheber 1963

58 **Gesichtsmaske des Dye-Bundes: Elefant (Bi)**
Guro, Elfenbeinküste (Süd-), 20. Jh.
Holz in Farbfassung; H: 72 cm
Inv.-Nr. F 50108, Slg. Himmelheber 1963

59 **Helmmaske vermutlich des Dye-Bundes: Pavian**
Guro, Elfenbeinküste (Süd-), 20. Jh.
Holz in Farbfassung; L: 32 cm
Inv.-Nr. F 53572 L, Slg. Massar 1987
Erworben aus Toto-Lotto-Mitteln

60 **Gesichtsmaske des Dye-Bundes: Zäwi**
Guro, Elfenbeinküste (Süd-), 20. Jh.
Holz in Farbfassung, Vogelfedern; H: 76,5 cm
Inv.-Nr. F 50101, Slg. Himmelheber 1963

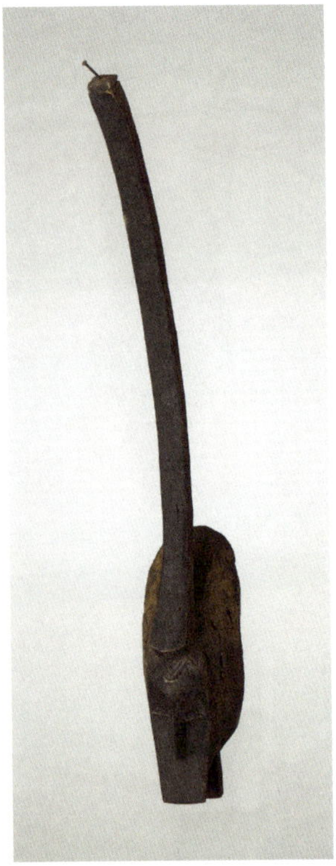

61

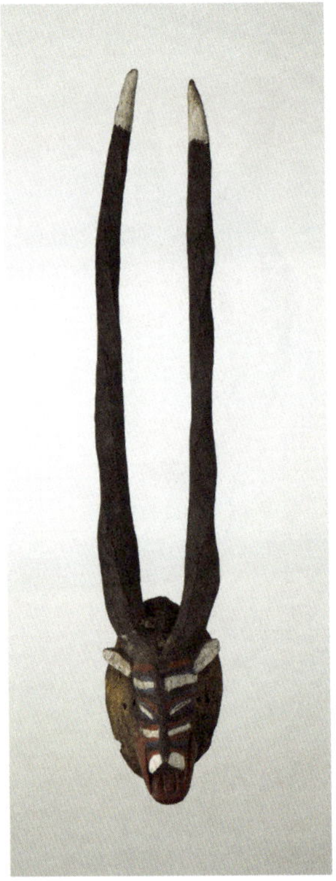

62

63

64

61 **Gesichtsmaske des Dye-Bundes: Zan**
Guro, Elfenbeinküste (Süd-), 20. Jh.
Holz in Farbfassung; H: 105 cm
Inv.-Nr. F 50109, Slg. Himmelheber 1963

62 **Gesichtsmaske des Dye-Bundes: Bongo-Antilope (Glo)**
Guro, Elfenbeinküste (Süd-), 20. Jh.
Holz in Farbfassung, Vogelfedern; H: 118 cm
Inv.-Nr. F 50103, Slg. Himmelheber 1963

63 **Gesichtsmake des Dye-Bundes: Hund (Blin)**
Guro, Elfenbeinküste (Süd-), 20. Jh.
Holz in Farbfassung; H: 41,5 cm
Inv.-Nr. F 50106, Slg. Himmelheber 1963

64 **Gesichtsmaske des Dye-Bundes: Affe**
Guro, Elfenbeinküste (Süd-), 20. Jh.
Holz in Farbfassung; H: 31 cm
Inv.-Nr. F 50110, Slg. Himmelheber 1963

65 **Gesichtsmaske des Dye-Bundes: Kyäsä**
Guro, Elfenbeinküste (Süd-), 20. Jh.
Holz, Maske in Farbfassung; H: 35,5 cm
Inv.-Nr. F 50107 a+b, Slg. Himmelheber 1963

65

66

67

68

66 **Keramik in Form einer Berggottheit**
Moche-Kultur, Nordküste, Peru, Phase 3; 4. – 5. Jh. n. Chr.
Ton, Engobebemalung; H: 21 cm, B: 15 cm
Inv.-Nr. 68961, Slg. Sutorius 1911

67 **Ein Moche-König bei der Durchführung eines Rituals**
Moche-Kultur, Nordküste, Peru, Phase 3; 4. – 5. Jh. n. Chr.
Ton, Engobebemalung; H: 24 cm, B: 12 cm
Inv.-Nr. 119046, Slg. Sutorius 1954

68 **Ein Menschenopfer für die Fruchtbarkeit der Felder**
Moche-Kultur, Nordküste, Peru, Phase 3; 4.-5. Jh. n. Chr.
Ton, Engobebemalung; H: 21 cm, L: 23 cm
Inv.-Nr. M 30164, Slg. Hartmann 1965

69

70

71

72

73

74

69 **Kajak**
Inuit, Grönland, Ende 19. Jh.
Robbenhaut, Holz, Sehne, Bein, Leder; L: 500 cm
Inv.-Nr. 76135 a, Slg. Gustav Umlauff 1917

70 **Doppelpaddel**
Inuit, Grönland, Ende 19. Jh.
Holz, Bein; L: 222 cm
Inv.-Nr. 76136, Slg. Gustav Umlauff 1917

71 **Parka**
Inuit, westliche Arktis, Nordamerika, 19. Jh.
Seesäugerdarmhaut, Sehne, Holz; L: 132 cm
Inv.-Nr. M 32375, Slg. Badisches Landesmuseum Karlsruhe 1988

72 **Speer**
Inuit, Grönland, Ende 19. Jh.
Holz, Eisen, Bein, Sehne; L: 164 cm
Inv.-Nr. 76139, Slg. Gustav Umlauff 1917

73 **Harpune mit Wurfbrett**
Inuit, Alaska, USA, 19. Jh.
Holz, Bein, Leder, Metall; L: 206 cm
Inv.-Nr. 121305, Slg. Alfred Klinkmüller 1959

74 **Schwimmblase**
Inuit, Arktis, Nordamerika, Ende 19. Jh.
Seehundbalg, Bein, Leder; L: 87 cm, B: 45 cm
Inv.-Nr. 91558, Slg. Schliephake 1916

75

77

76

78

75 **Transchale**
Inuit, Arktis, Nordamerika 19. Jh.
Serpentin; L: 24,5 cm, B: 16 cm
Inv.-Nr. 35974, Slg. Prinz Maximilian zu Wied 1904

76 **Frauenmesser *(Ulu)***
Inuit, Arktis, Nordamerika, Ende 19. Jh.
Eisen, Holz; B: 14 cm
Inv.-Nr. M 30896, Slg. Axel Schulze-Thulin 1979

77 **Frauenmesser *(Ulu)***
Inuit, Arktis, Nordamerika, Ende 19. Jh.
Bein, Kupfer; H: 12,2 cm
Inv.-Nr. M 30925, Slg. Axel Schulze-Thulin 1979

78 **Frauenmesser *(Ulu)***
Inuit, Alaska, USA, Ende 19. Jh.
Walrosszahn, Schiefer; B: 7,5 cm
Inv.-Nr. M 31796, Slg. Axel Schulze-Thulin 1981

79

80

79 **Reisanbau in den vier Jahreszeiten**
Japan, Meiji-Zeit (1868 – 1912), 1871
Kyûkô (aktiv 2. Hälfte 19. Jh.)
Hängerolle, Tusche und Farben auf Seide; Bildmaß: H: 131,2 cm, B: 56 cm
Inv.-Nr. B 31274, ehemals Slg. Erwin Baelz

80 **Schrein mit Daikoku und Ebisu**
Japan, 19. Jh., vor 1891
Holz, lackiert, bemalt und vergoldet, Metallbeschläge; H: 27 cm, B (geschlossen): 33,5 cm, T: 15,5 cm
Inv.-Nr. 50499 a+b, ehemals Slg. Erwin Baelz

81

82

83

84

81 **Rindenmalerei**
John Mawurndjul: Lotuslilien
Maningrida, Arnhem Land, Australien 1993
Eukalyptus-Rinde, natürliche Pigmente, Bambus, Fasern; H: 184,5 cm
Inv.-Nr. S 42338 L, Slg. Heermann 1993
Erworben aus Toto-Lotto-Mitteln

82 **Baumsarg *lorrkon***
Jack Nabulaya, [ohne Titel]
Maningrida, Arnhem Land, Australien 1992
Ausgehöhlter Eukalyptusstamm, natürliche Pigmente; H: 201 cm
Inv.-Nr. S 42328 L, Slg. Heermann 1993
Erworben aus Toto-Lotto-Mitteln

83 **Baumsarg *lorrkon***
John Mawurndjul, [ohne Titel]
Maningrida, Arnhem Land, Australien 1992
Ausgehöhlter Eukalyptusstamm, Naturfarben, Kalk; H: 141 cm
Inv.-Nr. S 42336 L, Slg. Heermann 1993
Erworben aus Toto-Lotto-Mitteln

84 **Rinden-Malerei**
Jimmy Wululu: Niwuda Honey
Yolngu, Arnhem Land, Australien
Rinde, natürliche Pigmente, Bindemittel; H: 149,5 cm
Inv.-Nr. S 42365 L, Slg. Heermann 1993
Erworben aus Toto-Lotto-Mitteln

2.2 Weite und Wege – von A nach B

85

86

87

88

85 **Schiffsmodell vom Typ *dhau***
Swahili, Tansania (Ostafrikanische Küstenkultur), 19. Jh.
Fruchtschale des Affenbrot-Baumes (Baobab), Agavenmark, Holz, Baumwolle, andere Pflanzenfasern; L: 48 cm
Inv.-Nr. 7594, Slg. Gansser 1899

86 **Modell eines Doppelauslegerbootes mit zwei Paddeln**
Sakalava, Madagaskar (Westküste), 19. Jh.
Holz, Pflanzenfasern; L: 56 cm, B: 35 cm
Inv.-Nr. 19652, Slg. O'Swald 1901

87 **Schiffsmodell vom Typ *dhau***
Swahili, Tansania (Ostafrikanische Küstenkultur), um 1900
Fruchtschale des Affenbrot-Baumes (Baobab), Agavenmark, Holz, Pflanzenfasern; L: 45 cm
Inv.-Nr. 64055, Slg. v. Pückler-Limpurg 1910

88 **Modell eines Doppelauslegerbootes mit Segel sowie je einem Ruder und Paddel**
Sakalava, Madagaskar, 19. Jh.
Holz, Baumwolle; L: 46,5 cm, B: 26 cm
Inv.-Nr. 19736, Slg. Völtzkow 1901

89

90

89 **Modell eines Alcalufen-Bootes mit Rudern**
Alcaluf, Patagonien, Chile, Anfang 20. Jh.
Holz, Pflanzenfasern, Baumrinde; H: 19 cm, L: 77 cm
Inv.-Nr. 86898, Slg. Hellbeck 1891

90 **Modell eines Alcalufen-Bootes**
Alcaluf, Patagonien, Chile, Anfang 20. Jh.
Holz, Moos, Pflanzenfasern, Baumrinde; H: 12 cm, L: 58,5 cm
Inv.-Nr. 23, Slg. Hellbeck 1891

91

92

93

91 **Kanu, Modell**
Ojibwa, Nordöstliches Waldland, Kanada, 19. Jh.
Birkenrinde, Holz, Pigment; L: 121,5 cm
Inv.-Nr. 19052, Slg. Krongut 1901

92 **Kanu, Modell**
Ojibwa, Nordöstliches Waldland, Nordamerika, 1834
Birkenrinde, Holz, Pigment; L: 68,5 cm
Inv.-Nr. 36094, Slg. Prinz Maximilian zu Wied 1904

93 **Kanu**
Ojibwa, Ontario, Kanada, 1915
Birkenrinde, Tannenholz, Tannenharz, Nägel; L: 368 cm
Inv.-Nr. M 35671 L, Slg. Bill Helmer 2004
Erworben durch die Museumsstiftung Baden-Württemberg

94

96

95

97

94 **Kanu, Modell**
Kanada, Nordamerika, 19. Jh.
Birkenrinde, Holz, Quill; L: 57,5 cm
Inv.-Nr. 96990 b, Slg. Augustin Krämer 1921

95 **Kanu, Modell**
Nordamerika, um 1900
Birkenrinde, Holz; L: 54,4 cm
Inv.-Nr. 40301, Slg. D. Landauer 1905

96 **Kanu, Modell**
Kanada, Nordamerika, 19. Jh.
Birkenrinde, Holz; L: 31,3 cm
Inv.-Nr. 86064, Slg. Carlos Grethe 1914

97 **Kanu, Modell**
Kanada, Nordamerika, Erste Hälfte 20. Jh.
Birkenrinde, Holz, Quill; L: 46 cm
Inv.-Nr. M 33280, Slg. unbekannt 1908

98

99

100

101

98 **Bootsmodell *(vetka)***
Jakuten (Sakha), Sibirien, Ende 19. Jh.
Holz; L: 31,5 cm, H: 2,6 cm, B: 4,7 cm
Inv.-Nr. 45479, Slg. Heuss 1906

99 **Bootsmodell**
Marokko, Ende 19. Jh.
Holz; L: 27,5 cm, H: 7,2 cm, B: 8 cm
Inv.-Nr. IC 7511, Slg. von Maur 1899

100 **Einbaum-Modell**
Kerela, Indien, 19./20. Jh.
Ebenholz; L: 64 cm
Inv.-Nr. 95678, Slg. Chevalier 1919

101 **Modell einer Dschunke**
China, Anfang 20. Jh.
Holz, Textil; L: 84 cm
Inv.-Nr. 115902, Schenkung Frau Wolf-Landerer 1937

102

102 **Modell eines Auslegerbootes**
Marshall-Inseln, um 1900
Holz, Pandanus, Fasern, Federn; L: 90 cm
Inv.-Nr. 40626, Slg. Gössner 1905

103

103 **Modell einer Tragestuhlszene**
Betsileo, Madagaskar (Zentral-), 19. Jh.
Holz, Baumwolle, bedrucktes Papier, Eisen;
L Tragestuhl: 32,5 cm, H: Figuren: 30–38 cm
Inv.-Nr. 16770 a-f, Slg. O'Swald 1901

104

106

105

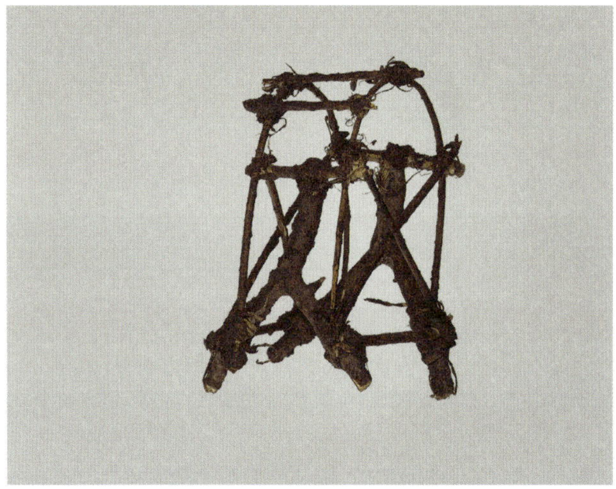

107

104 **Spielzeug-Pferdeplastik mit Sattel und Reiter**
Daza oder Bäle, Rep. Niger oder Tschad (Südost-Sahara), 20. Jh.
Ungebrannter Ton in Farbfassung, Baumwolle, Tierhaar; L: 15 cm
Inv.-Nr. F 49591, Slg. Fuchs 1960

105 **Kamelfigur (Dromedar) mit Sattel und Reiter**
Daza oder Bäle, Rep. Niger oder Tschad (Südost-Sahara), 20. Jh.
Ungebrannter Ton, Holz, Baumwolle, Eisen; L: 21,5 cm
Inv.-Nr. F 49584, Slg. Fuchs 1960

106 **Spielzeug-Pferdeplastik mit Sattel und Reiter**
Daza oder Bäle, Rep. Niger oder Tschad (Südost-Sahara), 20. Jh.
Ungebrannter Ton in Farbfassung, Baumwolle, Leder, Tierhaar; L: 16 cm
Inv.-Nr. F 49585, Slg. Fuchs 1960

107 **Spielzeug-Kamelsänfte**
Daza oder Bäle, Rep. Niger oder Tschad (Südost-Sahara), 20. Jh.
Holz mit Rinde, Harz; H: 17 cm
Inv.-Nr. F 49521, Slg. Fuchs 1960

108

Detailansicht

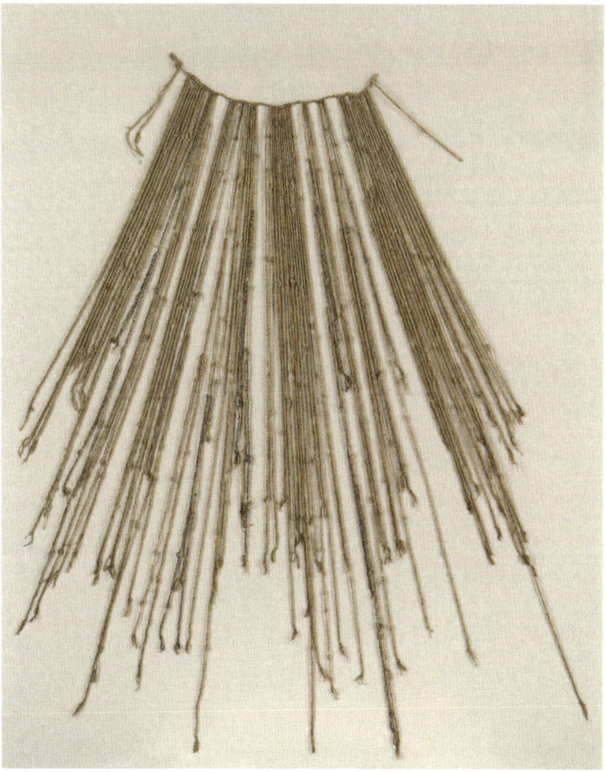

109

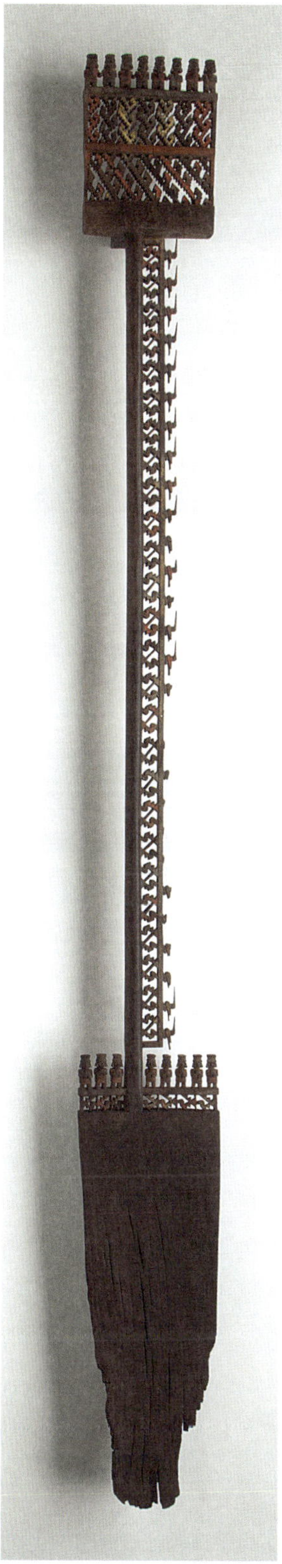

110

108 **Schnupftablett**
Recuay-Kultur, nördliches Hochland, Peru, 1. – 5. Jh. n. Chr.
Holz, Stein, rotes Farbpigment, Harz; L: 20 cm, B: 7 cm
Inv.-Nr. M 34372 L, Slg. Hagmann 1996
Erworben aus Toto-Lotto-Mitteln

109 **Knotenschnur *Khipu* oder *Quipu***
Inka-Kultur, Chuquitanta, Zentralküste, Peru, 1472 – 1532 n. Chr.
Baumwollgarn; L: 56 cm, B: 32 cm
Inv.-Nr. 27793, Slg. Sutorius 1902

110 **Paddel für zeremonielle Zwecke**
Ica-Chincha-Kultur, Südküste, Peru, 10. – 15. Jh. n. Chr.
Huarango-Holz, Farbpigmente; L: 208 cm, B: 21 cm
Inv.-Nr. M 34255 L, Slg. Hagmann 1992
Erworben aus Toto-Lotto-Mitteln

111

113

112

114

111 **Rudernder Fischer mit Beute auf seinem Boot**
Moche-Kultur, Nordküste, Peru, Phase 2-3; 3. – 5. Jh. n. Chr.
Ton, Engobebemalung; H: 19 cm, L: 29 cm
Inv.-Nr. 53253, Slg. Sutorius 1907

112 **Bepacktes Lama**
Moche-Kultur, Nordküste, Peru, Phase 1; 2. – 4. Jh. n. Chr.
Ton, Engobebemalung; H: 20 cm, L: 22 cm
Inv.-Nr. M 32419, Slg. Mattel 1988

113 **Bepacktes Lama**
Moche-Kultur, Nordküste, Peru, Phase 1; 2. – 4. Jh. n. Chr.
Ton, Engobebemalung; H: 18 cm, L: 22 cm
Inv.-Nr. M 30234, Slg. Hartmann 1988

114 **Bepacktes Lama**
Moche-Kultur, Nordküste, Peru, Phase 3; 4. – 5. Jh. n. Chr.
Ton, Engobebemalung; H: 19 cm, L: 24 cm
Inv.-Nr. 69023, Slg. Sutorius 1911

115

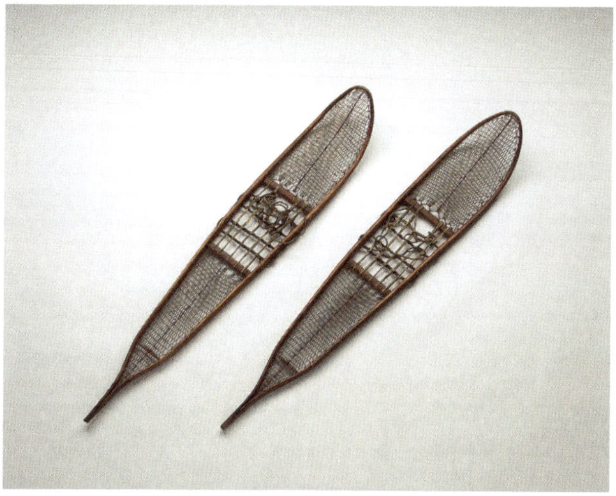

117

116

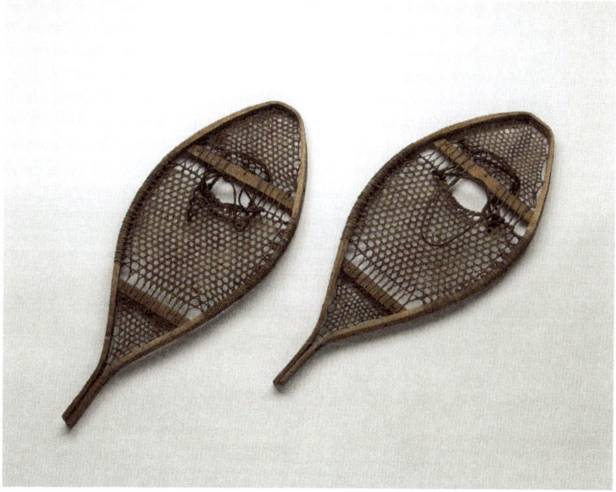

118

115 **Schneeschuhe**
Crow, Prärie- und Plainsgebiet, Nordamerika, um 1870
Holz, Leder; L: 95 cm
Inv.-Nr. 113147 a+b, Slg. Charles Schreyvogel 1927

116 **Schneeschuhe**
Kanada, Nordamerika, um 1900
Eschenholz, Rohhaut, Sehne, Wollgarn; L: 94,5 cm
Inv.-Nr. 40314 a+b, Slg. D. Landauer 1905

117 **Schneeschuhe**
Tlingit, Alaska, USA, 19. Jh.
Holz, Rohhaut, Sehne; L: 123 cm
Inv.-Nr. 60282 a+b, Slg. Rudolf Cronau 1909

118 **Schneeschuhe**
Kanada, Nordamerika, 1. Hälfte 19. Jh.
Holz, Sehne, Leder; L: 72 cm
Inv.-Nr. 19111 a+b, Slg. Krongut 1901

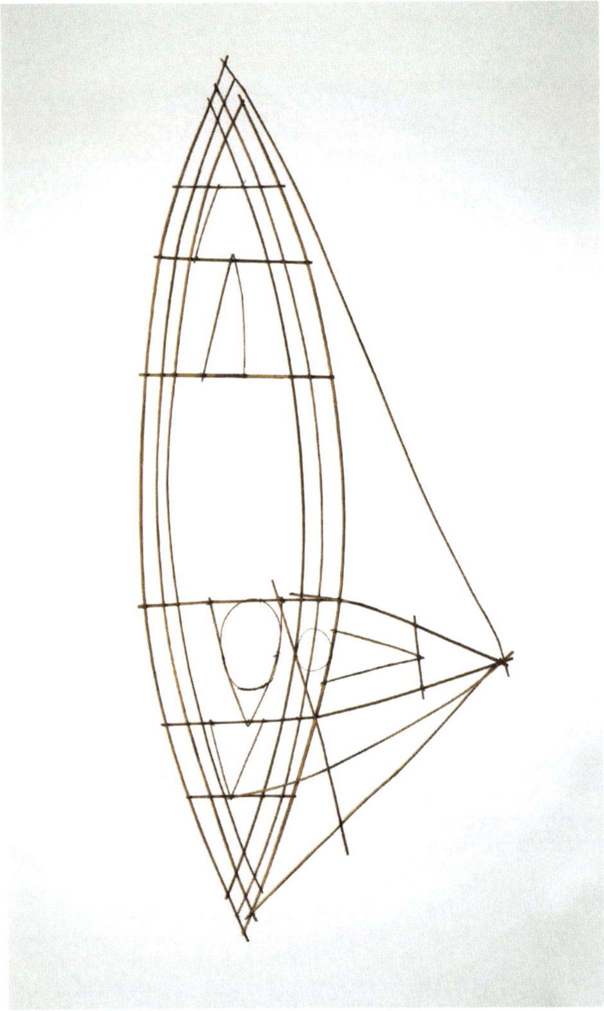

119

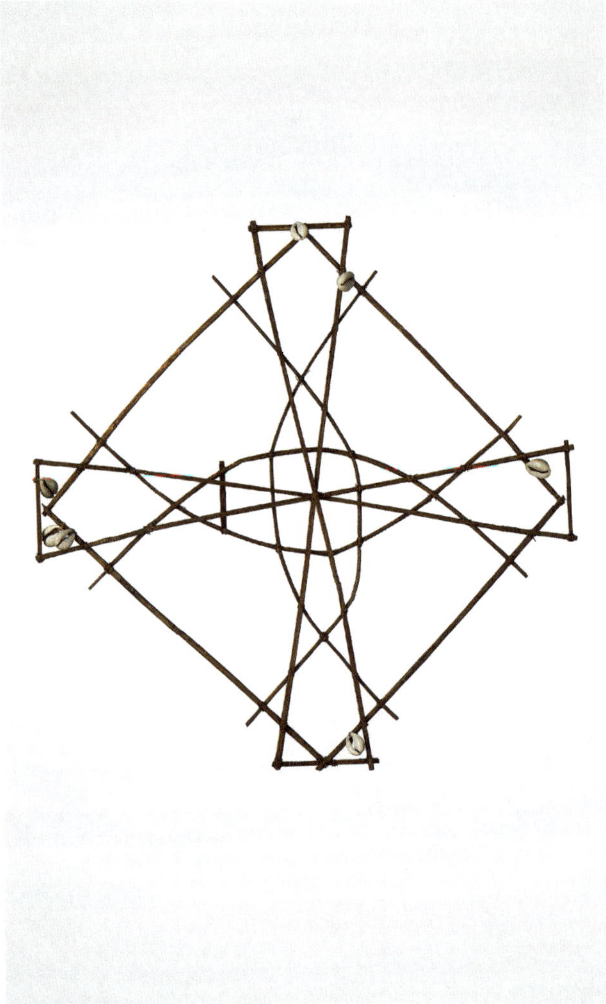

120

119 **Stabkarte *rebbelib***
Ailinglaplap, Marshall-Inseln, Ende 19. Jh.
Palmfiederrippen, Fasern, Schneckenschalen; L: 125 cm
Inv.-Nr. 87630, Slg. Krämer 1898, Naturalienkabinett

120 **Stabkarte *mattang***
Jaluit, Marshall-Inseln, Ende 19. Jh.
Palmfiederrippen, Fasern, Schneckenschalen; H: 34 cm
Inv.-Nr. 87630, Slg. Krämer 1898, Naturalienkabinett

2.3 Abgrenzen und Einladen – „My home is my castle“

121

122

121 **Vorhängeschloss mit Schlüssel**
Meknes, Marokko, Mitte 20. Jh.
Eisen; H: 12 cm, B: 8 cm, T: 3 cm
Inv.-Nr. A 34037 a+b, Eingang 1976

122 **Vorhängeschloss mit Schlüssel**
Nordwest-Marokko, Mitte 20. Jh.
Eisen; H: 9 cm, B: 10 cm, T: 2,5 cm
Inv.-Nr. A 34041 a+b, Eingang 1976

123 **Schalanhänger in Schlüsselform**
Tuareg, Bourem, Mali, Mitte 20. Jh.
Eisen, Messing, teilweise verzinnt, Kupferblech;
L: 28 cm, B: 7,2 cm
Inv.-Nr. A 33259 L, Slg. Massar 1975
Erworben aus Toto-Lotto-Mitteln

123

124

126

127

125

128

124 **Vorhängeschloss mit Schlüssel**
Marokko, Ende 19. Jh.
Eisen; H: 1,5 cm, B: 4,5 cm, L: 8 cm
Inv.-Nr. IC 7484, Slg. von Maur, 1899

125 **Vorhängeschloss *(tanast)* mit Anhängern und Schlüssel**
Tuareg, Sahara, Mitte 20. Jh.
Eisen, Kupfer, Messing, Lederband; H: 4 cm, B: 7,2 cm
Inv.-Nr. A 41239 a+b, Slg. Denninger 1991

126 **Vorhängeschloss mit Schlüssel**
Marokko, Ende 19. Jh.
Eisen; H: 1,3 cm, B: 4,5 cm, L: 7,3 cm
Inv.-Nr. IC 7485, Slg. von Maur, 1899

127 **Vorhängeschloss mit Schlüssel *(tanast)***
Tuareg, Mauretanien, Mitte 20. Jh.
Eisen, Messing, Kupfer; Schlosskörper B: 3,3 cm, L: 5,8 cm;
Schlüssel L: 8,8 cm
Inv.-Nr. A 32664 L a-c, Slg. Massar 1975
Erworben aus Toto-Lotto-Mitteln

128 **Vorhängeschloss für Ledersäcke *(tanast)***
Tuareg, Agadez, Niger, 20. Jh.
Eisen, Messing, Kupfer, Aluminium; Schloss H: 13,5 cm, B: 10 cm;
Schlüssel L: 10,5 cm
Inv.-Nr. F 51552 a+b, Slg. Fritz 1973

129

130

131

129 **Doppelflügeltür eines Stadthauses**
Nord-Afghanistan, Ende 19./Anfang 20. Jh.
Holz, beschnitzt, Eisen; H: 164 cm, B: 80 cm
Inv.-Nr. A 33781 a+b, Slg. Drechsel, Eingang 1976

130 **Doppelflügeltür eines Stadthauses**
Afghanistan, Ende 19./Anfang 20. Jh.
Holz, beschnitzt, Eisen; H: 172 cm, B: 96 cm
Inv.-Nr. A 34383 a+b, Slg. Breuninger/Kalter 1977

131 **Entlüftungsfenster**
Swat, Pakistan, Mitte 20. Jh. oder älter
Holz, beschnitzt; B: 50 cm, H: 22,5 cm, T: 4,5 cm
Inv.-Nr. A 34389, Slg. Breuninger/Kalter 1977

132 **Doppelflügeltür eines Stadthauses**
Usbeken, Tashqurghan, Nord-Afghanistan, 19./20. Jh.
Holz, beschnitzt, Eisen; H: 175 cm, B: 76 cm
Inv.-Nr. A 35094 a-f, Slg. Drechsel 1978

132

133

134

135

136

133 **Türklopfer in Form einer Hand**
Nordwest-Marokko, Mitte 20. Jh. oder älter
Eisenguss; B: 4 cm, L: 16 cm
Inv.-Nr. A 34042, Eingang 1976

134 **Türklopfer**
Fes, Marokko, 19. Jh.
Eisen; H: 3,5 cm, D: 19 cm
Inv.-Nr. A 34216 a+b, Eingang 1977

135 **Türklopfer**
Fes, Marokko, 16. Jh.
Eisen mit floralem Schnittdekor; H: 34 cm, B: 18 cm, T: 10 cm; Widerlager H: 9 cm, B: 9 cm, T: 5,5 cm
Inv.-Nr. A 34660, Slg. Drechsel 1978

136 ***Maschrabiya*-Fenster**
Marokko, 16. Jh. (?)
Holz, Farbreste; H: 149 cm, B: 128 cm
Inv.-Nr. A 34315, Slg. Breuninger/Kalter 1977

137

138

139

137 **Kasachische Jurte, hier: Dachkranz *(shanyrak)***
Kasachen der Stammesgruppe „kishi zhuz", Region Mangystau, Kasachstan, 20. Jh.
Holz, Filz, Leder, Wolle, diverse textile Objekte; D: 500 cm
Inv.-Nr. A 70117, Eingang 2011

138 **Dekorativer Behälter für Milchprodukte *(torsyk)***
Almaty, Kasachstan, 21. Jh.
Leder, Holz; H: 37,5 cm, B: 27 cm
Inv.-Nr. A 70104, Eingang 2010

Dekorativer Behälter für Milchprodukte *(torsyk)*
Almaty, Kasachstan, 21. Jh.
Leder, Holz; H: 30 cm, B: 18 cm
Inv.-Nr. A 70105, Eingang 2010

139 **Truhe *(zhaghlan)***
Kasachen, Region Zhetisu, Kasachstan, Mitte 20. Jh.
Holz, Leder; H: 38 cm, B: 78 cm, T: 31 cm
Inv.-Nr. A 70092, Eingang 2010

140

141

140 **Kasachische Langhalslaute *(dombra)***
Kasachen, Kasachstan, 21. Jh.
Holz; H: 97,5 cm, B: 20,7 cm, T: 11,8 cm
Inv.-Nr. A 70079, Eingang 2010

141 **Matte für Teezeremonie *(shay-kiiz)***
Kasachen, Kuldzha, China 1993
Baumwolle (Cord), Kunstfaser (Stickerei), Baumwolldruck (Futter), wattiert;
B: 63 cm, L: 121 cm
Inv.-Nr. A 70097, Eingang 2010

142

143

144

145

142 **Jurten-Wandbehang *(tus-kiiz)***
Kasachen, vermutlich Mongolei, Mitte 20. Jh.
Baumwolle, Seide, Kunstfaser; B: 222 cm, H: 133 cm
Inv.-Nr. A 70089, Eingang 2010

143 **Behälter für Teeschalen**
Mittelasien, erste Hälfte 20. Jh.
Holz; L: 27,2 cm, B: 14,5 cm, H: 9,5 cm
Inv.-Nr. A 33196, Slg. Spieth 1975

144 **Schalenfutteral**
Buchara, Ende 19. Jh.
Leder; L: 41,5 cm, B: 18 cm, H: 11 cm
Inv.-Nr. 44910, Slg. Rickmers, Schenkung 1905

145 **Schalenfutteral**
Mittelasien, Ende 19./Anfang 20. Jh.
Leder mit Ziernähten, Draht; L: 49 cm, B: 27,5 cm, H: 12,5 cm
Inv.-Nr. VL A 1057

146

147

148

146 **Doppeltasche *(khordzhin)***
Kasachen oder Turkmenen, vermutlich Region Mangystau, Kasachstan, Anfang/Mitte 20. Jh.
Wolle, gewebt und geknüpft (Steg); H: 52 cm, B: 104 cm (ausgeklappt)
Inv.-Nr. A 70083, Eingang 2010

147 **Jurtentasche *(ayak-kap)***
Kasachen, Region Zhetisu, Kasachstan, 20. Jh.
Wolle, geknüpft; H: 49 cm, B: 56 cm
Inv.-Nr. A 70087, Eingang 2010

148 **Halterung für Küchenutensilien**
Kasachen, Region Zhetisu, Kasachstan oder nördliches Kirgisistan, ca. Mitte 20. Jh.
Baumwolle, Seide, Wolle, bestickt, Filzabfütterung; H: 65 cm, B: 85 cm
Inv.-Nr. A 70091, Eingang 2010

149

150

151

149 **Doppeltasche *(khordzhin)***
Turkmenen, Nord-Afghanistan, ca. Anfang 20. Jh.
Wolle, Kelim mit Knüpfstreifen; H: 77 cm, B: 51 cm, aufgeklappt: 113 x 45 cm
Inv.-Nr. A 34770, Eingang 1978

150 **Tasche für Jurtendachsparren *(Uuk Basch)***
Ersari, Turkmenen, Nord-Afghanistan, ca. Anfang 20. Jh.
Wolle, Haargarn, gewebt; H: 70 cm, B: 32 cm
Inv.-Nr. A 34755 a, Eingang 1978

151 **Sattel**
Kasachen, vermutlich Region Zhetisu, Kasachstan, Mitte 20. Jh.
Eisen, Holz; H: 48 cm, B: 31 cm, T: 29 cm
Inv.-Nr. A 70093, Eingang 2010

152

153

154

152 **Haus eines *Sibayak* (Herrscher)**
Karo-Batak, Sumatra, Indonesien, 19. Jh.
Holz, Palmfasern, polychrome Bemalung; H: 90 cm
Inv.-Nr. 4065

153 **Hausmodell**
Karo-Batak, Sumatra, Indonesien, 19. Jh.
Holz, Palmfasern, polychrome Bemalung; H: 55 cm
Inv.-Nr. 4067

154 **Reisspeicher der Toba-Batak *(Sopo)***
Toba-Batak, Sumatra, Indonesien, 20. Jh.
Holz, Palmfasern, polychrome Bemalung; H: 60 cm

3.1 Kreislauf und Unendlichkeit – die Zeit läuft …

155

156

157

155 ***Katsina* „Wasserschlange“ (Palölökong)**
Hopi, Arizona, USA, 1930
Pappelholz, Federn, Pigment; H: 43 cm
Inv.-Nr. M 35372 L, Slg. Gilda und Gerd Dreis 2004
Erworben durch die Museumsstiftung Baden-Württemberg

156 **Wolken-*Katsina* (Omau'u)**
Hopi, Arizona, USA, 1920
Pappelholz, Pigment; H: 27 cm
Inv.-Nr. M 35373 L, Slg. Gilda und Gerd Dreis 2004
Erworben durch die Museumsstiftung Baden-Württemberg

157 ***Katsina* „Krähen-Mutter“ (Angwusnasomtaka)**
Hopi, Arizona, USA, 1935
Pappelholz, Pigment; H: 20 cm
Inv.-Nr. M 35379 L, Slg. Gilda und Gerd Dreis 2004
Erworben durch die Museumsstiftung Baden-Württemberg

158

159

160

158 ***Katsina* „Blauer Stern" (Sakwahoté)**
Hopi, Arizona, USA, 1935
Pappelholz, Pflanzenfaser, Pigment; H: 27,5 cm
Inv.-Nr. M 35385 L, Slg. Gilda und Gerd Dreis 2004
Erworben durch die Museumsstiftung Baden-Württemberg

159 **Morgen-*Katsina* (Talavai)**
Hopi, Arizona, USA, 1950
Pappelholz, Federn, Wolle, Pigment; H: 32,5 cm
Inv.-Nr. M 35389 L, Slg. Gilda und Gerd Dreis 2004
Erworben durch die Museumsstiftung Baden-Württemberg

160 ***Katsina* „Schneemädchen" (Nuvak'chin Mana)**
Hopi, Arizona, USA, 1940
Pappelholz, Pigment; H: 15 cm
Inv.-Nr. M 35391 L, Slg. Gilda und Gerd Dreis 2004
Erworben durch die Museumsstiftung Baden-Württemberg

161

162

163

161 **Erntedank-*Katsina* (Hemis)**
Hopi, Arizona, USA, 1940
Pappelholz, Federn, Wolle, Pigment; H: 35 cm
Inv.-Nr. M 35399 L, Slg. Gilda und Gerd Dreis 2004
Erworben durch die Museumsstiftung Baden-Württemberg

162 **Dachs-*Katsina* (Honan)**
Hopi, Arizona, USA, 1950
Pappelholz, Federn, Pigment; H: 29 cm
Inv.-Nr. M 35409 L, Slg. Gilda und Gerd Dreis 2004
Erworben durch die Museumsstiftung Baden-Württemberg

163 **Mais-*Katsina* (Kaè)** (James Sumnemptewa)
Hopi, Arizona, USA, 1940
Pappelholz, Federn, Wolle, Pigment; H: 26 cm
Inv.-Nr. M 35395 L, Slg. Gilda und Gerd Dreis 2004
Erworben durch die Museumsstiftung Baden-Württemberg

166

167

164

165

164 **Bergschaf-*Katsina* (Pong)**
Hopi, Arizona, USA, 1950
Pappelholz, Pigment; H: 23,5 cm
Inv.-Nr. M 35412 L, Slg. Gilda und Gerd Dreis 2004
Erworben durch die Museumsstiftung Baden-Württemberg

165 **Eulen-*Katsina* (Mongwa)**
Hopi, Arizona, USA, 1950
Pappelholz, Federn, Pigment; H: 25 cm
Inv.-Nr. M 35420 L, Slg. Gilda und Gerd Dreis 2004
Erworben durch die Museumsstiftung Baden-Württemberg

166 ***Katsina* „Gefleckter Mais" (Avachhoya)**
Hopi, Arizona, USA, 1950
Pappelholz, Federn, Pigment; H: 27 cm
Inv.-Nr. M 35417 L, Slg. Gilda und Gerd Dreis 2004
Erworben durch die Museumsstiftung Baden-Württemberg

167 **Kürbis-*Katsina* (Patung)**
Hopi, Arizona, USA, 1960
Pappelholz, Pigment; H: 32 cm
Inv.-Nr. M 35428 L, Slg. Gilda und Gerd Dreis 2004
Erworben durch die Museumsstiftung Baden-Württemberg

168

169

168 ***Katsina* „Schmetterlingsmädchen" (Palhik Mana)**
Hopi, Arizona, USA, 1980
Pappelholz, Textil, Federn, Pigment; H: 38 cm
Inv.-Nr. M 35438 L, Slg. Gilda und Gerd Dreis 2004
Erworben durch die Museumsstiftung Baden-Württemberg

169 **Wächter-*Katsina* (Powak'china Hilili)** (Seona)
Hopi, Arizona, USA, 1975
Pappelholz, Leder, Fell, Metall, Wolle, Pigment; H: 34,5 cm
Inv.-Nr. M 35435 L, Slg. Gilda und Gerd Dreis 2004
Erworben durch die Museumsstiftung Baden-Württemberg

170 **Mais-*Katsina* (Kaè)**
Hopi, Arizona, USA, 1950
Pappelholz, Federn, Pigment; H: 28 cm
Inv.-Nr. M 35393 L, Slg. Gilda und Gerd Dreis 2004
Erworben durch die Museumsstiftung Baden-Württemberg

171 ***Katsina* (Qölqöle)** (James Sumnemptewa)
Hopi, Arizona, USA, 1945
Pappelholz, Leder, Federn, Wolle, Pigment; H: 22 cm
Inv.-Nr. M 35408 L, Slg. Gilda und Gerd Dreis 2004
Erworben durch die Museumsstiftung Baden-Württemberg

172 ***Katsina* „Hüter der Erde und des Todes" (Masau'u)** (Roy Rousseau)
Hopi, Arizona, USA, 1970
Pappelholz, Pigment; H: 21 cm
Inv.-Nr. M 35431 L, Slg. Gilda und Gerd Dreis 2004
Erworben durch die Museumsstiftung Baden-Württemberg

170

171

172

173 **Sonnen-*Katsina* (Tawa)** (White Bear Fredericks)
Hopi, Arizona, USA, 1981
Pappelholz, Federn, Wolle, Filz, Pigment; H: 39 cm
Inv.-Nr. M 35439 L, Slg. Gilda und Gerd Dreis 2004
Erworben durch die Museumsstiftung Baden-Württemberg

174 **Langhaar-*Katsina* (Angak'china)** (Richard S. Pentewa)
Hopi, Arizona, USA, 1981
Pappelholz, Federn, Baumwollschnur, Pigment; H: 40 cm
Inv.-Nr. M 35440 L, Slg. Gilda und Gerd Dreis 2004
Erworben durch die Museumsstiftung Baden-Württemberg

173

174

175

175 **Balinesischer Kalender**
Bali, Indonesien, 20. Jh.
Baumwolle, polychrom bemalt; L: 176 cm
Leihgabe aus der Slg. Höschele

176 **Batak-Kalender**
Toba-See, Zentral-Sumatra, Indonesien, 19./20. Jh.
Bambusrohr; L: 28 cm
Inv.-Nr. 65910, Slg. Grubauer 1911

177 **Batak-Kalender**
Toba-See, Zentral-Sumatra, Indonesien, 19./20. Jh.
Bambusrohr; L: 20 cm
Inv.-Nr. 65909, Slg. Grubauer 1911

176

177

178

179

180

181

178 **Wochenkalender (*bekgye hais* – Wochenholz)**
Bergdama, Namibia, Ende 19. Jh.
Holz mit Pyrogravur, Leder, Glas-, Eisenperle; L: 13 cm
Inv.-Nr. 16221, Slg. Kuhn 1901

179 **Wochenkalender (*bekgye hais* – Wochenholz)**
Bergdama, Namibia, Ende 19. Jh.
Holz mit Pyrogravur, Leder; L: 16 cm
Inv.-Nr. 16222, Slg. Kuhn 1901

180 **Wochenkalender (*bekgye hais* – Wochenholz)**
Bergdama, Namibia, um 1900
Holz; L: 7 cm
Inv.-Nr. 28193, Slg. Lübbert 1903

181 **Wochenkalender (*bekgye hais* – Wochenholz)**
Bergdama, Namibia, um 1900
Holz mit Pyrogravur, Leder; L: 9 cm
Inv.-Nr. 55291, Slg. Bang 1907

182 **Monatskalender (*hisabu ya mwezi* – Berechnung des Monats)**
Swahili, Tansania (Ostafrikanische Küstenkultur), islamisch, um 1900
Raffiamark, Textil; D: 26 cm
Inv.-Nr. 48312, Slg. Seyfried 1906

182

183

184

185

183 **Wochenkalender (*hisabu ya mwezi* – Berechnung des Monats)**
Swahili, Tansania (Ostafrikanische Küstenkultur), islamisch, um 1900
Raffiamark, Bastfasern, Textil; D: 17 cm
Inv.-Nr. 48313, Slg. Seyfried 1906

184 **Wochenkalender (*hisabu ya mwezi* – Berechnung des Monats)**
Swahili, Tansania (Ostafrikanische Küstenkultur), islamisch, um 1900
Raffiaholz, Pflanzenfasern, Textil; L: 23 cm
Inv.-Nr. 48314, Slg. Seyfried 1906

185 **Kalender (*yäqän mäqʷṭäriya*) für das koptische Jahr 1996 mit Coca-Cola-Werbung**
Amhara, Äthiopien (Nord-), christlich, 2003
Gedruckt auf Karton; 59 x 41,5 cm
Inv.-Nr. F 55937, Slg. Smidt 2006

186

187

186 **Kalendervase**
China, Qing-Dynastie (1644 – 1911), Marke der Qianlong-Ära (1736 – 1795)
Porzellan mit Aufglasurdekor in Farben der *famille rose*;
H (mit Sockel): 21,5 cm
Inv.-Nr. OA 20049 a+b, erworben durch Tausch 1967

187 **Kakaogefäß aus Tikal**
Klassische Maya-Kultur, Tikal, Guatemala, 7. – 9. Jh. n. Chr.
Ton, polychrome Engobebemalung;
H: 15 cm, D: 17 cm
Inv.-Nr. M 34364 L, Slg. Hoffmann 1996
Erworben aus Toto-Lotto-Mitteln

188

189

188 **Ramadantrommel**
Syrien, 19. Jh.
Holz, Rohhaut; H: 7,5 cm, D: 22,6 cm
Inv.-Nr. A 40201, Eingang 1990

189 **Ramadantrommel**
Syrien, 19. Jh. (Datierung Hidschra 1281 / 1864 n. Chr.)
Messing, Rohhaut; H: 9,4 cm, D: 16 cm
Inv.-Nr. A 40955 L, Slg. Touma 1990
Erworben aus Toto-Lotto-Mitteln

190

191

192

193

190 **Deckel *(zaktəram)* mit Darstellung einer Mekka-Uhr**
Kanuri, Nigeria (Nord-), islamisch, um 1990
Kalebasse mit Pyrogravur; D: 14,5 cm
Inv.-Nr. F 54551, Slg. Forkl 1991

191 **Gebetswecker mit Kompass**
Deutschland, 21. Jh.
Kunststoff, LED-Display, Metall; H: 12,5 cm, B: 12,5 cm, T: 10,5 cm
Inv.-Nr. A 70108, Eingang 2011

192 **Dekoratives Astrolabium, Mater mit Rete und Einlegescheiben zum Wechseln**
Iran, 18. Jh. (?)
Kupferlegierungen, gegossen, graviert; H: 14 cm, B: 8,4 cm
Inv.-Nr. A 33729 L, Slg. Motamed 1976
Erworben aus Toto-Lotto-Mitteln

193 **Dekoratives Astrolabium**
Marokko, 19. Jh. (?)
Messing, gegossen, graviert; H: 33,8 cm, B: 24,5 cm
Inv.-Nr. A 36290, Slg. Drechsel 1980

3.2 Erneuerung und Wiederkehr – was bedeutet Tod?

194

195

194 **Blatt aus einer persischen Handschrift „Muhammads Himmelsreise“**
Iran, 17. Jh.
Papier, Farbe, Gold, Tinte; H: 26,4 cm, B: 16,5 cm
Inv.-Nr. VL A 1180

195 **ʿAbd al-Ḥamīd Amr Ḥanafī: Das edle Propheten-Burāq**
Hausa, Nigeria (Nord-), islamisch, um 1980
Druck auf Papier; H: 56 cm, B: 41 cm
Inv.-Nr. F 53204 c, Slg. Koloß 1983

196 **Miniatur-Malerei „Muhammads Himmelsreise“**
Indien, 17./18. Jh.
Papier, Farbe; H: 25,4 cm, B: 20 cm
Inv.-Nr. A 36712, Slg. Motamed 1981

196

197

197 **Gemälde *(yačärq se'el)***, Ǧämbäre Ḫaylu (* 1913): **[Das Jüngste Gericht]**
Amhara, Äthiopien (Nord-), christlich, vor 1982
Tempera (?) auf Baumwolle; H: 85 cm, B: 73 cm
Inv.-Nr. A 37035, Slg. Fisseha 1982

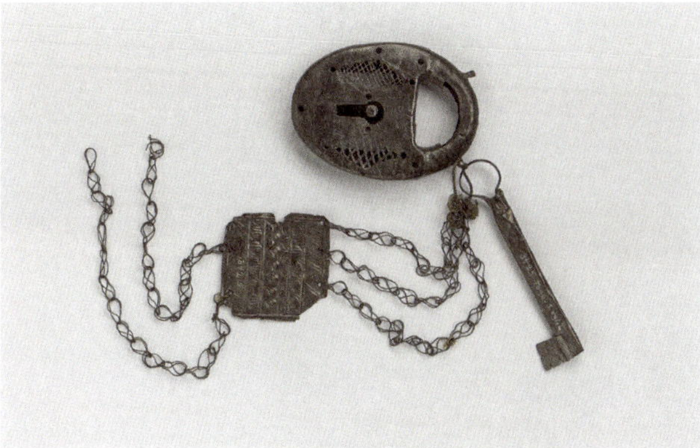

198

199

198 **Amulett-Halsschmuck aus Schloss mit Paradiesschlüssel**
Chakossi, Togo (Nord-), islamisch, 19. Jh.
Silber, Eisen; L: 55 cm, L Schlüssel: 12 cm
Inv.-Nr. 8425, Slg. v. Sieglin 1900

199 **Prozessionskreuz *(yämäsor mäsqäl)* mit dem Symbol der Herrschaft Christi über den Erdkreis**
Amhara, Äthiopien (Nord-), christlich, 18. Jh.
Messing; H: 40 cm
Inv.-Nr. 62499, Slg. Härtel 1909

200 **Statuette vermutlich eines Sexualpartners im Jenseits *(blolo bian)***
Baule, Elfenbeinküste (Süd-), 20. Jh.
Holz mit Resten von Farbfassung und mit glänzender Patina; H: 31,5 cm
Inv.-Nr. F 53486, Slg. Massar 1986

201 **Statuette vermutlich einer Sexualpartnerin im Jenseits *(blolo bla)***
Baule, Elfenbeinküste (Süd-), um 1900
Holz mit glänzender Patina; H: 32 cm
Inv.-Nr. F 51321, Slg. Stolpe-Galleries 1971

202 **Ahnenstatuette *(eyima bieri)* mit den Merkmalen eines Kleinkindes**
Fang, Gabun, 19. Jh.
Holz, Messing, Pflanzenfasern; H: 60 cm
Inv.-Nr. 86107, Slg. Nietschmann 1914

200

201

202

203

204

203 **Magu**
China, Qing-Dynastie (1644 – 1911), Kangxi-Ära (1662 – 1722)
Hängerolle, Seide mit mehrfarbiger Stickerei; Bildmaß: H: 153 cm, B: 71,1 cm
Inv.-Nr. OA 22348 L, Schenkung Susan Levinson 1985

204 **Beschnitztes Nashorn**
China, Qing-Dynastie (1644 – 1911), 19. Jh.
Nashorn; L: 61 cm
Inv.-Nr. 120193, erworben durch Tausch 1958

205

206

207

205 **Shoulao**
China, Ming-Dynastie (1368 – 1644), Wanli-Ära (1573 – 1620)
Blau-Weiß-Porzellan; H: 25 cm
Inv.-Nr. OA 21482 L
Erworben aus Toto-Lotto-Mitteln 1981

206 **Zhenwu**
China, Qing-Dynastie (1644 – 1911)
Bronzeguss mit Resten von Vergoldung; H: 19 cm
Inv.-Nr. 72404, Dr. Albert Tafel 1911

207 **Räuchergefäß vom Typ *boshanlu***
China, Östliche Han-Dynastie (24 – 220)
Graue Tonware mit kalter Bemalung; H: 14,8 cm, D: 11,5 cm
Inv.-Nr. OA 24350 L
Erworben aus Toto-Lotto-Mitteln 1994

208

208 **Maske *malangene na tamberan***
Tolai, Dorfschaft Rawal, Neubritannien, Papua-Neuguinea, um 1900
Holz, Baumbast, Federn, Fasern, Naturfarben, Kuskus-Zähne; H: 91 cm
Inv.-Nr. 57434, Slg. Fellmann 1908

209

210

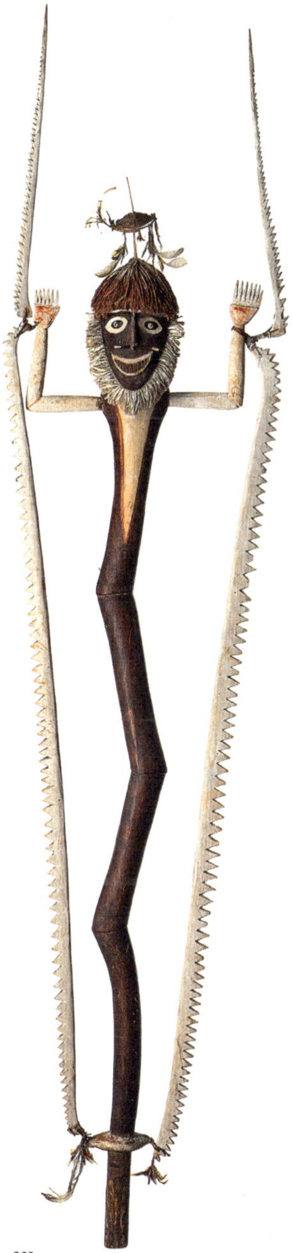

211

209 ***Dema*-Zeremonialensemble**
Marind Anim, Südküste Irian Jaya, Indonesien
Rindenscheiden, Abrussamen, Hiobstränen, Pflanzenfasern, Federn, Rotang, Muschelschalen, natürliche Pigmente; H: 240 cm
Slg. Todd Barlin 2003
Erworben durch die Museumsstiftung Baden-Württemberg

210 **Geldring *diwarra***
Tolai, Neubritannien, Papua-Neuguinea, Mitte 20. Jh.
Schneckenschalen, Rotang, Fasern; D: 98 cm
Inv.-Nr. S 4891/1L
Erworben aus Toto-Lotto-Mitteln

211 **Skulptur *maravot***
Tolai, Neubritannien, Papua-Neuguinea, Ende 19. Jh.
Holz, Fasern, Federn, Naturfarben, Kuskus-Zähne; H: 225 cm
Inv.-Nr. S 42394 L, ehem. Museum für Völkerkunde, Dresden
Erworben durch die Museumsstiftung Baden-Württemberg

212

213

214

215

212 **Geburt des Siddharta Gautama**
Gandhara, Nord-Pakistan, Kushana-Epoche, 2. – 3. Jh.
Schiefer; L: 36 cm
Inv.-Nr. SA 300, Slg. Woodtli 1988

213 **Siddhartas Flucht in die Hauslosigkeit**
Gandhara, Nord-Pakistan, Kushana-Epoche, 2. – 3. Jh.
Schiefer; H: 35 cm
Inv.-Nr. SA 38184, Slg. Heubel 1985

214 **Siddharta als Asket (Replik)**
Gandhara, Nord-Pakistan, Kushana-Epoche, 2. – 3. Jh.
Schiefer; H: 35 cm
Inv.-Nr. SA 36792 S, Slg. Woodtli 1981
Erworben aus Sondermitteln der Stadt Stuttgart

215 **Buddha mit Nimbus**
Gandhara, Nord-Pakistan, Kushana-Epoche, 2. Jh.
Schiefer; H: 28 cm
Inv.-Nr. SA 544, Slg. Drechsel 1989

216 **Buddha mit Geste der Lehrverkündung**
Hadda, Süd-Afghanistan, Spätkushana, 4. Jh.
Stuck, polychrom bemalt; H: 32 cm
Inv-Nr. SA 928 L, Slg. Drechsel 1991
Erworben aus Toto-Lotto-Mitteln

216

4.1 Geschlechter und Beziehungen – allerhand Verbindungen

217

218

217 **Hochzeitspaar Sadono und Dewi Sri**
Java, Indonesien, um 1900
Holz, farbig gefasst; H: 55 cm; H: 45 cm
Inv.-Nr. 90080 und 90081, Slg. Koen 1914

218 **Bräutigamsgewand *(Shervani)* und Hochzeitssari**
New Delhi und Garsara bei Varanasi, Indien, 21. Jh.
Seide, Baumwolle, Leder, Paillettenstickerei, Sari gewebt von Kamaluddin Asari; L: 121 cm und L: 511 cm
Inv.-Nr. SA 5282 a-h, SA 5283 a-c und SA 5284 a+b

219

221

220

222

219 **Hochzeitsvorbereitungen Rukminis**
Indien, um 1850
Gouachemalerei auf Papier; L: 30 cm
Inv.-Nr. SA 37442 L, Slg. Polak 1984
Erworben aus Toto-Lotto-Mitteln

221 **Krishna auf dem Liebeslager**
Mandi, Indien, um 1810
Gouachemalerei auf Papier, gemalt von Sajnu; L: 30 cm
Inv.-Nr. SA 37672 L, Slg. Polak 1984
Erworben aus Toto-Lotto-Mitteln

220 **Radha und Krishna**
Kangra, Indien, um 1780
Gouachemalerei auf Papier; L: 20,5 cm
Inv.-Nr. SA 37671 L, Slg. Polak 1984
Erworben aus Toto-Lotto-Mitteln

222 **Krishna und die Hirtenmädchen**
Pahari-Region, Indien, zweite Hälfte 18. Jh.
Gouachemalerei auf Papier; L: 33 cm
Inv.-Nr. SA 4124, Slg. Graßnick 2001

223

224

225

226

227

223 **Yonilinga**
Tami Nadu, Indien, 20. Jh.
Bronze; H: 8,5 cm
Inv.-Nr. SA 889, Slg. Dharmotharan 1991

224 **Yonilinga**
Jaipur, Rajasthan, Indien, 19. Jh.
Marmor, polychrom bemalt; H: 8 cm
Inv.-Nr. 1440

225 **Shriyantra**
Nord-Indien, 20. Jh.
Bergkristall, Reste von Bemalung; H: 6,5 cm

226 **Shiva und Parvati**
Süd-Indien, Cola-Epoche, 10. – 11. Jh.
Bronze; H: 47 cm; H: 36 cm
Inv.-Nr. SA 32509 L a+b
Erworben aus Toto-Lotto-Mitteln

227 **Shiva Ardhanarishvara**
Süd-Indien, 19./20. Jh.
Bronze; H: 59 cm
Inv.-Nr. SA 31531, Slg. Bretschneider 1972

228 **Liebespaar *(Mithuna)***
Indien, 19. Jh.
Knochen, polychrom bemalt; L: 9 cm
Inv.-Nr. SA 33133, Slg. Bretschneider 1975

229 **Liebespaar *(Mithuna)***
Nord-Indien, Mitra-Epoche, 1. Jh. v. Chr.
Rötlichbraune Terrakotta; L: 11 cm
Inv.-Nr. SA 616, Slg. Drechsel 1990

230 **Erotische Spielkarten**
Orissa, Indien, 20. Jh.
Tempera auf Baumwollgewebe, lackiert; D: 7 cm
Inv.-Nr. SA 5184 a, c-f, Slg. Kapp 2009

231 **Betelschneider *Mithuna***
Tamil Nadu, Indien, 20. Jh.
Gelbguss, Eisen; L: 12 cm
Inv.-Nr. SA 1442, Slg. Eilenberg 1993

228

230

229

231

232

233

234

232 **Brauttruhe**
Fes, Marokko, ca. 18./19. Jh.
Holz, beschnitzt, verleimt, genagelt; H: 59 cm, B: 96,5 cm, T: 48,5 cm
Inv.-Nr. A 34300, Slg. Breuninger/Kalter 1977

233 **Hochzeitsschärpe**
Fes, Marokko, Ende 19./Anfang 20. Jh.
Jacquardgewebe, broschiert; B: 18 cm, L: 334 cm (inkl. Fransen)
Inv.-Nr. A 33982, Eingang 1976

234 **Hochzeitsschärpe**
Fes, Marokko, Ende 19./Anfang 20. Jh.
Jacquard-Gewebe mit Goldbroschierung; B: 20 cm, L: 324 cm (inkl. Fransen)
Inv.-Nr. 106088, Slg. Nollstadt 1926

235 **Kurtisane mit Hund**
Japan, Edo-Zeit (1603 – 1868), um 1800
Takebe (Tatebe) Sôchô (1761 – 1814)
Hängerolle, Tusche und Farben auf Seide; Bildmaß: H: 90,2 cm, B: 33,5 cm
Inv.-Nr. B 28281, ehemals Slg. Erwin Baelz

235

236

237

238

236 **Netsuke: Raiden und Frau im Badezuber**
Japan, Hida, Meiji-Zeit (1868 – 1912), ca. 1880 – 1890
Sugaya Shôko
Buchsbaum, Pupillen aus schwarzem Glas; H: 3,5 cm, B: 3,9 cm, T: 2,8 cm
Signatur: Shôko
Inv.-Nr. OA 18775, Stiftung Trumpf

237 **Netsuke: Fukurokuju und Okame**
Japan, Provinz Ise, 19. Jh.
Buchsbaum, Gewinde aus Bein; H: 12,2 cm, B: 3,8 cm, T: 3,9 cm
Aufschrift: *Minkô zu* (Entwurf Minkô) und *kaô*
Inv.-Nr. OA 18739, Stiftung Trumpf

238 **Netsuke: Taucherin und Krake**
Japan, Edo-Zeit (1603 – 1868), 2. Hälfte 18. Jh.
Elfenbein; H: 7,6 cm, B: 5,5 cm, T: 3,4 cm
Inv.-Nr. OA 18875, Stiftung Trumpf

239

239 **Inneres eines Hauses im Vergnügungsviertel**
Japan, Edo-Zeit (1603 – 1868), um 1740
Okumura Masanobu (1686 – 1764/68) zugeschrieben
Papier mit Tusche, Farben, *gofun* und Gold; Bildmaß: H: 55,5 cm, B: 90,5 cm
Inv.-Nr. OA 22320 L, ehemals Slg. Erwin Baelz
Erworben aus Toto-Lotto-Mitteln 1985

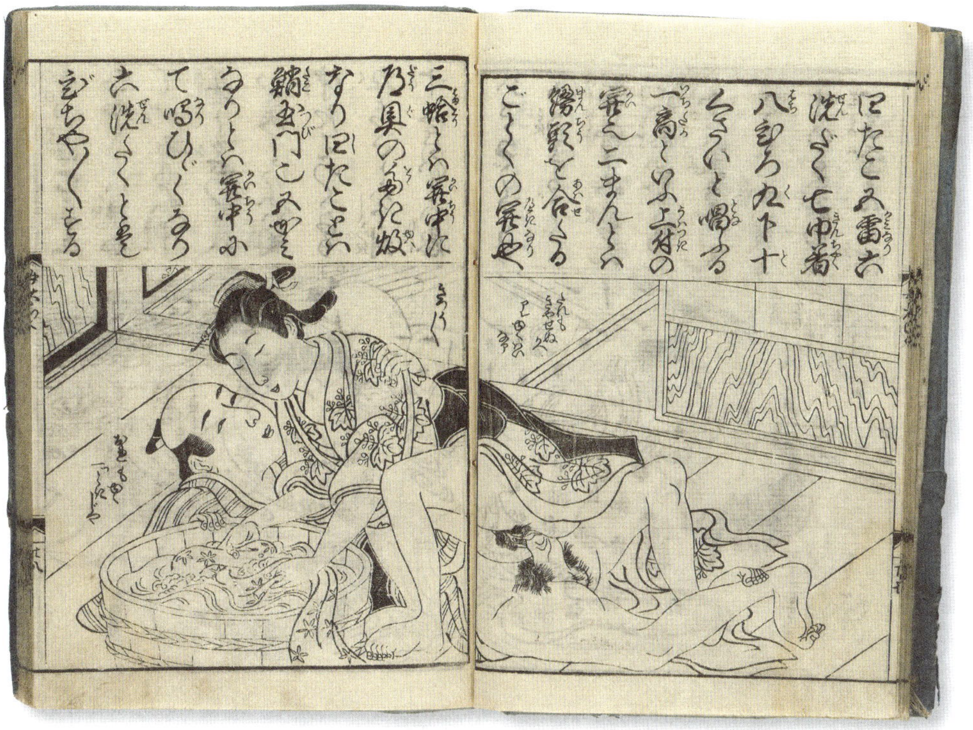

240

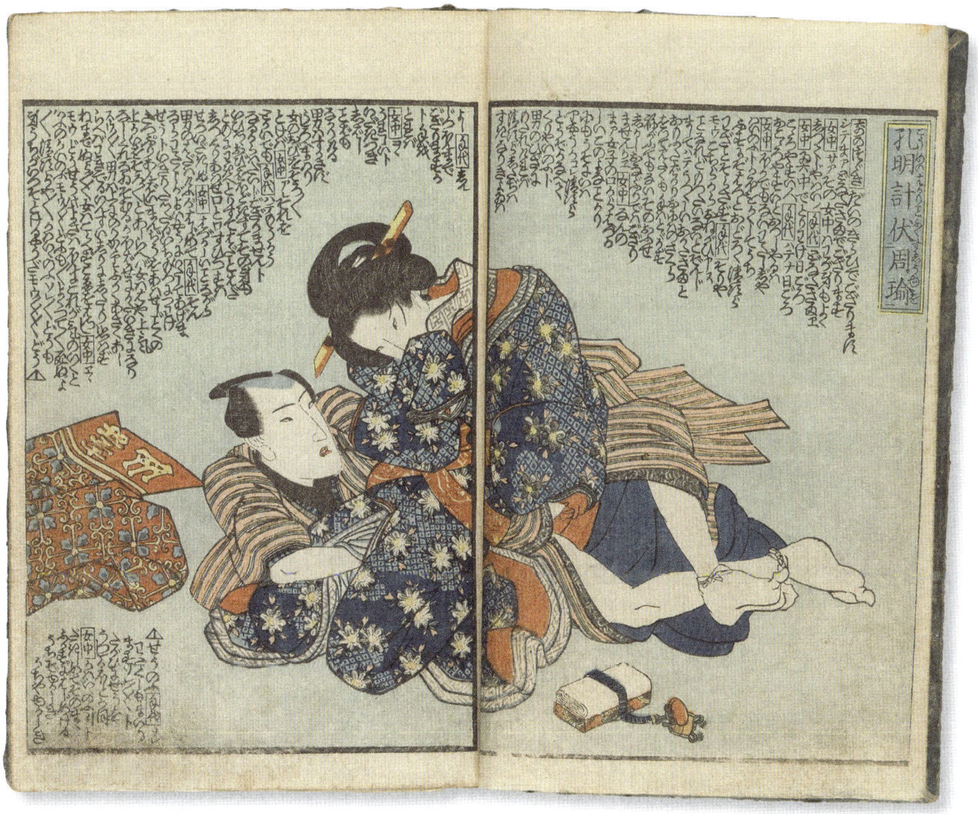

241

240 ***Shunga*-Buch: *Fûzoku sangokushi*** (Sitten und Bräuche der Drei Reiche)
Japan, Edo-Zeit (1603 – 1868), um 1840
Papier, farbig bedruckt; H: 22,5 cm, B (geschlossen): 15,5 cm
Inv.-Nr. LM S 4, ehemals Slg. Landesgewerbemuseum Stuttgart

241 ***Shunga*-Buch: *Onna dairaku takarabeki*** (Große Freuden für Frauen und ihre Schatzkästchen)
Japan, Edo-Zeit (1603 – 1868), 18. Jh.
Papier, bedruckt; H: 22,5 cm, B (geschlossen): 18 cm
Inv.-Nr. LM S 2, ehemals Slg. Landesgewerbemuseum Stuttgart

242

243

242 **Fächer mit erotischer Darstellung**
China, Qing-Dynastie (1644 – 1911), spätes 19. Jh.
Tusche und Farben auf Papier, Bambus; H: 29,5 cm, B (geöffnetes Fächerblatt): 49 cm
Inv.-Nr. 22633, erworben von Otto Zembsch 1902

243 **Fächer mit erotischer Darstellung**
China, Qing-Dynastie (1644 – 1911), spätes 19. Jh.
Tusche und Farben auf Papier, Bambus; H: 30,5 cm, B (geöffnetes Fächerblatt): 49 cm
Inv.-Nr. 22634, erworben von Otto Zembsch 1902

244

245

246

244 **Brautgeld**
Boiken, nördl. Sepik-Gebiet, Papua-Neuguinea, Mitte 20. Jh.
Seeschneckenschale, Pflanzenfasern, natürliche Pigmente, Federn, Vogelschnabel; H: 44 cm
Inv.-Nr. S 41 822 L, Slg. Meyer 2003
Erworben aus Toto-Lotto-Mitteln

245 **Geldring**
Abelam, Maprik-Hügelgebiet, Papua-Neuguinea, Mitte 20. Jh.
Tridacna gigas, Faserschnur; B: 21,2 cm
Inv.-Nr. S 41709 L, Slg. Kortmann 1988
Erworben aus Toto-Lotto-Mitteln

246 **Tanzschurz, als Mitgift verwendet**
Admiralitäts-Inseln, Papua-Neuguinea, Anfang 20. Jh.
Pflanzliche Fasern, Muschelscheibchen, Industrieperlen, Federn; H: 72 cm
Inv.-Nr. 22954, Slg. Mencke 1903

4.2 Vergessen und Erinnern – Oma, Opa und ich

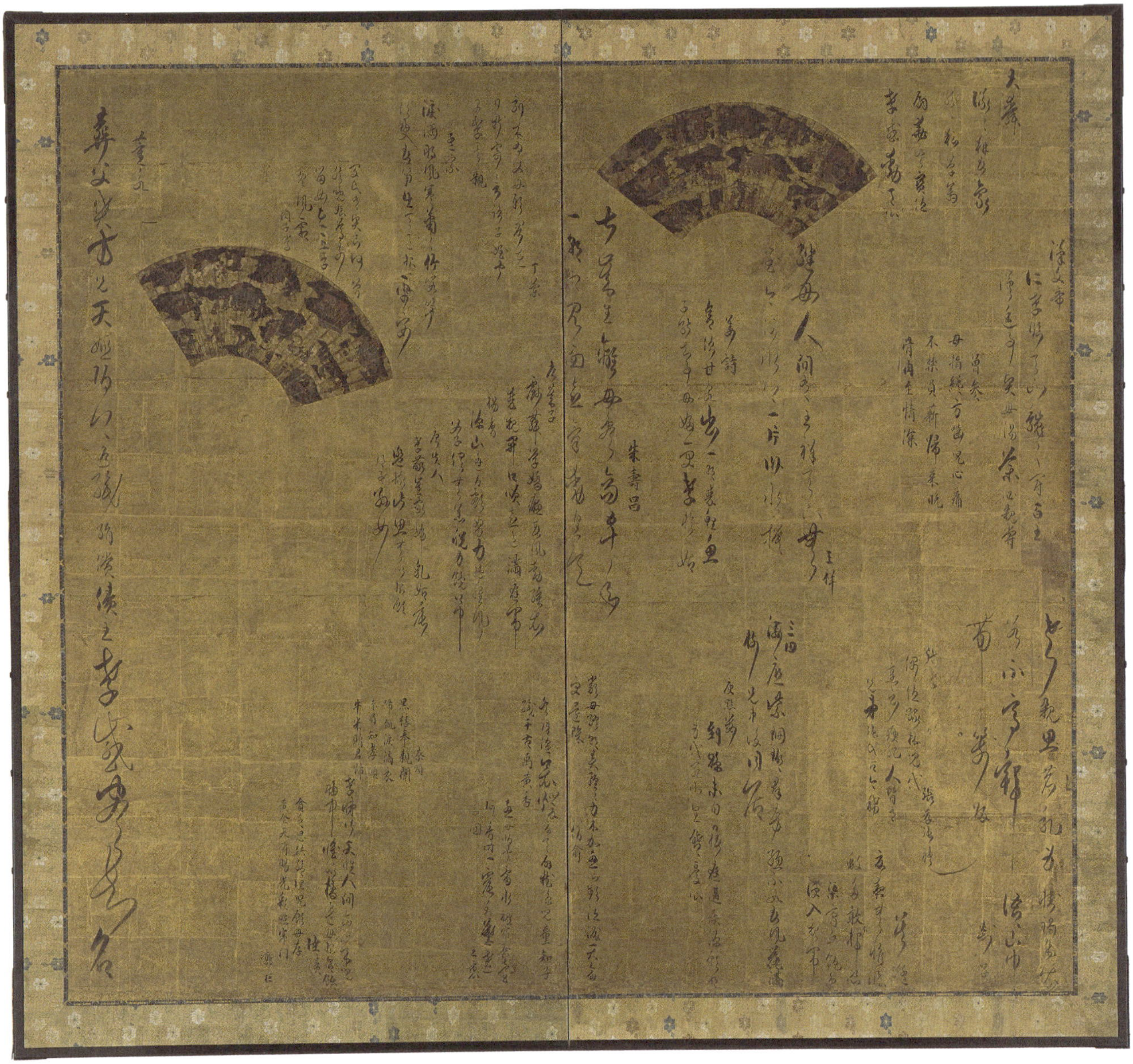

247

247 **24 Beispiele der Kindesliebe**
Japan, Momoyama-Zeit (1573 – 1615), ca. 1600
Unbekannter Künstler, Kalligrafie Karasuma Mitsuhiro (1579 – 1638) zugeschrieben
Zweiteiliger Stellschirm, Tusche und Farben auf Goldgrund; H: 177,5 cm, B: 188 cm
Inv.-Nr. OA 26112 L
Erworben aus Mitteln der Museumsstiftung 2010

248

249

251

250

252

253

248 **Orakelknochen**
China, Shang-Dynastie
(ca. 16. – 11. Jh. v. Chr.),
13. Jh. v. Chr.
Säugetierknochen; L: 17,6 cm,
B: 6,5 cm
Inv.-Nr. OA 21629, ehemals Slg.
Dr. Erwin Eckert, Schenkung 1983

249 **Sakralbronze vom Typ *ding***
China, Shang-Dynastie
(ca. 16. –11. Jh. v. Chr.),
12. – 11. Jh. v. Chr.
Bronzeguss; H: 25,5 cm,
D (Mündung): 21,5 cm
Inv.-Nr. OA 20259 L
Erworben aus Landesmitteln 1970

250 **Sakralbronze vom Typ *ding***
China, Shang-Dynastie
(ca. 16. –11. Jh. v. Chr.),
12. – 11. Jh. v. Chr.
Bronzeguss; H: 27,2 cm,
D (Mündung): 19,5 cm
Inv.-Nr. OA 21612, ehemals Slg.
Dr. Erwin Eckert, Schenkung 1983

251 **Sakralbronze vom Typ *ding***
China, Shang-Dynastie (ca. 16. –11. Jh. v. Chr.),
12. – 11. Jh. v. Chr.
Bronzeguss, Dekor mit Schwarzlack gefüllt; H: 21,8 cm,
D (Mündung): 17,8 cm
Inv.-Nr. OA 22426, ehemals Slg. Dr. Erwin Eckert, Stiftung
Dr. Lüben 1986

252 **Sakralbronze vom Typ *jue***
China, Shang-Dynastie (ca. 16. –11. Jh. v. Chr.),
13. – 12. Jh. v. Chr.
Bronzeguss; H: 20,6 cm, B: 18,8 cm
Inv.-Nr. OA 21615, ehemals Slg. Dr. Erwin Eckert,
Schenkung 1983

253 **Sakralbronze vom Typ *gu***
China, Shang-Dynastie (ca. 16. –11. Jh. v. Chr.),
13. – 12. Jh. v. Chr.
Bronzeguss; H: 27,7 cm, D (Mündung): 15,7 cm
Inv.-Nr. OA 22425, ehemals Slg. Dr. Erwin Eckert,
Stiftung Dr. Lüben 1986

254

254 **Grabschutztier**
China, Sui-Dynastie (581 – 618)
Tonware mit bunter Bleiglasur *(sancai)*; H: 41,5 cm
Inv.-Nr. OA 21925 L
Erworben aus Toto-Lotto-Mitteln 1983

255

256

255 **Hausmodell**
China, Han-Dynastie (206 v. Chr. – 220 n. Chr.)
Tonware mit kalter Bemalung; H: 54,3 cm, B: 48,4 cm, T: 25,4 cm
Inv.-Nr. OA 21551 L a+b
Erworben aus Toto-Lotto-Mitteln 1982

256 **Pferdefigur**
China, Tang-Dynastie (618 – 907)
Tonware mit bunter Bleiglasur *(sancai)*; H: 64 cm
Inv.-Nr. 119687, erworben 1951

257 **Figur einer Dienerin**
China, Westliche Han-Dynastie (206 v. Chr. – 8 n. Chr.), 2. Jh. v. Chr.
Tonware mit Resten von kalter Bemalung; H: 63 cm
Inv.-Nr. OA 25071 L
Erworben aus Toto-Lotto-Mitteln 2000

258 **Pferdeknecht**
China, 1. Hälfte Tang-Dynastie (618 – 907)
Tonware mit bunter Bleiglasur *(sancai)*; H: 60 cm
Inv.-Nr. OA 24758 L
Erworben aus Toto-Lotto-Mitteln 1996

257

258

259

259 **Ahnenporträt**
China, Qing-Dynastie (1644 – 1911), 19. Jh.
Unbekannte Werkstatt
Hängerolle, Tusche und Farben auf Papier; Bildmaß: H: 127,3 cm, B: 85,2 cm
Inv.-Nr. OA 25333, erworben 2004

260

261

262

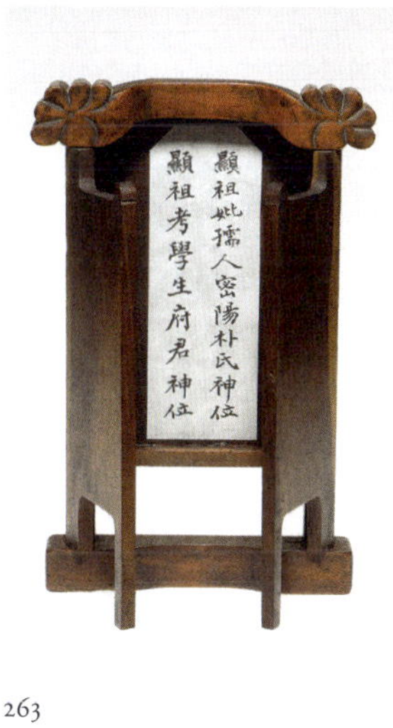

263

264

260 **Tabletttisch**
Korea, Joseon-Dynastie (1392 – 1910), spätes 19. Jh.
Holz; H: 33 cm, B: 45 cm, T: 33 cm
Inv.-Nr. OA 25546, Schenkung Jung Do-Jun 2006

261 **Weihrauchbrenner**
Korea, Joseon-Dynastie (1392 – 1910), spätes 19. Jh.
Messing; H: 17,5 cm, D: 12,5 cm
Inv.-Nr. OA 25578 a+b, Schenkung Jung Do-Jun 2006

262 **Weihrauchdose**
Korea, Joseon-Dynastie (1392 – 1910), spätes 19. Jh.
Messing; H: 5 cm; D: 8,5 cm
Inv.-Nr. OA 25579 a+b, Schenkung Jung Do-Jun 2006

263 **Ahnentafel**
Korea, Joseon-Dynastie (1392 – 1910), spätes 19. Jh.
Holz, Tusche auf Papier; H: 31 cm
Inv.-Nr. OA 25543, Schenkung Jung Do-Jun 2006

264 **Holzgestell zum Aufstellen der Ahnentafel**
Korea, Joseon-Dynastie (1392 – 1910), spätes 19. Jh.
Holz; H: 143,5 cm, B: 37 cm, T: 23,2 cm
Inv.-Nr. OA 25542, Schenkung Jung Do-Jun 2006

265

266

267

268

265 ***tatanua*-Maske**
Dorf Lakurumau, nördl. Neuirland, Papua-Neuguinea, Anf. 20. Jh.
Holz, natürliche Pigmente, Turboschneckendeckel, Kokosfasern, Kalk, Industrietuch, Seeschnecken, Fasern und Rotang; H: 46 cm
Inv.-Nr. 63002, Slg. Krockenberger 1909

266 ***malanggan* in Bootsform**
Kara, Dorf Paruai, nördliches Neuirland, Papua-Neuguinea, Anf. 20. Jh.
Holz, Turboschneckendeckel, Pflanzenstängel und -fasern, natürliche Pigmente; L: 600 cm
Inv.-Nr. 30158, Slg. Boluminski 1903

267 ***malanggan* Fisch**
Nördliches Neuirland, Papua-Neuguinea, um 1900
Holz, natürliche Pigmente, Turboschneckendeckel; L: 120 cm
Inv.-Nr. 47131, Slg. Eberhardt 1906

268 **Horizontale *malanggan* Skulptur**
Kapsu, nördliches Neuirland, Papua-Neuguinea, um 1900
Holz, natürliche Pigmente, Turboschneckendeckel; L: 165 cm
Inv.-Nr. 20602, Slg. v. Benningsen 1901

269

270

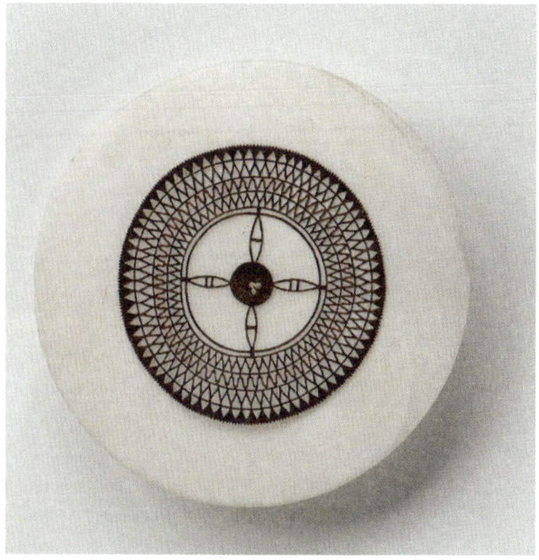

271

272

269 **Vertikale *malanggan* Skulptur**
Fissana, nördliches Neuirland, Papua-Neuguinea, Ende 19. Jh.
Holz, natürliche Pigmente, Turboschneckendeckel, Fasern; H: 173 cm
Inv.-Nr. 13607, Slg. v. Benningsen 1901

270 **Brustschmuck *kapkap***
Neuirland, Papua-Neuguinea
Tridacna gigas, Schildpatt, Fasern; D: 11 cm
Inv.-Nr. L 1482/228, Slg. Hahl 1906

271 **Brustschmuck *kapkap***
Ostküste Neuirlands, Papua-Neuguinea
Tridacna gigas, Schildpatt, Fasern; D: 13 cm
Inv.-Nr. 30115, Slg. Boluminski 1903

272 ***malanggan*-Maske mit angesetzten Ohren**
Nördliches Neuirland, Papua-Neuguinea, um 1900
Holz, natürliche Pigmente, Turboschneckendeckel, Fasern; H: 118 cm
Inv.-Nr. 20602, Slg. Miesterfeld 1912

5. Auszeichnung und Ansehen – keine Macht herrscht allein

273

274

275

276

273 **Fragment einer Federtunika**
Chimú-Inka-Kultur, Nordküste, Peru, 1472 – 1532 n. Chr.
Arafedern, Baumwollgarn; L: 149 cm, B: 72 cm
Inv.-Nr. M 30376 L, Slg. Heubel 1975
Erworben aus Toto-Lotto-Mitteln

274 **Fragment eines Bandes**
Nasca-Kultur, Südküste, Peru, Späte Phase; 5. – 7. Jh. n. Chr.
Baumwollgarn, Lama- oder Alpakagarn; L: 120 cm, B: 25 cm
Inv.-Nr. M 35326 a, Slg. Giese 2003

275 **Kleine Figurine eines Huari-Adligen**
Huari-Kultur, südliches Hochland, Peru, 8. – 11. Jh. n. Chr.
Türkis; H: 6 cm, B: 3,5 cm
Inv.-Nr. 119081, Slg. Sutorius 1954

276 **Zwei Schmuckscheiben für Ohrpflöcke**
Chimú-Kultur, Nordküste, Peru, 11. – 15. Jh. n. Chr.
Balsaholz, Baumpech, Türkis, Spondylus, Perlmutt; D: 9 cm
Inv.-Nr. M 32248 a+b L, Slg. Mattel 1986
Erworben aus Toto-Lotto-Mitteln

277

278

277 **Becher eines Adligen**
Sicán- oder Lambayeque-Kultur, Peru, 9. Jh. bis 1375 n. Chr.
Goldblech oder Blech aus einer Gold-Kupferlegierung; H: 12 cm, D: 8,5 cm
Inv.-Nr. 119132, Slg. Sutorius 1954

278 **Turbanähnliche Kopfbedeckung**
Huari-Kultur, südliches Hochland, Peru, 8. – 11. Jh. n. Chr.
Baumwolle, Rohr, Federn, Maisstärke; H: 20 cm, D: 32 cm
Inv.-Nr. M 32205 L, Slg. Hagmann 1986
Erworben aus Toto-Lotto-Mitteln

279

279 **Kappe mit langen Haaren**
Nasca-Huari-Kultur, Südküste, Peru, 7. Jh. n. Chr.
Baumwollgarn, menschliches Haar; L: 67 cm
Inv.-Nr. M 33009, Slg. Hoffmann 1992

280 **Stabaufsatz mit zwei Vogelfiguren**
Ica-Chincha oder Inka-Kultur (?), Südküste, Peru, 10. – 15. oder 15. – 16. Jh. n. Chr.
Holz, Federn tropischer Vögel, Baumwolle; L: 28 cm
Inv.-Nr. M 30114, Slg. Hartmann 1964

280

283

281

282

284

281 **Steigbügelgefäß, sitzender Adliger**
Moche-Kultur, Nordküste, Peru, Phase 3; 4. – 5. Jh. n. Chr.
Ton, Engobebemalung; H: 15,5 cm, B: 12 cm
Inv.-Nr. 119039, Slg. Sutorius 1954

282 **Steigbügelgefäß, sitzender Mann mit Gesichtstätowierung**
Moche-Kultur, Nordküste, Peru, Phase 3; 4. – 5. Jh. n. Chr.
Ton, Engobebemalung; H: 20 cm, B: 15 cm
Inv.-Nr. 93442, Slg. Sutorius 1918

283 **Steigbügelgefäß, Mann mit einem Beutel auf dem Rücken**
Moche-Kultur, Nordküste, Peru, Phase 3; 4. – 5. Jh. n. Chr.
Ton, Engobebemalung; H: 21 cm, B: 16 cm
Inv.-Nr. 69033, Slg. Sutorius 1911

284 **Steigbügelgefäß, Mann mit einem Beutel auf dem Rücken**
Moche-Kultur, Nordküste, Peru, Phase 3; 4. – 5. Jh. n. Chr.
Ton, Engobebemalung; H: 18 cm, B: 16 cm
Inv.-Nr. 93445, Slg. Sutorius 1918

285

286

287

285 **Steigbügelgefäß, Mann, ein Hemd vor sich haltend**
Moche-Kultur, Nordküste, Peru, Phase 3; 4. – 5. Jh. n. Chr.
Ton, Engobebemalung; H: 18 cm, B: 18 cm
Inv.-Nr. 69061, Slg. Sutorius 1911

286 **Poncho eines Mapuche-Häuptlings *longko***
Mapuche, Araucanía, Chile, Ende 19. Jh.
Wolle, Pflanzenfarben, Indigo; L: 154 cm, B: 154 cm
Inv.-Nr. 119757, Slg. unbekannt 1950

287 **Poncho eines Mapuche-Häuptlings *longko***
Mapuche, Temuco, Araucanía, Chile, Ende 19. Jh.
Wolle, Pflanzenfarben, Indigo; L: 158 cm, B: 167 cm
Inv.-Nr. 87155, Slg. Krämer 1913

288

288 **Umhang eines Würdenträgers**
Nasca-Kultur, Südküste, Peru, 2. Jh. v. Chr. – 7. Jh. n. Chr.
Baumwolle, Alpaka- oder Lamawolle; L: 255 cm, B: 105 cm
Inv.-Nr. 119196, Slg. Sutorius 1954

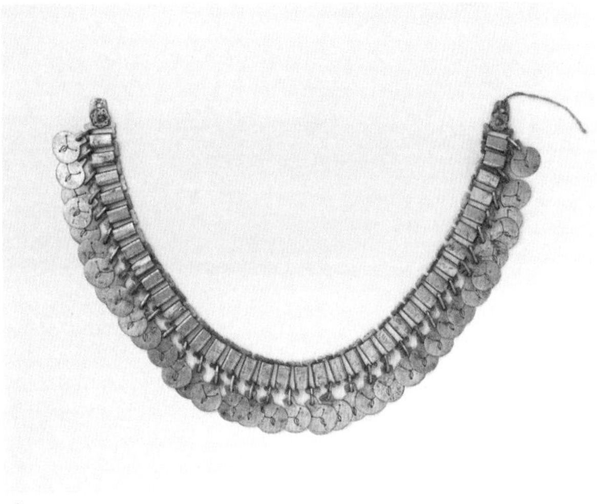

289

290

291

289 **Stirnband einer Mapuche-Frau**
Mapuche, Araucania, Chile, Ende 19. Jh.
Silber, Silbermünzen; L: 47 cm, B: 4,5 cm
Inv.-Nr. 119759, Slg. Widenmann 1950

290 **Ohrringe einer Mapuche-Frau**
Mapuche, Araucania, Chile, Ende 19. Jh.
Silber; H: 8 cm, B: 10 cm
Inv.-Nr. 3584 a, Slg. Rautenstrauch 1899

291 **Gewandnadel einer Mapuche-Frau**
Mapuche, Araucania, Chile, Ende 19. Jh.
Silber; L: 35 cm, D: 15 cm
Inv.-Nr. 3589, Slg. Rautenstrauch 1899

292

293

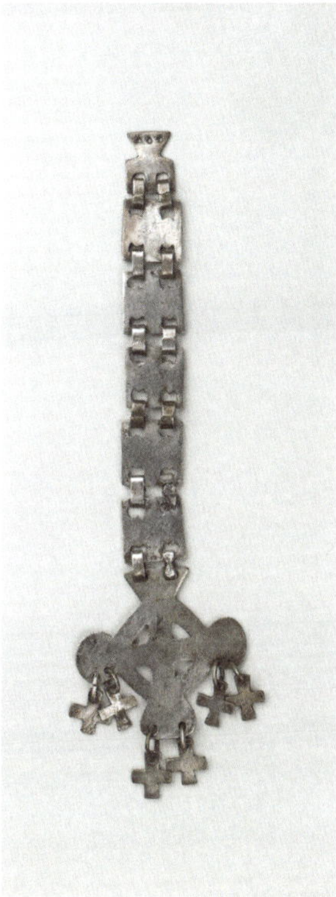

294

295

292 **Gewandnadel einer Mapuche-Frau**
Mapuche, Araucania, Chile, Ende 19. Jh.
Silber; L: 23 cm, D: 3,5 cm
Inv.-Nr. M 33196, Slg. unbekannt

293 **Brustschmuck einer Mapuche-Frau mit Kreuzmotiv**
Mapuche, Araucania, Chile, Ende 19. Jh.
Silber; L: 27 cm, B: 7 cm
Inv.-Nr. 34323, Slg. Schulz 1903

294 **Brustschmuck einer Mapuche-Frau mit Kreuz-Motiv**
Mapuche, Araucania, Chile, Ende 19. Jh.
Silber; L: 27 cm, B: 8 cm
Inv.-Nr. 87212, Slg. Krämer 1913

295 **Brustschmuck einer Mapuche-Frau mit Kondormotiv**
Mapuche, Araucania, Chile, Anfang 20. Jh.
Kupfer-Zink-Nickel-Legierung; L: 28 cm, B: 11 cm
Inv.-Nr. 115634, Slg. Binder 1937

296

297

298

299

296 **Thron**
Bafusam, Bamileke-Gruppe, Kamerun (Grasland), um 1900
Holz, Textil, Stickerei mit Glasperlen und Kaurischnecken-Schalen; H: 130 cm
Inv.-Nr. 43018, Slg. v. Knobloch 1905

297 **Helmmaske des Kwifon-Bundes**
Oku, Kamerun (Grasland), 20. Jh.
Holz; L: 33 cm
Inv.-Nr. F 51910, Slg. Koloß 1978

298 **Trinkgefäß des Kwifon-Bundes**
Oku, Kamerun (Grasland), 20. Jh.
Holz mit Pyrogravur; H: 12 cm
Inv.-Nr. F 51960, Slg. Koloß 1978

299 **Trinkgefäß des Kwifon-Bundes**
Oku, Kamerun (Grasland), 20. Jh.
Flaschenkürbis (Kalebasse); H: 21 cm
Inv.-Nr. F 53373, Slg. Koloß 1984

300 **Thron einer Würdenträgerin**
Bamum, Kamerun (Grasland), nach 1930
Messing; H: 130 cm
Inv.-Nr. F 53975 L, Slg. Peschel 1988
Erworben aus Toto-Lotto-Mitteln

300

301

302

303

302 **Schutzfiguren-Paar *(edan)* des Ogboni-Bundes**
Yoruba, Nigeria (Süd-), um 1900
Messing; H: 23,5 cm
Inv.-Nr. F 51302 a+b, Slg. Togo-Expedition 1970

301 **Häuptlings-Thronhocker**
Luba, Kongo-Kinshasa (Süd-), 19. Jh.
Holz; H: 65 cm
Inv.-Nr. 21691, Slg. Bethe 1902

303 **Schutzfiguren-Paar *(edan)* des Ogboni-Bundes**
Yoruba, Nigeria (Süd-), vor 1969
Yemi Bisiri (1910-70)
Messing; H: 23 cm
Inv.-Nr. F 55617 a-b, Slg. Graßnick 2000

304

304 **Hemd**
Cree/Lakota/Metis, Saskatchewan, Kanada, 1980er Jahre
Leder, Glasperlen, Pigment, Garn; L: 85 cm
Inv.-Nr. M 35795, Slg. Jim Poitras 2009

305 **Federhaube**
Prärie- und Plainsgebiet, Nordamerika, um 1900
Adlerfedern, Textil, Quill, Messingperlen; H: 87 cm
Inv.-Nr. 40210, Slg. D. Landauer 1905

306 **Rückentanzschmuck**
Cree/Lakota/Metis, Saskatchewan, Kanada, 1980er Jahre
Adlerfedern, Holz, Leder, Metall, Biberschädel, Glasperlen, Textil, Garn; H: 120 cm
Inv.-Nr. M 35796, Slg. Jim Poitras 2009

307 **Adlerfederfächer**
Prärie- und Plainsgebiet, Nordamerika, um 1900
Adlerflügel, Quill, Leder, Textil, Metall; L: 63 cm
Inv.-Nr. 40176, Slg. D. Landauer 1905

308 **Brustschmuck**
Cree/Lakota/Metis, Saskatchewan, Kanada, 1980er Jahre
Knochen, Leder, Textil, Garn, Metall; L: 140 cm, B: 35 cm
Inv.-Nr. M 35797, Slg. Jim Poitras 2009

305

307

306

308

309

310

311

309 **Halsschmuck**
Cree/Lakota/Metis, Saskatchewan, Kanada, 1980er Jahre
Knochen, Glasperlen, Leder, Metall, Garn; L: 70 cm
Inv.-Nr. M 35798, Slg. Jim Poitras 2009

310 **Schild**
Cree/Lakota/Metis, Saskatchewan, Kanada, 1980er Jahre
Rohhaut, Adlerfedern, Textil, Leder, Holz, Garn, Pigment; D: 42 cm
Inv.-Nr. M 35800, Slg. Jim Poitras 2009

311 **Beutel**
Cree/Lakota/Metis, Saskatchewan, Kanada, 1980er Jahre
Leder, Glasperlen, Textil, Garn; L: 48 cm
Inv.-Nr. M 35801, Slg. Jim Poitras 2009

312

313

314

315

312 **Hose**
Cree/Lakota/Metis, Saskatchewan, Kanada, 1980er Jahre
Nylon, Garn; L: 107 cm
Inv.-Nr. M 35808, Slg. Jim Poitras 2009

313 **Adlerfederfächer**
Cree/Lakota/Metis, Saskatchewan, Kanada, 1980er Jahre
Adlerflügel, Holz, Leder, Textil, Pigment; L: 75 cm
Inv.-Nr. M 35802, Slg. Jim Poitras 2009

314 **Tanzstab**
Cree/Lakota/Metis, Saskatchewan, Kanada, 1980er Jahre
Holz, Adlerfedern, Adlerklaue, Daunenfedern, Seehundfell, Hirschhufe, Pferdehaar, Süßgras, Textil, Sehne, Metall; L: 75 cm
Inv.-Nr. M 35803, Slg. Jim Poitras 2009

315 **Kopfschmuck *(Heyoka)***
Cree/Lakota/Metis, Saskatchewan, Kanada, 1980er Jahre
Adlerfedern, Filz, Leder, Garn; H: 34 cm
Inv.-Nr. M 35809, Slg. Jim Poitras 2009

316

318

319

317

316 **Lendenschurz**
Cree/Lakota/Metis, Saskatchewan, Kanada, 1980er Jahre
Leder; L: 72 cm, B: 36 cm
Inv.-Nr. M 35804 a+b, Slg. Jim Poitras 2009

317 **Beinschmuck**
Cree/Lakota/Metis, Saskatchewan, Kanada, 1980er Jahre
Leder, Metall; L: 42 cm
Inv.-Nr. M 35805 a+b, Slg. Jim Poitras 2009

318 **Fußschellen**
Cree/Lakota/Metis, Saskatchewan, Kanada, 1980er Jahre
Leder, Metall, Schaumstoff; L: 35 cm
Inv.-Nr. M 35806 a+b, Slg. Jim Poitras 2009

319 **Mokkasins**
Cree/Lakota/Metis, Saskatchewan, Kanada, 1980er Jahre
Leder, Schafsfell, Glasperlen, Garn; L: 27 cm
Inv.-Nr. M 35807 a+b, Slg. Jim Poitras 2009

320

320 **Männermantel**
Buchara, Usbekistan, um 1900
Goldbrokat, Seide, Futter aus Seidenikat, Webbordüre; H: 132 cm, B: 194 cm
Inv.-Nr. A 32611, Slg. Werner 1975

321

322

323

324

321 **Rangabzeichen mit *Qilin***
China, Qing-Dynastie (1644 – 1911), 2. Hälfte 19. Jh.
Seide mit mehrfarbiger Seidenstickerei und Goldstickerei in Anlegetechnik;
L: 32,5 cm, B: 32,5 cm
Inv.-Nr. 71944, erworben von Gustav Umlauff 1911

322 **Rangabzeichen mit Silberfasan**
China, Qing-Dynastie (1644 – 1911), Mitte 19. Jh.
Seide mit mehrfarbiger Seidenstickerei und Goldstickerei in Anlegetechnik;
L: 28,5 cm, B: 29 cm
Inv.-Nr. 24951, Schenkung Theodor Wanner 1902

323 **Rangabzeichen mit Wildgans**
China, Qing-Dynastie (1644 – 1911), Qianlong-Ära (1736 – 1795)
Seide, gewebt; L: 24 cm, B: 25 cm
Inv.-Nr. OA 25919, Spende Susanne Zöller-Unger 2008

324 **Rangabzeichen mit Mandarinente**
China, Qing-Dynastie (1644 – 1911), 19. Jh.
Seide in *kesi*-Weberei mit Bemalung; L: 29 cm, B: 30 cm
Inv.-Nr. OA 23776, Spende Gisela Müller 1992

326

325

327

325 **Drachenrobe**
China, Qing-Dynastie (1644 – 1911), frühes 19. Jh.
Seide mit mehrfarbiger Seidenstickerei und Goldstickerei in Anlegetechnik; L: 145 cm, B (mit Ärmeln): 220 cm
Inv.-Nr. 21400, Schenkung Philipp Lieder 1902

326 **Semiformeller Winterhut**
China, Qing-Dynastie (1644 – 1911), 2. Hälfte 19. Jh.
Seide, Samt und andere Materialien; H: 16,5 cm, D: 27 cm
Inv.-Nr. 71209, erworben von Gustav Umlauff 1911

327 **Mantel mit Rangabzeichen**
China, Qing-Dynastie (1644 – 1911), spätes 19. Jh.
Seide, gewebt; Knöpfe aus Messing; L: 122 cm, B (mit Ärmeln): 184,5 cm
Inv.-Nr. OA 25808, Nachlass Konsul Wilhelm Stoller, Schenkung 1984

6. Schutz und Behauptung – was Männer im Schilde führen

328

329

328 **Schild**
Masai, Tansania (Nord-), um 1900
Rohhaut bemalt, Holz, Leder; L: 101 cm
Inv.-Nr. 47135, Slg. Vosseler 1906

329 **Schild**
Masai, Tansania (?), um 1900
Rohhaut bemalt, Holz, Leder, Pflanzenfasern; L: 103,5 cm,
Inv.-Nr. 105221, Slg. Kolonialmuseum Berlin 1917

330 **Faustschild**
Shilluk, Südsudan, 19. Jh.
Rohhaut, Leder, Eisen; D: 21 cm
Inv.-Nr. 18450, Slg. Krongut 1901

330

331

333

332

334

331 **Schild**
Ganda oder Soga, Rep. Uganda (Zwischenseengebiet), um 1900
Holz, Bastfasern, Vogelfeder, Tierfell und -haare; L: 75 cm
Inv.-Nr. 27298, Slg. Gansser 1902

332 **Schild**
Äthiopien (Ost-), islamisch, um 1900
Rohhaut bemalt, Silber, Kupfer, Samt, Eisen, Messing, Edelsteine, Baumwolle; D: 31 cm
Inv.-Nr. F 50021, Slg. Petsch-Tendering 1962

333 **Schild für Adlige**
Äthiopien (Nord-), christlich, 19. Jh.
Rohhaut, Leder, Samt, Silber; D: 50 cm
Inv.-Nr. 21065, Slg. v. Erlanger 1901

334 **Ehrenschild**
Oromo, Äthiopien (Süd-), 19. Jh.
Rohhaut, Leder, Silber, Kupfernagel; D: 53 cm
Inv.-Nr. 90573, Slg. Wanner 1914

335

337

339

341

336

338

340

342

335 **Schild**
Prärie- und Plainsgebiet, Nordamerika, um 1900
Textil, Holz, Adlerfedern, Elsterfedern, Leder, Pigment; D: 45 cm
Inv.-Nr. 40219, Slg. D. Landauer 1905

336 **Schild**
Südwesten, Nordamerika, um 1870
Rohhaut, Textil, Federn, Pigment; D: 55 cm
Inv.-Nr. 44649, Slg. Karl Graf von Linden 1906

337 **Schild**
Prärie- und Plainsgebiet, Nordamerika, um 1830
Rohhaut, Leder; D: 46 cm
Inv.-Nr. 36104 a, Slg. Prinz Maximilian zu Wied 1904

338 **Schild**
Crow, Prärie- und Plainsgebiet, Nordamerika, 19. Jh.
Rohhaut, Eisen, Leder, Sehne; D: 51 cm
Inv.-Nr. 40660 a, Slg. Karl Graf von Linden 1906

339 **Schild**
Kiowa, Prärie- und Plainsgebiet, Nordamerika, 1850 – 1870
Rohhaut, Pigment; D: 43 cm
Inv.-Nr. 50342, Slg. Robert Franck 1907

340 **Schild**
Hopi, Südwesten, Nordamerika, 19. Jh.
Rohhaut, Leder, Pigment; D: 52 cm
Inv.-Nr. 55437, Slg. Karl Graf von Linden 1908

341 **Schild mit Hülle**
Crow, Prärie- und Plainsgebiet, Nordamerika, um 1870
Rohhaut, Leder, Adlerfedern, Bärenohren, Textil, Pigment; D: 55 cm
Inv.-Nr. 113348 a+b, Slg. John Painter 2009, ex. Slg. Schreyvogel
Erworben durch die Museumsstiftung Baden-Württemberg

342 **Schild**
Prärie- und Plainsgebiet, Nordamerika, um 1870
Rohhaut, Leder, Federn, Textil, Pigment; D: 54 cm
Inv.-Nr. 113350, Slg. Charles Schreyvogel 1927

343

344

345

346

343 **Schildhülle**
Prärie- und Plainsgebiet, Nordamerika, um 1870
Leder, Filz, Federn, Metall, Pigment, Glasperlen; D: 47 cm, L: 122 cm
Inv.-Nr. 113420 b, Slg. Charles Schreyvogel 1927

344 **Schild**
Osage, Prärie- und Plainsgebiet, Nordamerika, um 1870
Rohhaut, Pigment; D: 55 cm
Inv.-Nr. 113418, Slg. Charles Schreyvogel 1927

345 **Schild**
Osage, Prärie- und Plainsgebiet, Nordamerika, um 1870
Rohhaut, Haar, Pigment; D: 48 cm
Inv.-Nr. 113420 a, Slg. Charles Schreyvogel 1927

346 **Schild mit Hülle**
Osage, Prärie- und Plainsgebiet, Nordamerika, um 1870
Rohhaut, Textil, Tierhaar, Federn, Metall, Leder, Pigment; D: 44 cm, L: 127 cm
Inv.-Nr. 113421, Slg. Charles Schreyvogel 1927

347

349

348

350

347 **Rundschild (Zier- oder Jagdschild)**
Iran, 2. Hälfte 18. Jh.
Stahl mit Feuervergoldung;
H: 10,5 cm, D: 47 cm
Inv.-Nr. A 30939, Slg. Speyer 1968

348 **Schild (Parierschild)**
Moghul, Indien, 18. Jh.
Silber, Brokatstoff (Rückseite);
H: 4 cm, D: 26 cm
Inv.-Nr. A 34615 L, Slg. Drechsel 1978
Erworben aus Toto-Lotto-Mitteln

349 **Schild (Parierschild)**
Iran, erworben in Eriwan, 19. Jh.
Stahl, Niello, silbertauschiert;
H: 4,5 cm, D: 28 cm
Inv.-Nr. 44898, Slg. Rickmers 1905

350 **Rundschild**
Iran, 19. Jh.
Stahl, reich ornamentiert, mit Gold und Silber tauschiert;
H: 9,5 cm, D: 46,5 cm
Inv.-Nr. 113931 a, Slg. Landesgewerbemuseum 1933

351 **Rundschild**
Nord-Afghanistan, ca. 19. Jh.
Leder mit Eisenbeschlägen;
H: 5,5 cm, D: 43 cm
Inv.-Nr. A 34351, Eingang 1977

351

352

353

352 **Kampf- und Tanzschild**
Arawe, Neubritannien, Papua-Neuguinea, Anf. 20. Jh.
Holzplanken, Fasern, natürliche Pigmente; H: 148,5 cm
Inv.-Nr. 85130, Slg. Besenbruch 1913

353 **Kampfschild**
Sulka, Neubritannien, Papua-Neuguinea, Anf. 20. Jh.
Holz, natürliche Pigmente, Fasern, Federn; H: 139 cm
Inv.-Nr. 14345, Slg. Mencke 1901

354

355

356

357

358

359

354 **Kampfschild**
Nordost-Küste, Papua-Neuguinea, Anf. 20. Jh.
Holz, Fasern; H: 94,5 cm
Inv.-Nr. S 40594, Slg. Brettschneider 1971

355 **Tragbandschild**
Astrolabe-Bay Hinterland, Papua-Neuguinea, Anf. 20. Jh.
Holz, Fasern, Rotang; H: 42,5 cm
Inv.-Nr. 27120, Slg. Hagen 1902

356 **Tragschild in Netztaschenhülle**
Huon-Golf, Papua-Neuguinea
Holz, Faserschnur, Hiobstränen; D: 43,5 cm
Inv.-Nr. 63146, Slg. Magnus 1910

357 **Schild**
Trobriand-Inseln, Papua-Neuguinea
Holz, natürliche Pigmente; H: 81 cm
Inv.-Nr. 92060, Slg. Waldthausen 1917

358 **Parierschild**
Salomonen-Inseln
Holz, Fasern; H: 78,5 cm
Inv.-Nr. 5715, Slg. Baessler 1899

359 **Parierschild**
Herkules-Bay, Papua-Neuguinea
Holz, Pflanzenstängel, Pigment; H: 81 cm
Inv.-Nr. 20619, Slg. v. Benningsen 1901

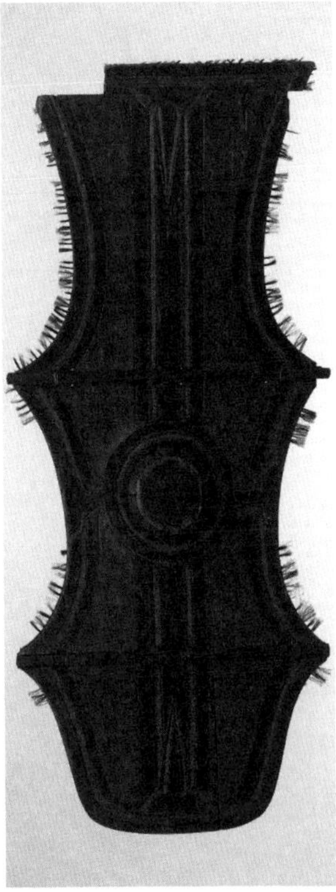

360

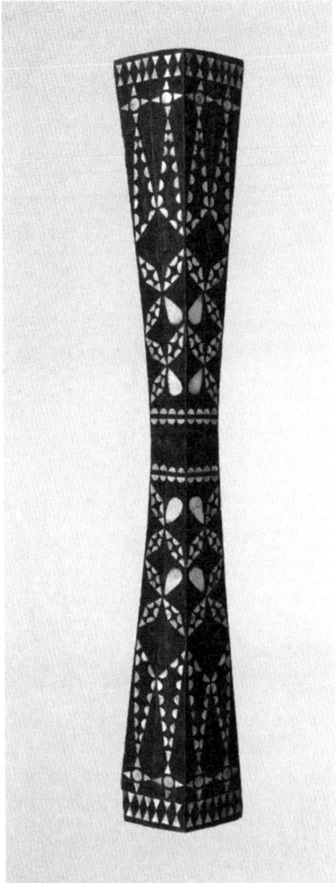

361

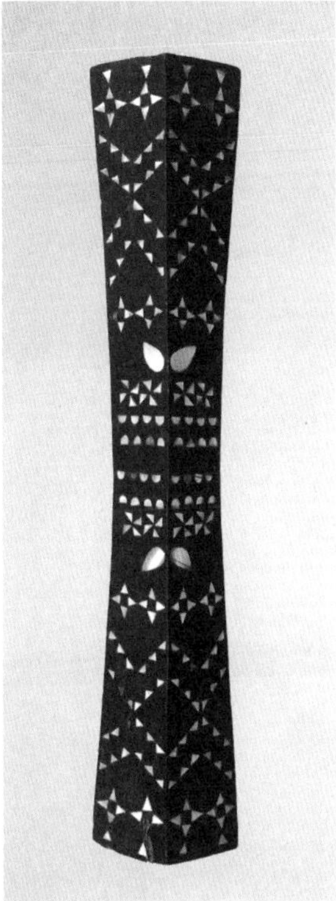

362

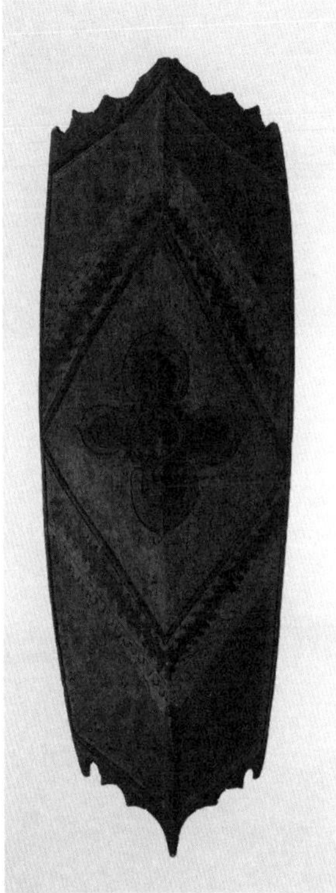

363

364

360 **Schild**
Luzon, Philippinen, 19. Jh.
Holz, Tierhaar; L: 103 cm
Inv.-Nr. 35309, Slg. Grein 1904

361 **Parierschild**
Halmahera, Molukken, Indonesien, 19./20. Jh.
Holz, Perlmutt-Intarsien; L: 76 cm
Inv.-Nr. 109898

362 **Parierschild**
Tobelo, Molukken, Indonesien, 20. Jh.
Holz, Perlmutt-Intarsien; L: 60 cm
Inv.-Nr. SA 1487, Slg. Reiner 1994

363 **Schild**
Borneo, 19. Jh.
Holz, polychrom bemalt; L: 63 cm
Inv.-Nr. 29312, Slg. Frobenius 1903

364 **Schild**
Assam, Indien, erste Hälfte 20. Jh.
Holz, Pflanzenfasern; L: 53 cm
Inv.-Nr. 120597, Slg. Baron von Maydell 1958

365

366

367

368

365 **Schild**
Timor, Indonesien, 19. Jh.
Leder; L: 35 cm, B: 33 cm
Inv.-Nr. 91600

366 **Schild**
Indien, 19./20. Jh.
Bronze, Samt, mit Lackfarben bemalt; D: 45 cm
Inv.-Nr. 113933, Landesgewerbemuseum Stuttgart 1933

367 **Schild mit Hindu-Göttinnen**
Indien, 19./20. Jh.
Bronze, vergoldet, Eisen, Brokatstoff, Samt; D: 52 cm

368 **Schild**
Rajasthan, Indien, 19./20. Jh.
Nashorn-Haut mit Farbfassung, Metallbeschläge, Textilbezug; D: 48 cm
Inv.-Nr. SA 38727 L, Slg. Drechsel 1986
Erworben aus Toto-Lotto-Mitteln

9. Anhang

1. Literaturverzeichnis / Zitierte und verwendete Literatur

Weltsichten – Sehweisen, Deutungen, Lebensweisen

Bachmann-Medick, Doris: Cultural Turns. Neuorientierungen in den Kulturwissenschaften. Hamburg 2006

Dickhardt, Michael/Klenke, Karin/Hermann, Elfriede: Form, Macht und Differenz als Dimensionen kultureller Praxis. In: Dickhardt, Michael/Klenke, Karin/Hermann, Elfriede (Hg.): Form, Macht, Differenz. Motive und Felder ethnologischen Forschens. Göttingen 2009, S. 9–26

Dickhardt, Michael/Klenke, Karin/Hermann, Elfriede (Hg.): Form, Macht, Differenz. Motive und Felder ethnologischen Forschens. Göttingen 2009

Kaufmann, Christian: Hat Europa die Südsee verloren? Ausstellungen und Sammlungen im Lichte neuerer Praxis. In: Eberhard, Igor (Hg.): Kathedrale der Kulturen. Repräsentationen von Ozeanien in Kunst und Museum (Novara, Bd. 5). Wien 2008, S. 33–74

Latour, Bruno: Wir sind nie modern gewesen. Versuch einer symmetrischen Anthropologie. Frankfurt am Main 2008

Miller, Daniel: Materiality. An Introduction. In: Miller, Daniel (Hg.): Materiality. Durham 2005, S. 1–50

Raabe, Eva/Suhrbier, Mona (Hg.): Menschen und ihre Gegenstände: Amazonien – Ozeanien (Roter Faden zur Ausstellung 22). Frankfurt am Main 2001

Thomas, Nicholas: Possessions. Indigenous art/colonial culture. London 1999

Ethnologie, Ästhetik und Kunst

Adams, Monni: Kuba Embroidered Cloth. In: African Arts (1978, 12:1), S. 24–39, 106f.

Böhm, Gottfried: Das Fremde und das Eigene. In: Marschall, Wolfgang/Schuster, Meinhard (Hg.): Die fremde Form. Ethnologica Helvetica 16, 1992, S. 133–144

Böhm, Gottfried/Denner, Antje et al.: Visual Encounters: Conditions and Potentials of an Exhibition. In: Wick, Oliver/Denner, Antje: Visual Encounters, Basel 2008, S. 23–34

Coote, Jeremy/Shelton, Anthony: Anthropology, Art and Aesthetics. Oxford 1995

Falgayrettes, Christiane: Découverte des ntshak. Histoire et traditions. In: Falgayrettes, Christiane/Gatheron, Paul-Henri/Husson, Olivier u.a.: Au royaume du signe. Appliqués sur toile des Kuba, Zaïre. Paris 1988, S. 11–20

Geary, Christraud: Bamum Thrones and Stools. In: African Arts (1981, 14:4), S. 32–43, 87

Gell, Alfred: Art and Agency: an anthropological theory. Oxford 1998

Gollnhofer, Otto/Sallée, Pierre/Sillans, Roger: Art et artisanat tsogho. Paris 1975

Kaeppler, Adrienne L./Kaufmann, Christian/Newton, Douglas: Ozeanien. Kunst und Kultur. Freiburg 1994

Kaufmann, Christian: Neues Sehen, Schritte zum Verstehen außereuropäischer Kunst. In: Heermann, Ingrid (Hg.): Form, Farbe, Phantasie. Südsee-Kunst aus Neubritannien. Stuttgart 1991, S. 12–14

Koloß, Hans-Joachim: Afrika. In: Kußmaul, Friedrich (Hg.): Ferne Völker, frühe Zeiten. Kunstwerke aus dem Linden-Museum Stuttgart, Staatliches Museum für Völkerkunde. Bd. I: Afrika, Ozeanien, Amerika. Recklinghausen 1982, S. 35–130

Mack, John: De la nécessité naît la qualité. L'évolution de l'art textile chez les femmes kuba. Aus d. Engl. v. Nida Poller. In: Falgayrettes, Christiane/Gatheron, Paul-Henri/Husson, Olivier u.a.: Au royaume

du signe. Appliqués sur toile des Kuba, Zaïre. Paris 1988, S. 21–23
Meurant, Georges: Dessins des ntshak de fête kuba. In: Falgayrettes, Christiane/Gatheron, Paul-Henri/Husson, Olivier u.a.: Au royaume du signe. Appliqués sur toile des Kuba, Zaïre. Paris 1988, S. 25–31
Meurant, Georges: Les ntshak de danse Kuba (Zaïre). In: Arts d'Afrique Noire (1988, 67), S. 9–13
Meurant, Georges: Shoowa Abstraktionen. Textilkunst aus dem afrikanischen Königreich Kuba. Aus d. Franz. v. Monika Firla-Forkl. Stuttgart 1988
Morphy, Howard/Perkins, Morgan (Hg.): The Anthropology of Art. Oxford 2006
Northern, Tamara: The Sign of the Leopard. Beaded Art of Cameroon. A Loan Exhibition from the Cameroon Collections of the Linden-Museum Stuttgart. Storrs 1975
Northern, Tamara: The Art of Cameroon. New Haven 1984
O'Hanlon, Michael: Modernity and the „Graphicalization" of Meaning, New Guinea Highland Shield Design in Historic Perspective. Journal of the Royal Anthropological Institute, London 1995, S. 469–492
Röschenthaler, Ute: „Fetische aus Bulo N'Guti". Max Essers „Bakundu"-Skulpturen und der Handel im Waldland von Kamerun. In: Tribus (1999, 48), S. 147–17
Ter Keurs, Pieter/Smidt, Dirk (Hg.): The Language of Things. Studies in Ethnocommunication. Leiden 1990
Vogel, Susan: Introduction. In: Danto, Arthur C. (Hg.): Art/Artifact: African Art in Anthropology Collections. New York 1988, S. 11–17
Volper, Julien: Pour qu'en bas on l'entende. Les masques ronds striés des Luba orientaux. o.O. 2010
Weinrich, Kathryn: Die Ethnographie der Zaramo und Kwere, Völker des östlichen Tansania. In: Felix, Marc L.: Mwana Hiti. Life and Art of the Matrilineal Bantu of Tanzania/ Leben und Kunst der matrilinearen Bantu von Tansania. München 1990, S. 35–75

Raum – Ordnung und Verortung der Welt

Abramson, David M. From Soviet to Mahalla: community and transition in post-Soviet Uzbekistan. Ann Arbor (UMI) 1998
Adney, Edwin Tappan/Chapelle, Howard I.: The Bark Canoes and Skin Boats of North America. Washington, D.C. 1983
Aman, Rashid/Bambra, C./Darnhofer, Gerlinder u.a.: A Commemorative Guide Book to the National Museums of Kenya 1930–1990. Nairobi 1981, 2. Aufl. 1990
Andrews, Peter Alford: Nomad Tent Types in the Middle East. Part 1. Framed tents. Vol. 2: Illustrations. Wiesbaden 1997 (= Tübinger Atlas des Vorderen Orients. Beihefte zum Tübinger Atlas des Vorderen Orients; 74,1,2)
Bauer, Brian S.: The Sacred Landscape of the Inca. The Cusco Ceque System. Austin 1998.
Baumann, Hermann: Zur Morphologie des afrikanischen Ackergerätes. In: Wiener Beiträge zur Kulturgeschichte und Linguistik (1944, 6), S. 192–322
Beknazarov, R.A.: Kazachi i čay: istoriko-etnografičeskoe issledovanie. In: Etnografičeskoe obozrenie 2009 (5), S. 51–62
Bleifuß, Gerhard/Hergenröder, Gerhard: Die „Otto-Plantage Kilossa" (1907–1914) – Aufbau und Ende eines kolonialen Unternehmens in Deutsch-Ostafrika. Wendlingen 1993
Bochet, G.: Les masques sénoufo, de la forme à la signification. In: Bulletin de l'Institut Fondamental d'Afrique Noire, sér. B (1965, 27), S. 636–677
Bochet, Gilbert: The Poro of the Senufo. Aus d. Franz. v. Wade Matthews u. Amanda Pingree. In: Barbier, Jean Paul (Hg.): The Art of Côte d'Ivoire from the collections of the Barbier-Mueller Museum. Bd. I. Geneva 1993, S. 54–85
Boutrais, Jean: Pour une histoire du développement rural. In: Boutrais, J./Boulet, J./Beauvilain, A. u.a.: Le nord du Cameroun. Des hommes, une région. Paris 1984, S. 495–518
Boyer, Alain-Michel: Art of the Baule. Aus d. Franz. v. Wade Matthews u. Amanda Pingree. In: Barbier, Jean Paul (Hg.): Art of Côte d'Ivoire from the collections of the Barbier-Mueller Museum. Bd. I. Geneva 1993, S. 302–367
Bray, Francesca: The Rice Economies. Technology and Development in Asian Societies. Oxford 1986
Genz, Joseph/Aucan, Jerome/Merrifield, Mark/ Finney, Ben/Korent, Joes/Kelen, Alson: Breaking Waves. Wave Navigation in the Marshall Islands. Comparing Indigenous and Western Scientific Knowledge of the Ocean. Oceanography, Vol. 22, No 2. Rockville 2009
Brody, Hugh: Jäger des Nordens. Menschen in der kanadischen Arktis. Wuppertal 1998
Charrière, Georges: La culture attelée: un progrès dangereux. In: Cahiers de l'Office de Recherches Scientifiques et Techniques de l'Outre-Mer (1984, 20), S. 647–656
Damas, David (Hg.): Arctic (Handbook of North American Indians, Vol. 5, Hg.: William. C. Sturtevant). Washington 1984
Delgado, Christopher L./McIntire, John: Constraints on Oxen Cultivation in the Sahel. In: American Journal of Agricultural Economics (1982, 64), S. 188–196
Deluz, Ariane: The Guro. Aus d. Franz. v. Wade Matthews u. Amanda Pingree. In: Barbier, Jean Paul (Hg.): Art of Côte d'Ivoire from the collections of the Barbier-Mueller Museum. Bd. I. Geneva 1993, S. 234–245

Epstein, H.: The Origin of the Domestic Animals of Africa. Bd. II. Leipzig 1971
Filesi, Teobaldo: China and Africa in the Middle Ages. Aus d. Italien. v. L. Morison. London 1972
Fischer, Eberhard: Guro. Masks, Performances, and Master Carvers in Ivory Coast. Fieldwork in association with Hans and Ulrike Himmelheber, Barbara Fischer, and Lorenz Homberger. Zürich 2008
Fischer, Eberhard/Homberger, Lorenz: Die Kunst der Guro, Elfenbeinküste. Zürich 1985
Forkl, Hermann: Feldforschung bei den Wandalá (Kamerun). Unveröffentlichte Aufzeichnungen. Múra 1984
Förster, Till: Senufo Masking and the Art of Poro. In: African Arts (1993, 26:1), S. 30–41, 101
Förster, Till/Homberger, Lorenz: Die Kunst der Senufo. Museum Rietberg Zürich, aus Schweizer Sammlungen. Zürich 1988
Friederici, Georg: Die Schiffahrt der Indianer. Stuttgart 1907
Frink, Lisa/Hoffman, Brian W./Shaw, Robert D.: Ulu Knife Use in Western Alaska: A Comparative Ethnoarchaeological Study, in: Current Anthropology (2003, 44/1), S. 116–122
Fuchs, Peter: Die Völker der Südost-Sahara. Tibesti, Borku, Ennedi. Wien 1961
Garrard, Timothy F.: The Baule: An Introduction. In: Barbier, Jean Paul (Hg.): Art of Côte d'Ivoire from the collections of the Barbier-Mueller Museum. Bd. I. Geneva 1993, S. 290–301
Golte, Jürgen: Lebensraum und kulturelle Chronologie. In: Köpke, Wulf und Schmelz, Bernd (Hg.): Schätze der Anden: die Inka-Galerie und die Schatzkammern im Museum für Völkerkunde Hamburg. Hamburg 2006, 37. S. 140–161
Hallaire, Antoinette: Paysans montagnards du Nord-Cameroun. Les monts Mandara. Paris 1991
Hardenberg, Roland: Das „einschließende Haus". Wertehierarchien und das Konzept der „Hausgesellschaft" im interkulturellen Vergleich. In: Anthropos 102 (2007), S. 157–168
Harter, Pierre: The Senufo. In: The World of Tribal Arts (1995, 2:1), S. 44–53
Hauser-Schäublin, Brigitta/Dickhardt, Michael (Hg.): Kulturelle Räume – räumliche Kultur. Zur Neubestimmung des Verhältnisses zweier fundamentaler Kategorien menschlicher Praxis. Münster 2003
Heermann, Ingrid/Menter, Ulrich: Gemaltes Land. Kunst der Aborigines aus Arnhem Land, Australien. Berlin 1994
Heermann, Ingrid: Südsee-Oasen. Leben und Überleben im Westpazifik. Stuttgart 2009
Hintze, Fritz u. Ursula: Alte Kulturen im Sudan. Leipzig 1966
Holas, B.: Civilisations et arts de l'ouest africain. Paris 1976
Inventarbuch Linden-Museum Stuttgart. Unveröffentlicht. 1885ff.
Jabborov, I.: O'zbek Xalk Etnografiyasi. Taschkent 1994
Kalter, Johannes: Aus Steppe und Oase. Bilder turkestanischer Kulturen. Stuttgart 1983
Kalter, Johannes/Pavaloi, Margareta (Hg.): Erben der Seidenstraße. Usbekistan. Stuttgart/London 1995
Kaufmann, Christian (Hg.): „rarrk" – John Mawurndjul: Journey through Time in Northern Australia. Basel 2005
Krämer, Annette: Geistliche Autorität und islamische Gesellschaft im Wandel. Studien über Frauenälteste (otin und xalfa) im unabhängigen Usbekistan. Berlin 2002
Koloß, Hans Joachim: Die Kunst der Senufo. Elfenbeinküste. Berlin 1990
Krauß, H.: Spielzeug der Suahelikinder. In: Globus (1907, 93), S. 357–359
Krieg, Karl-Heinz/Lohse, Wulf: Kunst und Religion bei den Gbato-Senufo. Elfenbeinküste. Hamburg 1981
Lemaire, Marianne: Chants de l'agôn chants du labeur: Travail, musique et rivalité en pays sénoufo (Côte d'Ivoire). In: Journal des Africanistes (1999, 69:2), S. 35–65
Linseele, Veerle: Archaeofaunal remains from the past 4000 years in Sahelian West Africa. Domestic livestock, subsistence strategies and environmental changes. Oxford 2007
Low, Setha M./Lawrence-Zúñiga, Denise (Hg.): The Anthropology of Space and Place. Locating Culture. Malden MA u.a. 2003
Mahamat, Mahamat Bechir: Contribution au contrôle de qualité hygiénique du lait de chamelle vendu à N'Djaména. Magisterarbeit, Université de N'Djamena, Faculté des Sciences Exactes et Appliquées, Département de Biologie [um 2010]
Margulan, A. Ch.: Kazachskoe narodnoe prikladnoe iskusstvo. Alma-Ata 1986–1994
McEwan, Gordon F.: The Incas. New Perspectives. Santa Barbara u.a. 2006
Morphy, Howard: Ancestral Connections. Art and an Aboriginal System of Knowledge. Chicago 1991
Mukanov, M. S.: Kazachskaja jurta. Alma-Ata 1981
Murra, John: El „control vertical" de un maximo de pisos ecológicos en la economía de las sociedades andinas. Huanuco 1972
Noten, Francis van: Histoire archéologique du Rwanda. Tervuren 1983
Petersen, H.C.: Skinboats of Greenland. Roskilde 1986
Phillips, Ruth B.: Trading Identities. The Souvenir in Native North American Art from the Northeast, 1700–1900. Seattle/London 1998
Phillipson, David W.: African Archaeology. Cambridge 1985. 3. Aufl. 2005
Prins, A.H.J.: The Swahili-Speaking Peoples of Zanzibar and the East African Coast (Arabs, Shirazi and Swahili). London 1961
Prins, A.H.J.: Sailing from Lamu. A Study of Maritime Culture in Islamic East Africa. Assen 1965
Privratsky, Bruce G.: Muslim Turkistan: Kazak religion and collective memory. Richmond, Surrey 2001
Ravenhill, Philip L.: Baule Statuary Art. Meaning and Modernization. Philadelphia 1980

Ravenhill, Philip L.: The Self and the Other. Personhood and Images among the Baule, Côte d'Ivoire. Los Angeles 1994

Ritzenthaler, Robert E.: Southwestern Chippewa, in: Trigger, Bruce G. (Hg.): Northeast (Handbook of North American Indians, Vol. 15, Hg.: William C. Sturtevant). Washington 1978, S. 743–759

Robertson, Ian G.: Hoes and Metal Templates in Northern Cameroon. In: Sterner, Judy/David, Nicholas (Hg.): An African Commitment. Papers in honour of Peter Lewis Shinnie. Calgary 1992, S. 231–240

Rogers, Edward S./Smith, James G. E.: Environment and Culture in the Shield and Mackenzie Borderlands, in: Helm, June (Hg.): Subarctic (Handbook of North American Indians, Vol. 6, Hg.: William C. Sturtevant), Washington 1981, S. 130–145

Roth, Rolf B.: Madagaskar. Land zwischen den Kontinenten. Eine Einführung in die traditionelle Kultur Madagaskars anhand der Sammlung des Linden-Museums Stuttgart. Stuttgart 1994

Schaedler, Karl-Ferdinand: Kunst der Elfenbeinküste/ Art of Ivory Coast. München 2001

Schück, Albert: Die Stabkarten der Marshall-Inseln. Hamburg 1903

Sibeth, Achim: Mit den Ahnen leben. Batak – Menschen in Indonesien. Stuttgart 1990

Sievers, Eric W.: Uzbekistan's Mahalla: From Soviet to Absolutist Residential Community Associations. In: The Journal of International and Comparative Law (Chicago). Spring 2002, S. 92–158

Stuhlmann, Franz: Handwerk und Industrie in Ostafrika. Kulturgeschichtliche Betrachtungen. Hamburg 1910

Suchareva, Olga A.: Kvartal'naja obščina pozdnefeodal'nogo goroda Buchary. Moskau 1976

Szalay, Miklós: Die Kunst Schwarzafrikas. Werke aus der Sammlung des Völkerkundemuseums der Universität Zürich. Bd. I: Kunst und Gesellschaft. Zürich 1986

Toleubaev, A.: Jurta v predstavlenijach, verovanijach i obrjadach kazachov. In: Vasil'eva, G.P. (Hg.): Kočevoe žilišče narodov Srednej Azii i Kazachstana. Moskau 2000, S. 165–178

Trowell, Margaret/ Wachsmann, K.P.: Tribal crafts of Uganda. London 1953

Ulf, Christoph: Die Perspektive des Wasserraumes als soziales und kulturelles Konstrukt. In: Eibl, Doris G./Ortner, Lorelies/Schneider, Ingo/Ulf, Christoph (Hg.): Wasser und Raum. Beiträge zu einer Kulturtheorie des Wassers. Göttingen 2008, S. 45–57

Vasil'eva, G.P. (Hg.): Kočevoe žilišče narodov Srednej Azii i Kazachstana. Moskau 2000

Vogel, Susan Mullin: Baule Art as the Expression of a World View. Dissertation, New York University 1977. Ann Arbor, Neudruck 1991

Vogel, Susan Mullin: Beauty in the Eyes of the Baule: Aesthetics and Cultural Values. Philadelphia 1980

Vostrov, V.V./Zacharova, I. V.: Kazachskoe narodnoe žilišče. Alma-Ata 1989

Vuillemenot, Anne-Marie: La yourte et la mesure du monde. Avec les nomades au Kazakhstan. Louvain-La-Neuve 2009 (=Anthropologie prospective N° 4)

Wirth, Eugen: Zur Konzeption der islamischen Stadt. Privatheit im islamischen Orient versus Öffentlichkeit in Antike und Okzident. In: Die Welt des Islams 31/1 (1991), S. 50–92

Wirth, Eugen: Die Orientalische Stadt im islamischen Vorderasien und Nordafrika. Städtische Bausubstanz und räumliche Ordnung, Wirtschaftsleben und soziale Organisation. Band 1: Text, Band 2: Tafeln und Karten. Mainz 2000

Zwernemann, Jürgen: Die Erde in Vorstellungswelt und Kultpraktiken der sudanischen Völker. Berlin 1968

Zeitvorstellungen und der Lauf der Welt

Adam, Barbara: Perceptions of time. In: Ingold, Tim (Hg.): Companion encyclopaedia of anthropology. London 1994

Alva, Walter: Die Fundstätte Sipán. In: Kunst- und Ausstellungshalle der Bundesrepublik Deutschland (Hg.): Gold aus dem Alten Peru. Die Königsgräber von Sipán. Bonn 2000, S. 53–56

Bagley, Robert W.: The Rise of the Western Zhou Dynasty. In: Fong, Wen: The Great Bronze Age of China. An Exhibition from the People's Republic of China. New York 1980, S. 193–202

Bastien, Joseph: Mountain of the Condor: Metaphor and Ritual in an Andean Ayllu. Prospect Heights 1985

Bauer, Brian: Ancient Cuzco: Heartland of the Inca. Austin 2004

Bechert, Heinz: Der Buddhismus. Der indische Buddhismus und seine Verzweigungen. Stuttgart 2000. In: Schröder, Christel M./Antes, Peter (Hg.): Die Religionen der Menschheit. Stuttgart 1960–2011

Biasio, Elisabeth: Falaka Armido Yimer, ein Künstler aus Äthiopien. In: Biasio, Elisabeth/Gerber, Peter R.: Willkommene Kunst? Druckgraphiken aus Kanada und Äthiopien. Ein Kapitel der Sammlungs- und Ausstellungsgeschichte des Völkerkundemuseums. Zürich 2010, S. 61–77

Boyer, Alain-Michel: Art of the Baule. Aus d. Franz. v. Wade Matthews und Amanda Pingree. In: Barbier, Jean Paul (Hg.): Art of Côte d'Ivoire from the collections of the Barbier-Mueller Museum. Bd. I. Geneva 1993, S. 302–367

Boyer, Alain-Michel/Girard, Patrick/Rivière, Marceau: Arts premiers de Côte d'Ivoire. Saint Maur 1997

Bredon, Juliet/Mitrophanow, Igor: Das Mondjahr. Chinesische Sitten, Bräuche und Feste. Wien 1937

Carmichael, Elizabeth/Sayer, Chloë: The Skeleton at the Feast: the Day of the Dead in Mexico. Austin, 4. Aufl. 1997

Codex Dresdensis: Sächsische Landesbibliothek Dresden. Vollständige Faksimile-Ausgabe im Originalformat. Graz 1975

De Castro, Inés (Hg.): Maya. Könige aus dem Regenwald. Hildesheim 2007

Eiseman, Fred B. Jr.: Bali: Sekala and Niskala. Volume I: Essays on Religion, Ritual and Art. Botany 1996

Fechter, Rudolf: Äthiopische Ikonen und Kreuze. In: Raunig, Walter (Hg.): Religiöse Kunst Äthiopiens/Religious Art of Ethiopia. Stuttgart 1973, S. 16–19

Fernandez, James W.: Principles of Opposition and Vitality in Fang Aesthetics. In: Jopling, Carol F. (Hg.): Art and Aesthetics in Primitive Societies. New York 1971, S. 355–373

Forkl, Hermann: Der Westsudan. In: Forkl, Hermann/Kalter, Johannes/ Leisten, Thomas u.a. (Hg.): Die Gärten des Islam. Stuttgart 1993, S. 362–374

Forkl, Hermann: Der Zentralsudan. Die städtische Zivilisation. In: Forkl, Hermann/Kalter, Johannes/Leisten, Thomas u.a. (Hg.): Die Gärten des Islam. Stuttgart 1993, S. 332–350

Forkl, Hermann: Die andere Moderne Afrikas: Kunst aus den Sammlungen des Linden-Museums Stuttgart. Stuttgart 2004

Garciagodoy, Juanita: Digging the Days of the Dead: A Reading of Mexico's Días de Muertos. Boulder 1998

Gell, Alfred: The anthropology of time. Cultural constructions of temporal maps and images. Oxford 1992

Gingrich, Andre/Ochs, Elinor/Swedlund, Alan: Repertoires of timekeeping in anthropology. In: Current Anthropology (2002, 43, Suppl.), S. S3–S4

Graulich, Michel: Miccailhuitl: The Aztec Festivals of the Deceased. In: Numen (1989, 36,1) S. 43–71

Grube, Nikolai: Maya – Gottkönige im Regenwald. Königswinter 2007

Gruber, Christiane Jacqueline: The prophet Muhammad's ascension in Islamic art and literature. Philadelphia 2005

Gruber, Christiane Jacqueline (Hg.): The Prophet's ascension: Cross-cultural encounters with the Islamic mi'raj tales. Bloomington 2010

Guerry, Vincent: La mort chez les Baoulé. In: Anthropos (1966, 61), S. 129–155

Guerry, Vincent: Life with the Baoulé. Aus d. Franz. v. Nora Hodges. Washington D.C. 1975

Hays-Gilpin, Kelley/ Schaafsma, Polly (Hg.): Painting the Cosmos: Metaphor and Worldview in Images from the Southwest Pueblos and Mexico. Museum of Northern Arizona Bulletin 67. Flagstaff 2010

Inventarbuch Linden-Museum Stuttgart. Unveröffentlicht. 1885ff.

James, Wendy/Mills, David (Hg.): The qualities of time. Anthropological approaches. Oxford 2005

King, David A.: Mīkāt. In: The Encyclopaedia of Islam, New Edition, Leiden 1960ff. (EI), S. 29f

King, David A.: On the role of the muezzin and the muwaqqit in medieval Islamic society. In: Ragep, F. Jamil/Ragep, Sally P., with Steven Livesey (Hg.): Tradition, Transmission, Transformation. Proceedings of two Conferences on Pre-modern Science held at the University of Oklahoma. Leiden u.a.: Brill, 1996, S. 285–346 (Collection des travaux de l'Académie internationale d'Histoire des Sciences, 37)

Kohn, Livia: Daoism and Chinese Culture. Cambridge, Massachusetts 2004

Lippincott, Kristen: The story of time. London 1999

Little, Stephen/Eichman, Shawn: Taoism and the Arts of China. Chicago 2000

McCluskey, Stephen C: The Astronomy of the Hopi Indians. In: Journal for the History of Astronomy (1977, 8), S. 174–195

Nutini, Hugo G.: Pre-hispanic Component of the Syncretic Cult of the Dead in Mesoamerica. In: Ethnology (1988, 27,1), S. 57–78

Petersen Helga/Krikellis Alexander (Hg.): Religion und Heilkunst der Toba-Batak auf Sumatra. Überliefert von Johannes Winkler (1874–1958). InterCultura Band 6/7. Köln 2006

Poma de Ayala, Felipe Guaman: La Nueva Crónica y Buen Gobierno. Escrita por Don Felipe Guaman Poma de Ayala; interpretada por el Tnte. Corl. Luis Bustios Galvez. Epoca Préhispanica (T.1). Lima 1956, S. 180

Ravenhill, Philip L.: Baule Statuary Art. Meaning and Modernization. Philadelphia 1980

Robledo, Jorge: Descripción de los Pueblos de la Provincia de Ancerma. In: IV Centenario de la Ciudad de Anserma, (1939), S. 299–314

Salomon, Frank: „The Beautiful Grandparents": Andean Ancestor Shrines and Mortuary Ritual as Seen Through colonial Records. In: Tombs for the Living: Andean Mortuary Practices: A Symposium at Dumbarton Oaks : 12th and 13th October, 1991. Washington, D.C. 1995, S. 315–353

Sanner, Hans-Ulrich: Katsinam. In: Feest, Christian (Hg.): Indianer – Ureinwohner Nordamerikas. Rosenheim 2011, S. 177–189

Schaedler, Karl-Ferdinand: Kunst der Elfenbeinküste/ Art of Ivory Coast. München 2001

Schapera, I.: The Khoisan Peoples of South Africa. Bushmen and Hottentotts. London 1930, Neudruck 1960

Secakuku, Alph H.: Following the Sun and Moon. Hopi Kachina Tradition. Flagstaff 1995

Sezgin, Fuat: Wissenschaft und Technik im Islam. Band 1: Einführung in die Geschichte der arabisch-islamischen Wissenschaften; Band 2 (in Zusammenarbeit mit Eckhard Neubauer): Katalog der Instrumentensammlung des Institutes für Geschichte der arabisch-islamischen Wissenschaften. Astronomie. (Veröffentlichungen des Institutes für Geschichte der arabisch-islamischen Wissenschaften, herausgegeben von Fuat Sezgin) Frankfurt am Main 2003

Szalay, Miklós: Die Kunst Schwarzafrikas. Werke aus den Sammlungen des Völkerkundemuseums der Universität Zürich. Bd. I: Kunst und Gesellschaft. Zürich 1986
van Baal, Jan : Description and Analysis of Marind Anim Culture. Den Haag 1966
Vedder, H.: Die Bergdama. Bd. I. Hamburg 1923
Vogel, Susan Mullin: Beauty in the Eyes of the Baule: Aesthetics and Cultural Values. Philadelphia 1980

Familie, Verwandtschaft und Generationen – allerhand Verbindungen

Anonym: Kinderehen in Indien. Auf: http://www.arte.tv/de/Die-Welt-verstehen/ARTE-info/2870164.html: 28.09.2009
Anonym: Letter from New Delhi: Land of the Wedding Planners. Auf: http://www.time.com/time/magazine/article/0,9171 1161223,00.html: 19.02.2006
Anonym: Why an arranged marriage is better than a love match. In: Mail Today, New Delhi (06.03.2011), S. 13
Anonym: World's teen capital, but raw deal for girls. In: The Times of India, New Delhi (26.02.2011), S. 16
Bagley, Robert W.: Shang Archaeology. In: Loewe, Michael/Shaughnessy, Edward L. (Hg.): The Cambridge History of Ancient China. From the Origins of Civilization to 221 B.C. Cambridge 1999, S. 124–231
Beteille, André: Inequality and equality. In: Ingold, Tim (Hg.): Companion encyclopaedia of anthropology. London 1994
Chen, Lie: Der Ahnenkult im alten China. In: Goepper, Roger (Hg.): Das alte China. Menschen und Götter im Reich der Mitte, 5000 v. Chr. – 220 n. Chr. Essen 1995, S. 36–44
Dittrich, Edith: Grabkult im alten China. Köln 1981
Dutt, Manmatha Nath: Manusmriti. Varanasi 1979
Falkenhausen, Lothar v.: Ahnenkult und Grabkult im Staat Qin. Der religiöse Hintergrund der Terrakotta-Armee. In: Ledderose,Lothar/Schlombs, Adele (Hg.): Jenseits der Grossen Mauer. Der Erste Kaiser von China und seine Terrakotta-Armee. Dortmund 1990, S. 35–48
Faller, Susanne. Feldforschung in Nordindien im Februar/März 2011
Gunn, Michael: Malagan Ritual Art on Tabar, New Ireland, Papua New Guinea. PhD thesis, Univ. Dunedin 1992
Gunn, Michael/Peltier, Philippe/Schindlbeck, Markus: New Ireland. Art of the South Pacific. Paris und Mailand 2006
Heermann, Ingrid/Menter, Ulrich: Schmuck der Südsee. München 1990
Heintze, Dieter: Ikonographische Studien zur Malanggan-Kunst Neuirlands. Tübingen 1966
Heintze, Dieter/Ohnemus, Sylvia: Teure Bräute. Manus – Kunst und Leben auf einer Südsee-Insel. Bremen 1997
Hung, Wu: On Tomb Figurines. The Beginning of a Visual Tradition. In: Hung, Wu/Tsiang, Katherine R. (Hg.): Body and Face in Chinese Visual Culture. Cambridge [u.a.] 2005, S. 13–47
Kalter, Johannes: Aus marokkanischen Bürgerhäusern. Stuttgart 1977
Keightley, David N.: Sources of Shang History. The Oracle-Bone Inscriptions of Bronze Age China. Berkeley [u.a.] 1985 [1978]
Kogata, Ram Narayan/Kogata, Lalita: Indian Marriage. Customs and Rituals. New Delhi 2009
Krämer-Bannow, Elisabeth: Bei kunstsinnigen Kannibalen in der Südsee, Wanderungen in Neumecklenburg 1908–1909. Berlin 1916
Küchler, Susanne: Malanggan. Art, Memory and Sacrifice. Oxford 2002
Küchler, Susanne/Melion, Walter (Hg.): Images of Memory. On Remembering and Representation. Washington 1991
Kuhn, Dieter: Status und Ritus. Das China der Aristokraten von den Anfängen bis zum 10. Jahrhundert nach Christus. Heidelberg 1991
Kuhn, Dieter: Tod und Beerdigung im chinesischen Altertum im Spiegel von Ritualtexten und archäologischen Funden. In: Tribus (1995, 44), S. 208–267
Lakos, William: Chinese Ancestor Worship. A Practice and Ritual Oriented Approach to Understanding Chinese Culture. Newcastle 2010
Lincoln, Louise (Hg.): An Assemblage of Spirits: Idea and Image in New Ireland. New York 1987
Malek, Roman: Das Tao des Himmels. Die religiöse Tradition Chinas. Freiburg 1996
Oberlies, Thomas: Hinduismus. Die großen hinduistischen Religionen – das Ritual – Tempel und Priester – das indische Kastenwesen. Frankfurt am Main 2008
Paludan, Ann: Chinese Tomb Figurines. Oxford [u.a.] 1994
Peltier, Philippe: Malagan ceremonies in the north of New Ireland. In: Gunn, Michael/Peltier, Philippe/Schindlbeck, Markus: New Ireland. Art of the South Pacific. Paris und Mailand 2006, S. 77–81
Pohlus, Andreas (Hg.): Erich Frauwallner – Geschichte der indischen Philosophie. 1. Band: Die Philosophie des Veda und des Epos, der Buddha und der Jina, das Samkhya und das klassische Yoga-System. Aachen 2003
Poo, Mu-chou: In Search of Personal Welfare. A View of Ancient Chinese Religion. New York 1998
Rawson, Jessica: Die rituellen Bronzegefäße der Shang- und Zhou-Perioden. In: Goepper, Roger (Hg.): Das alte China. Menschen und Götter im Reich der Mitte, 5000 v. Chr. – 220 n. Chr. Essen 1995, S. 76–94

Rohr, Mathieu v.: Falsch geliebt. Auf: http://www.spiegel.de/spiegel/print/d-73388981.html: 23.08.2010
Rothermund, Chitra/Rothermund, Dietmar: Die Stellung der Frau in der Gesellschaft. In: Rothermund, Dietmar (Hg.): Indien. Kultur, Geschichte, Politik, Wirtschaft, Umwelt – ein Handbuch. München 1995, S. 132–139
Schmidt-Glintzer, Helwig: Wohlstand, Glück und langes Leben. Chinas Götter und die Ordnung im Reich der Mitte. Frankfurt am Main [u.a.] 2009
Scott, Janet Lee: For Gods, Ghosts and Ancestors. The Chinese Tradition of Paper Offerings. Hongkong 2007
Screech, Timon: Sex and the Floating World. Erotic Images in Japan, 1700–1820. London 1999
Singh, Reena: The Wedding Planner. New Delhi 2006
Stahl, Helga: Der Aristokrat der Tang-Zeit in seinen Grabinschriften. In: Kuhn, Dieter (Hg.): Chinas Goldenes Zeitalter. Die Tang-Dynastie (618–907 n. Chr.) und das kulturelle Erbe der Seidenstraße. Dortmund 1993, S. 199–211
Stang, Friedrich: Indien. Darmstadt 2002
Stein, Michael: Japans Kurtisanen. Eine Kulturgeschichte der japanischen Meisterinnen der Unterhaltungskunst und Erotik aus zwölf Jahrhunderten. München 1997
Stietencron, Heinrich v.: Die Erscheinungsformen des Hinduismus. In: Rothermund, Dietmar (Hg.): Indien. Kultur, Geschichte, Politik, Wirtschaft, Umwelt – ein Handbuch. München 1995, S. 143–166
Tandler, Agnes: Im ganz kleinen Kreis. Pompöse Hochzeit in Indien. Auf: http://www.taz.de/1/leben/alltag/artikel/1/im-ganz-kleinen-kreis/: 06.03.2011
Thorp, Robert L.: China in the Early Bronze Age. Shang Civilization. Philadelphia 2006
Völger, Gisela/Welck, Karin v. (Hg.): Die Braut – geliebt, verkauft, getauscht, geraubt. Köln 1985
Were, Graeme: Kapkap: The Art of Connecting in Island Melanesia. In: Pacific Arts, 2006, NS 1, S. 27–35

Auszeichnung und Ansehen – keine Macht herrscht allein

Alva, Walter: Die Fundstätte Sipán. In: Kunst- und Ausstellungshalle der Bundesrepublik Deutschland (Hg.): Gold aus dem Alten Peru. Die Königsgräber von Sipán. Bonn 2000, S. 53–56
Alvarado, Margarita: Claves Esteticas de la Cultura Mapuche: Lo Textil. Santiago de Chile 1988
Arnold, Denise Y./Hastorf, Christine H.: Heads of State. Icons, Power, and Politics in the Ancient and Modern Andes. Walnut Creek 2008
Bourget, Steve: The Third Man. Identity and Rulership in Moche Archaeology and Visual Culture. In: Bourget, Steve/Jones, Kimberly L. (Hg.): The Art and Archaeology of the Moche. Austin 2008, S. 263–288
Clados, Christiane: Maisfeld, Affe und Opfertod. Ein spätnascazeitliches Textil des Linden-Museums Stuttgart. In: Tribus (2005, 54), S. 71–88
Clados, Christiane: Neue Erkenntnisse zum Tocapu-Symbolsystem am Beispiel eines Männerhemdes der Inkazeit in der Altamerika-Sammlung des Linden-Museums. In: Tribus (2007, 56), S. 71–106
Cordy-Collins, Alana: Decapitation in Cupisnique and Early Moche Societies. In: Benson, Elizabeth P./Cook, Anita (Hg.): Ritual Sacrifice in Ancient Peru. Austin 2001, S. 21–34
Dobbelmann, Th.A.H.M.: Der Ogboni-Geheimbund. Bronzen aus Südwest-Nigeria. Aus d. Niederld. v. A. Burgmann. Berg en Dal 1976
Donnan, Christopher B.: A Unifying Force in Moche Political Organization. In: Quilter, Jeffrey/Castillo B., Luis Jaime (Hg.): New Perspectives on Moche Political Organization. Washington D.C. 2010, S. 47–69
Edelman, Nancy W.: Guide de l'Art Camerounais du Musée Monastère bénédictin Mont Fébé Yaoundé. Une Visite Guidée en Compagnie du Père Omer Bauer/Guidebook to the Art of Cameroon in the Mt. Febe Benedictine Monastery Museum, Yaounde. A Tour with Father Omer Bauer. Yaoundé 1989
Ellis, Clyde/Lassiter, Luke Eric/Dunham, Gary H. (Hg.): Powwow. Lincoln 2005
Epstein, A.L.: Tambu: The shell money of the Tolai. In: Hook, R. H. (Hg.): Fantasy and Symbol: Studies in Anthropological Interpretation. London 1962
Flam, Jack D.: The Symbolic Structure of BaLuba Caryatid Stools. In: African Arts (1971, 4:2), S. 54–59, 80
Forkl, Hermann: Heil- und KörperKunst in Afrika. Katalog zur gleichnamigen Ausstellung. Stuttgart 1997
Forkl, Hermann: Die andere Moderne Afrikas: Kunst aus den Sammlungen des Linden-Museums Stuttgart. Stuttgart 2004
Frobenius, Leo: Und Afrika sprach... Wissenschaftlich erweiterte Ausgabe des Berichts über den Verlauf der dritten Reiseperiode der Deutschen Inner-Afrikanischen Forschungs-Expedition in den Jahren 1910 bis 1912. Bd. I: Auf den Trümmern des klassischen Atlantis. Berlin 1912
Garrett, Valery M.: Mandarin Squares. Mandarins and their Insignia. Hong Kong [u.a.] 1990
Heckman, Andrea M.: Contemporary Andean Textiles as Cultural Communication. In: Young-Sánchez, Margaret/Simpson, Fronia W. (Hg.): Andean Textile Traditions. Papers from the 2001 Mayer

Center Symposium at the Denver Art Museum. Denver 2006, S. 171–192
Heermann, Ingrid: Die Tolai, in: Heermann, Ingrid (Hg.): Form, Farbe, Phantasie. Südseekunst aus Neubritannien. Stuttgart 2001, S. 34–41
Heermann, Ingrid: Von Muschelgeld und Ahnengeistern. Die Tolai auf Neubritannien. In: Köpke, Wulf/Schmelz, Bernd (Hg.): Hamburg: Südsee-Expedition ins Paradies. Hamburg 2003, Mitteilungen aus dem Museum f. Völkerkunde Hamburg (N.F.), Bd. 33, S. 220–248
Jackson, Beverley/Hugus, David: Ladder to the Clouds. Intrigue and Tradition in Chinese Rank. Berkeley 1999
Kalter, Johannes: Aus Steppe und Oase. Bilder turkestanischer Kulturen. Stuttgart 1983
Kalter, Johannes/Pavaloi, Margareta (Hg.): Erben der Seidenstraße. Usbekistan. Stuttgart/London 1995
Koloß, Hans-Joachim: Kamerun, Könige, Masken, Feste. Ethnologische Forschungen im Grasland der Nordwest-Provinz von Kamerun. Stuttgart 1977
Koloß, Hans-Joachim: Götter und Ahnen, Hexen und Medizin, zum Weltbild in Oku (Kameruner Grasland). In: Raunig, Walter (Hg.): Schwarzafrikaner. Lebensraum und Weltbild. Innsbruck 1980, S. 2–12
Kurella, Doris: Kulturen und Bauwerke des Alten Peru. Stuttgart 2008
Lieske, Bärbel: Mythische Bilderzählungen in den Gefäßmalereien der altperuanischen Moche-Kultur. Versuch einer ikonographischen Rekonstruktion. Bonn 1992
Morton-Williams, Peter: The Yoruba Ogboni Cult in Ọyọ. Africa (1960, 30), S. 362–374
Murra, John: Cloth and Its Functions in the Inca State. American Anthropologist (1962, 4), S. 710–728
Northern, Tamara: The Art of Cameroon. New Haven 1984
Paul, Anne: Paracas Ritual Attire. Symbols of Authority in Ancient Peru. Norman u.a. 1990
Peters, Ann H.: Ecology and Society in Embroidered Images from the Paracas Necrópolis. In: Paul, Anne (Hg.): Paracas Art & Architecture. Object and Context in South Coastal Peru. Iowa City 1991, S. 240–314
Pillsbury, Joanne: Inca-Colonial Tunics: A Case Study of the Bandelier Set. In: Young-Sánchez, Margaret and Simpson, Fronia W. (Hg.): Andean Textile Traditions. Papers from the 2001 Mayer Center Symposium at the Denver Art Museum. Denver 2006, S. 120–168
Sandweiss, Daniel H./Quilter, Jeffrey (Hg.): El Niño, Catastrophism, and Culture Change in Ancient America. A Symposium at Dumbarton Oaks, 12th–13th October 2002. Washington D.C. 2008
Silverman, Helaine/Proulx, Donald A.: The Nasca. Malden 2002
To'Liman-Turalir, Julie: Die Rolle der pokopoko in den Tänzen und Zeremonien der Tolai, in: Heermann, Ingrid (Hg.): Form, Farbe, Phantasie. Südseekunst auf Neubritannien. Stuttgart 2001, S. 42–77
Verano, John W.: Where Do They Rest? The Treatment of Human Offerings and Throphies in Ancient Peru. In: Dillehay, Tom D. (Hg.): Tombs for the Living. Andean Mortuary Practices. Washington D.C. 1995, S. 189–228
Vollmer, John: Ruling from the Dragon Throne. Costume of the Qing Dynasty (1644–1911). Berkeley 2002
Witte, Hans: Earth and the Ancestors: Ogboni Iconography. Amsterdam 1988
Wittmer, Marcilene K.: Cameroon. An exhibition of African Art from the collection of William & Robert Arnett, Atlanta, Georgia. The Mind Museum, Charlotte, North Carolina, January 16 – March20, 1977. Charlotte 1977

Schutz und Behauptung – was Männer im Schilde führen

Chojnacki, Stanislaw: New aspects of India's influence on the art and culture of Ethiopia. In: Rassegna di Studi Etiopici, N.S. (2003, 2), S. 5–21
Heuglin, M.Th. v.: Reise nach Abessinien, den Gala-Ländern, Ost-Sudan und Chartum in den Jahren 1861 und 1862. Gera, 2. Aufl. 1874
Johnston, Harry: The Uganda-Protectorate: An Attempt to give Some Description of the Physical Geography, Botany, Zoology, Anthropology, Languages and History of the Territories under British Protection in East Central Africa, between the Congo Free State and the Rift Valley and between the First Degree of South Latitude and the Fifth Degree of North Latitude. Bd. II. London 1902, 2. Aufl. 1904
Merker, M.: Die Masai. Ethnographische Monographie eines ostafrikanischen Semitenvolkes. Berlin 1904
Schebesta, Paul/Höltker, Georg: Der afrikanische Schild. In: Anthropos (1923 – 1924, 18–19), S. 1012–1062; (1925, 20), S. 817–859
Trowell, Margaret/Wachsmann, K.P.: Tribal crafts of Uganda. London 1953
Wembah-Rashid, John A.R.: Die Waffen der Maasai. In: Agthe, Johanna/Strauß, Karin/Oluoch, Joseph H.: Ehe die Gewehre kamen. Traditionelle Waffen in Afrika. Frankfurt/M. 1985, S. 239–291

2. Abbildungs- und Katalogverzeichnis

Abb. 1, 3, 4, 5, 6, 7a, 7b, 8, 9, 10, 11, 12, 14, 15, 18, 19, 20, 22, 24, 25, 26, 27, 28, 29, 30, 32, 33, 34, 35, 39, 40, 41, 42, 44, 45, 46, 47, 48, 50, 52, 53, 56, 58, 59, 63, 64, 66, 69, 70, 74, 75, 76, 77, 78, 79, 80, 94, 95, 96, 97, 98, 99, 100, 101, 106, 114, 115, 116, 117, 118, 119, 120, 121, 122, 124, 125, 126, 127, 128, 131, 132, 133, 134, 138, 143, 145, 147, 148, 151, 152, 153, 154, 155, 157, 158, 160, 161, 162, 163, 164, 165, 166, 167, 168, 174, 175: Linden-Museum Stuttgart, Anatol Dreyer

Abb. 2: Jörg Hauser-Schäublin

Abb. 13, 156: Linden-Museum Stuttgart, Ursula Didoni

Abb. 16, 65, 91, 92, 93, 102, 137: Anders Ryman

Abb. 17: Archiv Linden-Museum Stuttgart, Slg. Eberhard Fischer 9, aus Museum Rietberg Zürich, Eberhard Fischer 1975

Abb. 21: Archiv Linden-Museum Stuttgart, Slg. Hans-Joachim Koloß, Cross-River-Gebiet (Kamerun) 13, Hans-Joachim Koloß 1980

Abb. 23: Till Förster 1987

Abb. 31: Torsten Diesel

Abb. 36, 43, 140, 142: Andreas Langen

Abb. 37, 139, 146: Martin Kurella

Abb. 38: Sonja Schierle

Abb. 49: Ingrid Heermann

Abb. 51, 54, 55: Copyright: Along Mekong Productions

Abb. 57: Samuil Martinovič Dudin, russisches Reich (heute Kasachstan) 1899. Copyright: Museum für Völkerkunde Hamburg

Abb. 60, 61, 62: Gulzhan Tasmagambet

Abb. 67: Foto: Ole Solberg 1904, Copyright: Kulturhistorisches Museum, Universität Oslo

Abb. 68: Familie LaRance 2009

Abb. 71: Del Rio Gallery/Ruth Ann Border 2004

Abb. 72: Copyright: Rautenstrauch-Joest-Museum, Köln

Abb. 73: Reproduktion nach Förstemann, Ernst: Zur Entzifferung der Mayahandschriften, Bd. 4, Dresden 1894

Abb. 81, 86, 87, 88, 89: Andreas M. Gross

Abb. 82, 141: Doris Kurella

Abb. 83: Quelle: Poma de Ayala ([um 1584-1614] 1956, 1: 180)

Abb. 84: Schele, Linda: „Tikal Altar 5“ In: www.famsi.org/research/maya_osteology/img0003.jpg

Abb. 85: Inés de Castro

Abb. 90, 123, 129: Peter Thiele

Abb. 103, 104, 105, 109, 110, 111, 112, 113: Cédric Haindl

Abb. 107, 108: Susanne Faller

Abb. 130: Frank Dahlmann

Abb. 135, 136: Philippe Peltier

Abb. 144: dpa/epa/Victor Ruiz Caballero 2006

Abb. 149: Quelle: Kutscher, Gerd: Nordperuanische Gefäßmalereien des Moche-Stils, München 1983, Abb. 299

Abb. 150: Skizzen: Christiane Clados

Abb. 159: Archiv Linden-Museum Stuttgart, Ostafrika I. 181: 32, Slg. Kolonie u. Heimat, um 1900

Abb. 169, 170, 171, 172, 173: Archiv Linden-Museum Stuttgart

Katalog

Alle Katalognummern, sofern nicht anders vermerkt: Linden-Museum Stuttgart, Anatol Dreyer

Kat.-Nr. 29 und 296: Linden-Museum Stuttgart, Ursula Didoni